AP1000 设备技术及分析

主　编　顾　军

副主编　缪亚民　王秀启　范福平
　　　　夏利明　金　湘　唐锡文

中国原子能出版传媒有限公司

图书在版编目(CIP)数据

AP1000设备技术及分析/顾军主编．—北京：中国原子能出版传媒有限公司，2011.1

ISBN 978-7-5022-5149-9

Ⅰ.①A… Ⅱ.①顾… Ⅲ.①核电站－设备－研究
Ⅳ.①TM623.4

中国版本图书馆CIP数据核字(2011)第006253号

内 容 简 介

《AP1000设备技术及分析》一书涉及AP1000概述，设备采购，系统、结构及部件的分级，设备适用法规、规范及标准，设备质量保证体系，设备质量控制，设备监造，设备进度，设备编码，设备资格鉴定，关键设备制造及分析，设备模块与模块化施工，以及设备的国产化等内容。

《AP1000设备技术及分析》是一部根据全球首个AP1000核电项目的特点，较为全面介绍AP1000设备技术的专业书籍。在把全球首个AP1000核电项目作为未来我国第三代核电厂标准化、系列化建造的示范电站的背景下，后续有一批新电厂正在积极跟踪、了解和掌握全球首个AP1000项目设备的采购、制造等方面的专业及管理技术，《AP1000设备技术及分析》一书对这些电厂设备相关人员，尽快掌握AP1000示范电站的设备技术提供了有益的帮助。

鉴于目前AP1000示范电厂正在建造期，关键设备也还正在制造过程中，设备制造还可能会遇到技术难题、进度影响等方面的问题。因此，该书要作为系统介绍AP1000设备技术经验的书籍还有一定的距离；但为我们消化、掌握本项目的诸如设备采购模式、设备的安全、抗震、规范和质保分级，设备的质量与进度管理，关键设备制造的技术特点，以及第三代核电设备的国产化等方面的情况，加快新建电站设备相关人员对AP1000设备技术的消化、吸收，并对加速AP1000人才培养一定会发挥重要的作用。

AP1000设备技术及分析

出版发行 中国原子能出版传媒有限公司(北京市海淀区阜成路43号 100048)
责任编辑 肖 萍
技术编辑 丁怀兰 王亚翠
责任印制 潘玉玲
印　　刷 保定市中画美凯印刷有限公司
经　　销 全国新华书店
开　　本 787mm×1092mm 1/16
印　　张 16 **字　数** 396千字
版　　次 2011年4月第1版 2011年4月第1次印刷
书　　号 ISBN 978-7-5022-5149-9 **定　价** **78.00元**

网址：http://www.aep.com.cn **E-mail:atomep123@126.com**
发行电话：010-68452845

中国核工业集团公司
核电培训教材编审委员会

《AP1000设备技术及分析》
编　辑　部

主　　编　顾　军

副 主 编　缪亚民　王秀启　范福平　夏利明　金　湘　唐锡文

编　　著　唐锡文

校　　对　董宝泽　王宝田　徐高德

审　　核　章金平　陈富彬　陈　森

统　　审　唐　钢　董治国　简　斌

总　序

核工业作为国家高科技战略性产业，是国家安全的重要基石、重要的清洁能源供应，以及综合国力和大国地位的重要标志。

1978 年以来，我国核工业第二次创业。中国核工业集团公司走出了一条以我为主发展民族核电的成功道路。在长期的核电设计、建造、运行和管理过程中，积累了丰富的实践和理论经验，在与国际同行合作过程中，实现了技术和管理与国际先进水平相接轨，取得了骄人的业绩。

中国核工业集团公司在三十多年的核电建设中，经历了起步、小批量建设、快速发展三个阶段。我国先后建成了秦山、大亚湾、田湾三大核电基地，实现了我国大陆核电"零"的突破、国产化的重大跨越、核电管理与国际接轨，走出了一条以我为主，发展民族核电的成功之路。在最近几年中，发展尤为迅猛。截至 2008 年底，核电运行机组 11 台，装机容量 907.82 万千瓦，全部稳定运行，态势良好。

进入新世纪，党中央、国务院和中央军委对核工业发展高度重视、极为关怀，对核工业做出了新的战略决策。胡锦涛总书记指出："无论从促进经济社会发展看，还是从保障国家安全看，我们都必须切实把我国核事业发展好"。发展核电是优化能源结构、保障能源安全、满足经济社会发展需求的重要途径。2007 年 10 月，国务院正式颁布了《核电中长期发展规划(2005—2020 年)》。核电进入了快速、规模化、跨越式发展的新阶段。

在中国核电大发展之际，中国核工业集团公司继续以"核安全是核工业的生命线"的核安全文化理念和"透明、坦诚和开放"的企业管理心态，以推动核电又好又快又安全发展为己任，为加速培养核电发展所需的各类人才，组织核电领域专家，全面系统地对核电设计、工程建造、电站调试、生产准备和生产运营等各阶段的知识进行了梳理，构造了有逻辑性、系统性的核电知识体系，形成了覆盖核电各阶段的核电工程培训系列教材。

这套教材作为培养核电人才的重要工具，是国内目前第一套专业化、体系化、公开出版的核电人才培养系列教材，有助于开展培训工作，提高培训质量、节约培训成本，夯实核电发展基础。它集中了全集团的优势，突出高起点、实用性强，是集团化、专业化运作的又一次实践，是中国核工业50余年知识管理的积淀，是中国核工业10万人多年总结和实践经验的结晶。

21世纪是“以人为本”的知识经济时代，拥有足够的优秀人才是企业持续发展的重要基础。中国核工业集团公司愿以这套教材为核电发展开路，为业界理论探讨、实践交流提供参考。

我们要继续以科学发展观为指导，认真贯彻落实党中央、国务院的指示精神，积极推进核电产业发展。特别是要把总结核电建设经验作为一项长期的工作来抓，不断更新和完善人才教育培训体系。

核电培训系列教材可广泛用于核电厂人员培训，也可用于核电管理者的学习工具书，对于有针对性地解决核电厂生产实践和管理问题具有重要的参考价值。

中国核工业集团公司总经理 孙勤

2009年9月9日

前　言

AP1000属于第三代先进压水反应堆，是美国西屋电气公司开发的一种双环路100万千瓦级的先进压水堆核电机组。与二代反应堆技术相比，AP1000通过采用非能动专设安全系统，提高系统的可靠性；通过简化系统，并采用模块化建造技术缩短建造周期。通过这些改进，来达到电厂安全性和经济性的有机协调。

AP1000设计基于AP600，并在此基础上进行了适当的改进，设计寿命为60年。机组采用单堆布置方式。为了达到更高的电站功率，一方面，加大了核蒸汽供应系统主要部件的尺寸，包括增加反应堆压力容器的高度、堆芯长度；另一方面，增大蒸汽发生器、稳压器、汽轮机的尺寸和容量以及燃料组件的数目。为了实现非能动安全系统设计，采用了带变频器的大型屏蔽泵。此外，AP1000还采用了成熟的数字化仪控系统；反应堆厂房采用内层为钢，外层为混凝土结构的双层安全壳，施工安装过程采用了有利于缩短建造工期的模块化的建造模式。

2007年7月24日，三门核电有限公司(SMNPC)、山东核电有限公司(SDNPC)、国家核电技术有限公司(SNPTC)与美国西屋联合体(WEC Consortium)签订了“核电自主化依托项目AP1000核岛设计服务和核岛主要设备供货合同”。同时，SNPTC还和西屋公司签订了技术转让合同。另外，还明确了依托项目在不改变外方承担核岛设计以及西屋联合体供货设备合同和技术责任的条件下，由SNPTC对核岛实施总承包。

根据“核电自主化依托项目AP1000核岛设计服务和核岛主要设备供货合同”的规定，对各方负责供货的设备，按照设备的重要性及职责分工的不同，把NI设备划分成三个类别，即关键设备A类和B类，非关键设备C类来进行采购，就采购模式而言，属于完全的委托采购，业主委托核岛承包商负责设备的采购，承包商对自己负责采购设备的质量、进度和成本负责，业主负责对核岛承包商进行监督管理和协调。

核电厂建造必须严格地遵循一系列的国家法规(令)、安全相关的专门工业标准和通用标准进行建造，才能保证电厂安全，设备安全，人员安全，以及电站周围环境及公众的安全。

电厂的安全涉及电厂周围人的安全，环境的安全，设施的安全。由于考虑到核事故可能给人类带来危害的严重性。因此，根据设备在发生事故情况下所起的作用——它们的重要性程度，对设备进行安全等级划分，以此来确定其抗震类别、质保等级；而且在适当情况下和设备设计、制造、检验和验收时的规范的等级，使得反应堆能够安全而又经济地得以建造。

AP1000 核电项目的核岛部分由美国西屋公司按照美国法规的要求设计，由中方在中国建造。因此，该项目需要遵照执行的核电质量保证法规和标准包括：中国 HAF003(1991)《核安全质量保证法规》及其相关导则、美国的 10 CFR 50 附录 B《核电厂和燃料后处理厂的质量保证准则》及其相关导则、美国机械工程师协会（ASME）制定的 NQA-1—1994《核设施质量保证标准》，此外，还包括国际原子能机构（IAEA）颁布的质量保证安全标准 50-C/SG-Q(1996)《核电厂及其他核设施安全的质量保证》。因此，AP1000 质量保证既要满足电厂出口和进口国的相关法规、规范要求，还需要满足国际原子能机构对成员国提出的通用要求。

根据业主和供货商（西屋电气公司）达成的合同协议，设备制造除了要求满足合同规定法规、规范及标准对产品的质量控制要求外，业主还在工艺过程、检查和试验、不符合项、纠正措施、记录方面对承包商、供货商等提出了自己的质量控制特殊要求。

业主为了保证自己获得满足合同质量要求的设备，需要对电厂设备尤其是非标设备实施从源材料采购到设备出厂验收的全工程监造。业主监造主要是通过派出自己的检查人员或业主委托的代表到供货商或制造商厂进行现场对设备制造质量进行监督，对设备制造进度进行跟踪来进行。

三门核电一期工程于 2007 年 12 月 31 日授权开工日（ATP），计划 2013 年 11 月 30 日建成投入商业运行，计划工期 71 个月；2 号机组比 1 号机组的建设周期晚 10 个月，计划 2014 年 9 月 30 日建成投入商业运行。根据以往核电厂的建设经验，电站不能按时投入商业运行，造成工期延误，往往是设备的制造进度出了问题。因此，作为全球首个 AP1000 电厂建设的业主，由于一些设备技术上的改进，以及设备国产化等方面的问题，都将带来进度上的严峻考验。为此，业主根据自身项目的特点，需要做好设备采购进度以及设备制造进度的跟踪、管理和协调方面的工作，推动设备工作的顺利进行。

核电厂有众多建筑物、厂房、系统以及设备，而且电厂的设计及施工、设备的制造一般都由多个单位来共同完成，因此，需要统一对上述几项进行编码命名，来方便工作人员使用。AP1000 的编码系统包括文档编码、设备编码及专用编码。AP1000 的编码系统都遵循统一的格式及规则，每一个设备都有唯一的一个编码与之相对应。

设备鉴定是一个持续性的过程，它始于核电厂的设计，直至设备的服役寿期终结。其包含环境鉴定与抗震鉴定两方面的内容。环境鉴定是验证设备在正常事故环境条件下的性能；抗震鉴定是验证设备在动力条件下的性能。设备鉴定的目的就是要证明在假想的设计基准事故期间或之后所需设备能够完成其预期的安全功能，防止安全冗余通道的共模失效。

全球首个 AP1000 项目能否顺利建成并发电运行，其设备的制造非常关键，尤其是反应堆一回路的关键设备压力容器、蒸汽发生器、主泵、堆内构件等。由于 AP1000 电厂的设计理念跟二代反应堆有很大的不同，因此，在反应堆结构布置、关键设备的设计及制造方面都具有其特点。

AP1000 在建造中大量采用模块化建造技术。模块化建造已作为 AP1000 电厂详细设计的组成部分，它直接带来了工期的缩短，同时潜在地节省了后续机组的投资。AP1000 电厂模块分两类，分别是结构模块和设备模块，数量分别为：结构模块 119 个，机械设备模块 65 个，共有 184 个模块。

核电设备的国产化是我国核电事业发展的一大方向。目前，我国在核电设备的国产化方面主要面临以下四个方面的问题：第一是大型铸锻件的制造。一个电厂中大型铸锻件占设备的比重较大，而且价格昂贵，有些设备国外还不卖；而国内又没有生产过这么大的铸锻件(如：最大的钢锭重 400～500 t)；第二是主泵和核级泵。主泵是核电厂的心脏，截至目前，中国核电厂的主泵和核级泵还主要依赖进口；第三是核安全级阀门。阀门要求密封性能可靠，到目前，国内几大核电厂的主安全阀、释放阀、喷淋阀、隔离阀等依靠从国外进口；第四是焊接工艺。核设备对焊接工艺的要求高，必须对焊接人员在指定培训中心进行专门培训，核设备的焊接工艺也有待攻关。

由于作者水平有限，且工程项目正在进行中，因此，对相关设备技术的归纳、总结难免存在深度不一定能够满足设备领域不同层次人员培训需要方面的问题，在此敬请读者予以谅解。

编　者
2010 年 5 月

目　　录

第一章　AP1000 概述

第二章　AP1000 设备采购

第三章 AP1000 系统、结构及部件的分级

第四章　AP1000设备适用法规、规范及标准

第五章　AP1000设备质量保证体系

第六章 AP1000设备质量控制

第七章 AP1000 设备监造

第八章 AP1000 设备进度

第九章　AP1000设备编码

第十章　设备资格鉴定

第十一章 AP1000 关键设备制造及分析

第十二章 AP1000 设备模块化

第十三章　AP1000 设备国产化

第一章　AP1000 概述

1.1 简　介

目前，在世界上具有代表性的第三代核电技术大致有 6 种堆型。分别是美国西屋电气公司的先进非能动压水堆（AP1000）、法国阿海珐公司的欧洲压水堆（EPR）、美国通用电气公司的先进沸水堆（ABWR）、经济简化型沸水堆（ESBWR）、日本三菱公司的先进压水堆（APWR）和韩国电力工程公司的韩国先进压水堆（APR1400）。其中最具代表性的就是 AP1000 和 EPR。

第三代核电技术就是指满足 URD（美国用户要求文件）或 UAR（欧洲用户要求文件），具有更好安全性的新一代先进核电厂技术。它具有在经济上能与联合循环的天然气机组相竞争、在能源转换系统方面大量采用二代成熟技术的优势。第三代技术与第二代技术最为根本的一个差别，就是第三代核电技术把设置预防和缓解严重事故作为设计核电厂必须要满足的要求。

西屋电气公司的 AP1000 先进非能动型压水堆是在 AP600 基础上设计开发的 1 250 MW 的压水堆。它沿用了 AP600 的设计结构，尽量减少在 AP600 设计上的改动，仍采用技术成熟的部件和现成的取证基础。电厂设计利用了 30 多年来压水堆运行实践中积累下来的成熟技术。目前，全世界的轻水堆中有 76％是压水堆，而 67％的压水堆是基于西屋公司的核电技术。

AP1000 是两环路百万千瓦级的压水堆核电机组，其主要特点有：采用非能动的安全系统，安全相关系统和部件大幅度减少、具有竞争力的发电成本、60 年的设计寿命、数字化仪控室、容量因子高、易于建造（采用模块化，工厂制造和现场建造同步进行）等，其设计与性能特点满足用户要求文件（URD）的要求。

西屋电气公司在开发 AP1000 之前，已完成了 AP600 的开发工作，并于 1998 年 9 月获得美国核管会（NRC）的最终设计批准（FDA），1999 年 12 月则获得 NRC 的设计许可证，该设计许可证的有效期为 15 年。西屋电气公司投入了大量人力，通过大量的实体试验和众多听证与答辩来确保其设计的成熟性。

在传统成熟的压水堆核电技术的基础上，引入安全系统的非能动化理念，使核电厂安全系统的设计发生了革新性的变化：如在设计中采用了非能动的严重事故预防和缓解措施；简化了安全系统配置；减少了安全支持系统；大幅度地减少了安全级设备（包括核级电动阀、泵和电缆）和抗震厂房；采用非 1E 级应急柴油发电机系统（可以考虑功能丧失）；取消大部分安全级能动设备以及明显降低了大宗材料的需求。由此派生出了设计简化、系统设置简化、工艺布置简化、施工量减少、工期缩短等一系列效应。由于采用非能动安全系统，大大降低了发生人因错误的可能性，使 AP1000 的安全性能得到显著提高的同时提高了经济竞争力。

AP1000 厂房基本上保留了 AP600 核岛底座的尺寸，但也作了适当的设计改进来适应功率提升以增加 AP1000 的先进性和竞争力：如增加堆芯长度和燃料组件的数目；加大核蒸汽供应系统主要部件的尺寸;适当增加反应堆压力壳的高度;采用 Δ125 的蒸汽发生器;采用大型全密封反应堆主泵(装备有变速调节器);采用大型的稳压器;增加安全壳的高度;增加某些非能动安全系统部件的容量;增加汽轮机岛的尺寸和容量等。

(1) 电厂设计寿命:60 年;

(2) 堆芯损坏频率:小于 1.0×10^{-5}/(堆·年);

(3) 严重事故下大量放射性物质释放至环境的频率:小于 1.0×10^{-6}/(堆·年);

(4) 换料周期:18 个月,可延至 24 个月。

1.1.1 技术特点

AP1000 反应堆采用西屋成熟的 Model 314 技术,该技术已成功地用于比利时 Doel-4、Tihange-3 和美国 South Texas Project 电厂上。

反应堆冷却系统为二环路设计,每个环路通过冷却剂管道连接有一台大容量蒸汽发生器和 2 台悬挂在蒸汽发生器出口管嘴上的全密封式的冷却剂泵;每条环路有一条热段,两条冷段,分别和蒸汽发生器入口管嘴和主泵的出口管嘴相连。此外,在一条环路的热段上还连接有一台稳压器。

AP1000 反应堆采用非能动的安全系统,如:非能动堆芯冷却系统、非能动安全壳冷却系统和非能动的余热排除系统。

AP1000 核电厂采用内层为钢,外层为混凝土的双层结构,并保留了 AP600 的非能动安全系统的构架,系统设计简化,安全性大大提高。

仪控系统是基于全数字技术而开发完成的,特别采用了经过验证的数字化安全系统,采用了紧凑型的工作站式的控制室和基于影像技术的人-机接口。

AP1000 是一个主回路为两环路的压水堆电厂,其主回路是由 1 台反应堆压力容器、1 台稳压器、2 台大容量的蒸汽发生器、4 台屏蔽式主泵、4 条冷段和 2 条热段管道组成。由于主泵入口直接和蒸汽发生器下封头焊接在一起,消除了 2 代反应堆中蒸汽发生器与主泵入口之间的 U 形管道,减小了回路的阻力;同时,主管道设计简化,减少了焊缝和支撑。图1-1-1表示 AP1000

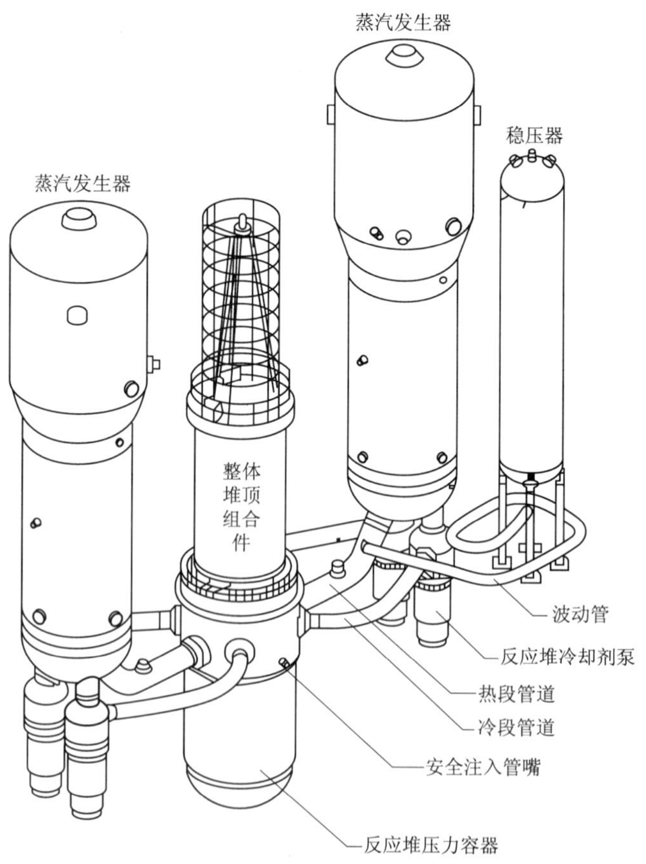

图 1-1-1 反应堆冷却剂回路

反应堆一回路的立体布置。表 1-1-1 给出了 AP1000 主要设计参数。

表 1-1-1　AP1000 主要设计参数

参数类别及名称	单　位	数　值
安全目标		
堆芯热工安全裕量	%	≥15
堆芯损坏频率(内部事件)	1/(堆·年)	2.41×10^{-7}
大量放射性释放概率(内部事件)	1/(堆·年)	1.95×10^{-8}
热效率	%	≈33
总体参数		
电厂运行寿命	年	60
NSSS 功率	MW	3 415
堆芯功率	MW	3 400
反应堆运行压力	MPa abs(psia)	15.51(2 250)
冷却剂热段温度	℃(℉)	321.1(610)
蒸汽发生器设计压力/温度(二次侧)	MPa abs(psia)/ ℃(℉)	8.27 (1 200) /315.6 (600)
主给水温度	℃(℉)	226.7 (440)
堆芯参数		
燃料组件型号		AP1000 燃料组件
燃料组件数目	盒	157
活芯区燃料长度	m(ft)	4.27 (14)
燃料组件排列	正方形	17×17
控制组件数量	组	53
灰棒组件数量	组	16
平均线功率密度	W/cm(kW/ft)	187.3 (5.71)
热管因子 FQ		2.60
反应堆压力容器参数		
压力容器内径	m(in)	3.99 (157)
蒸汽发生器参数		
型号		Δ-125
数量	台	2
热传导面积/台	m^2(ft^2)	11 477 (123 540)
U 形管数量	根/台	10 025
U 形管材料		Inconel 690TT
反应堆冷却剂泵参数		
型号		屏蔽式电机泵
数量	台	4
电机额定功率	kW/台 (hp/台)	5 220 (7 000)
电机频率	Hz	60

续表

参数类别及名称	单 位	数 值
最佳估算流量/环路	m^3/h (gpm[1])	35 772 (157 500)
稳压器参数		
总容积	$m^3(ft^3)$	59.5 (2 100)
容积/MW	$m^3/MW(ft^3/MW)$	0.017 4 (0.615)
安全阀数量/口径	台/mm×mm (in×in)	2 /152×203 (6×8)
卸压箱容积	m^3	无
自动/手动卸压		自动
反应堆冷却剂管道参数		
热段数目	条/机组	2
热段内径	cm	78.7
冷段数目	条/机组	4
冷段内径	cm	55.9
安全壳参数		
型式		内层钢，外层钢筋砼
内径	m (ft)	39.62(130)
自由容积	$m^3(ft^3)$	56 634(2×10^6)
自由容积/MW	m^3/MW (ft^3/MW)	16.58(586)
事故后冷却		钢安全壳外的空气和水
安注系统参数		
安注箱数量/容积	台/$m^3(ft^3)$	2/56.63 (2 000)
堆芯补水箱数量/容积	台/$m^3(ft^3)$	2/70.79 (2 500)
中压安注泵	台	无
低压安注泵	台	无
换料水箱数量/容积	台/$m^3(ft^3)$	1/2 093 (73 900)
正常余热热量排出系统参数		
功能		正常余热热量排出
设计压力	MPa gauge (psig)	6.205 (900)
正常余热热量排出泵数量/设计流量	台/m^3/h (gpm)/泵	2/340.7 (1 500)

1) 1 gpm=1 gal/min。

AP1000 设计基于 AP600，并在此基础上进行了适当的改进，机组设计寿命为 60 年，采用单堆布置方式。为了达到更高的电厂功率，一方面，加大了核蒸汽供应系统主要部件的尺寸，包括增加反应堆压力容器的高度、堆芯长度；另一方面，增大蒸汽发生器、稳压器、汽轮机的尺寸和容量以及燃料组件的数目。为了实现非能动安全系统设计，采用了带变频器的大型屏蔽泵。

此外，AP1000 还采用了成熟的数字化仪表控制系统；反应堆厂房用内层为钢，外层为混凝土结构的双层安全壳，施工安装过程采用了有利于缩短建造工期的模块化的建造方式。

AP1000 每台反应堆机组的热功率为 3 415 MW，电功率为 1 115 MW，热效率约为 33%，机组可利用率为 93%。其反应堆一回路压力为 15.51 MPa，堆芯入口温度为 280.7 ℃，堆芯出口温度为 323.3 ℃，堆芯最佳估算流量为 14 275.6 kg/s，反应堆堆芯旁流为 5.9%。

1.1.2　先进性

AP1000 压水堆的先进性[1]体现在使用成熟技术的基础上，设计上特别采用了非能动安全系统，即非能动安全注入系统、堆芯余热排出系统和安全壳冷却系统，加强了预防和缓解严重事故的措施，以提高电厂的安全性；同时，由于非能动技术的使用，使得电厂的辅助设备大量减少，降低了故障概率，提高了安全性，从而进一步在经济上得以体现。

除了堆芯应急冷却系统和安全壳冷却系统之外，AP1000 核反应堆的系统、设备、部件的设计都是基于经过验证的成熟技术，并借鉴了目前运行中的压水堆电厂的经验，使用的是经过验证的工艺。

在 AP1000 的设计与分析中，使用了包括计算机程序在内的、当今最新的设计与分析技术。在支持当今电厂改进，蒸汽发生器与反应堆压力容器顶盖的更换方面等许多情况下都是如此；并且电厂的建造技术也是基于经过验证的方法，包括大规模的模块使用，都在核与非核的，成功建造的大型项目中得到过验证。

1.1.3　成熟性

AP600 经过 7 年的开发试验与论证，于 1999 年 12 月得到美国核管会(NRC)的最终设计批准，无论其设计还是执照申请都是成熟的。

AP1000 保留了 AP600 的设计特点，但又进行了适当的优化和改进，相对于 AP600 所作的改进与变更，AP1000 都采用了经验证(包括工程验证和试验及分析)的成熟技术；AP1000 是一种满足 URD 要求的堆型，其工艺系统设置借鉴了成熟压水核电厂的设计经验。

1.1.4　安全性

AP1000 核设计已经得到了 NRC 的最终设计批准。NRC 已经发布了完成电厂技术安全审查的最终安全分析报告。

AP1000 采用了非能动的安全系统，这是 AP1000 压水堆核电厂所独有的关键系统。在缓解设计基准事故期间，可以利用系统固有的热工水力特性，通过重力、自然循环、压缩空气使核电厂在不依赖泵、风机、安全级柴油机等能动设备的运行工况下保证电厂安全，从而大幅度地减少了安全级的阀、泵、电缆及抗震厂房。

非能动安全系统还使堆芯应急冷却系统、安全壳冷却系统得以明显简化，包括取消了所有安全级的泵。AP1000 中非能动安全系统的使用，使得现有电厂中许多安全级的辅助系统都变成了非安全系统。由于减少了安全级设备的数量，在役检查和维修也减少了。

为了取消密封水注入系统，减少连续提供注入密封水所需要的电力，避免反应堆冷却剂通过泵密封流失，AP1000 非能动设计使用了具有非常成功经验的无泄漏的屏蔽式主泵。

与当今运行的其他核电厂相比，AP1000 的非能动安全系统使得用电厂概率风险评价估计的堆芯融化概率下降。堆芯熔化概率为 2.41×10^{-7}/(堆·年),严重事故下大量放射性物资向环境释放概率为 1.95×10^{-8}/(堆·年),均比第二代反应堆降低了 2 个数量级。因此,设计中采取的非能动的严重事故预防和缓解措施使电厂的安全性得到了大幅提高。

1.1.5 经济性

与常规压水堆核电厂相比,AP1000 由于采用了非能动安全系统,减少了近 35%的泵、50%的阀门、80%的管道、70%的电缆和 45%的抗震建筑;还大幅度减少了能动安全设备、构筑物和安全电源,减少了大宗材料用量;系统简化使设计简化、工艺布置简化、施工量减少、运行及维修量也相应减少。由于以上方面的原因,使得电厂设备投资成本、运行及维修成本均大幅降低,发电成本将更具竞争力。

此外,AP1000 在建造中大量采用模块化建造技术。整个电厂共分 4 种模块类型——结构模块、管道模块、机械设备模块和电气设备模块。模块化建造技术使建造活动处于容易控制的环境中,在制作车间可以进行检查,保证建造质量。并行进行的各个模块建造大量减少了现场的人员和施工活动。按模块进行混凝土施工、设备安装的建造方法可以与电厂的前期工程并行开展,这将缩短 AP1000 的建设周期,并降低建设成本,提高电厂的经济性。

1.2 全球首个 AP1000 核电项目简介

三门核电工程是国务院于 2004 年 7 月 21 日批准实施的首个国家核电建设自主化依托项目,国家明确要求通过招标引进国际上先进的第三代压水堆核电技术,核电厂建设要按照“以我为主,中外合作,采用先进技术”的方针,通过两个核电依托项目的建设,掌握工程设计和设备制造技术,建立健全我国核电标准体系,形成自主开发和建设中国品牌先进核电厂的能力,尽快达到世界核电先进水平。

2007 年 7 月 24 日,三门核电有限公司(SMNPC)、山东核电有限公司(SDNPC)、国家核电技术有限公司(以下简称国核技,SNPTC)与美国西屋联合体(WEC Consortium)签订了“核电自主化依托项目 AP1000 核岛设计服务和核岛主要设备供货合同”。同时,SNPTC 还和西屋公司签订了技术转让合同。另外,还明确了依托项目在不改变外方承担核岛设计以及西屋联合体供货设备合同和技术责任的条件下,由 SNPTC 对核岛实施总承包。

三门核电一期工程 1 号机组于 2009 年 3 月 29 日实现提前开工 1 个月的目标,计划 2013 年 11 月 30 日建成投入商业运行;2 号机组比 1 号机组的建设周期晚 10 个月,计划 2014 年 9 月 30 日建成投入商业运行。

SMNPC 作为项目业主,对整个三门 AP1000 核电项目实施总体项目管理。对核岛承包商进行监督管理和协调。对常规岛和 BOP 承包商进行自主管理。对整个现场的工程施工提供支持。西屋联合体负责核岛设计和部分核岛重要设备(A1 类设备)供货。国核技工程有限公司(简称 SNPEC)作为核岛工程承包方,负责核岛除西屋供货设备(非 A1 类设备)外的采购、核岛现场建造管理;同时,受 SMNPC 委托对西屋联合体的工作进行监督、管理和协调。常规岛和 BOP 工程分为设计、主设备、现场建造等几大合同(详细介绍见 1.2.2 节),其余设备和服务由 SMNPC 直接采购并管理。SMNPC 委托上海核工程研究设计院(SNERDI)对全厂设计进行管理和协调。全厂调试工作将由业主直接负责组织和实施。

从合同关系可以看出，三门核电项目主工程项目管理方面没有采用通常的总承包或者大业主自行管理方式；核岛工程部分也没有完全进行EPC总承包。这主要是由于与外方核岛合同谈判期间形成的特有的合同关系以及SNPTC所承担的特有任务。复杂的项目管理模式对业主以及整个项目管理体系的建立和有效实施管理都带来巨大的挑战。图1-2-1给出了AP1000项目主要合同框架结构。

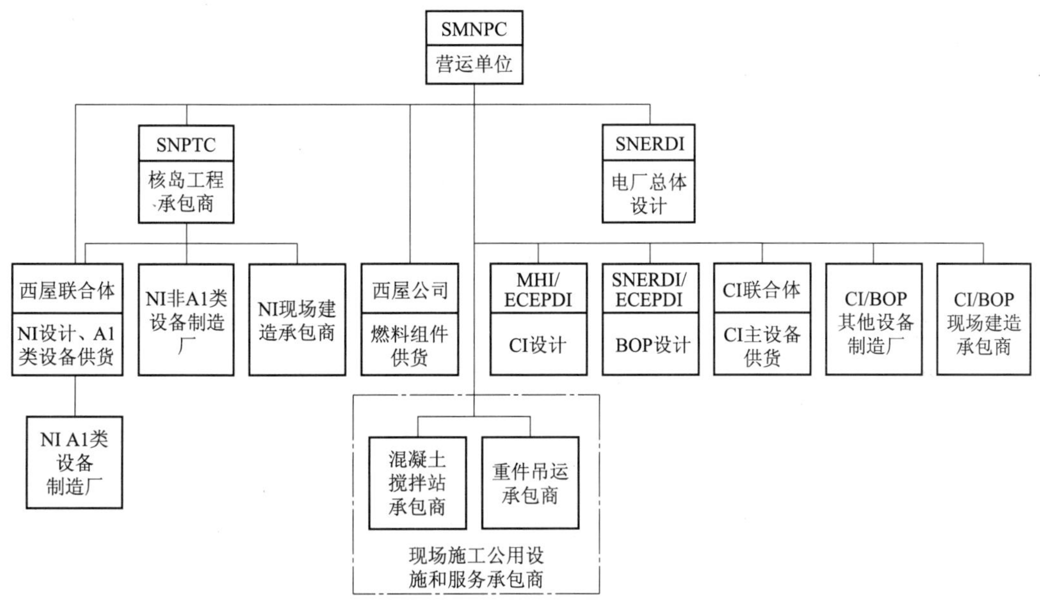

图1-2-1 AP1000项目主要合同框架结构

1.2.1 核岛管理模式

核岛管理模式[2]实行由SNPTC总承包。SNPTC与两个业主（三门和海阳核电）作为“联合买方”在2007年7月与西屋联队签订了核岛合同（称为NI合同）。国核工程有限公司（SNPEC）作为SNPTC的代理法人，执行NI合同，负责履行SNPTC在NI合同项下所承担的所有权利和义务，与业主签署并执行核岛承包合同，具体负责AP1000自主化依托项目管理；并相应承担核岛“四大控制（安全、质量、投资、进度）”责任。西屋联合体负责核岛设计、A1类设备采购和调试技术。

具体承担核岛项目管理工作的组织称为联合项目管理组织（JPMO）。SNPEC在JPMO之上另设了项目总经理，在JPMO之外设置了四个项目支持部门，组成了国核工程AP1000项目部。此外，SNPTC也组织成立了AP1000工程项目管理部。

1.2.2 常规岛/BOP管理模式

常规岛/BOP按“大业主”的管理方式。常规岛的设计工作由日本三菱重工（MHI）和华东电力设计院（ECEPDI）各负责一部分。BOP的设计工作则由SNERDI和ECEPDI两个设计院各负责一部分。常规岛主要设备由哈尔滨动力设备股份有限公司（简称哈动）和MHI联合体供应，其余的常规岛和BOP设备由业主自行打包或散件采购。常规岛和BOP

的建安工程由业主招标选择;并自行负责建造管理。一些相对独立的项目如厂址废物处理设施、首炉核燃料等由业主直接签订合同并进行管理。因此,业主在策划常规岛和BOP管理时,需要充分考虑设计、设备以及建安各个环节的关系;同时,还得借助总体设计院的力量,做好核岛与常规岛之间的设计接口管理。

1.2.3 非主体项目管理模式

非主体项目采用简约式管理。除了电厂主工程外,作为一个新厂址,三门核电还有大量的其他子项工程需要建设,如:海水取排水构筑物、启动备用电源线路和500 kV送出线路、现场办公生活配套设施等。相对于核岛和常规岛工程,这些项目技术复杂性和质量要求比较低、工艺简单,有能力承建单位的选择面比较广。因此,三门核电采用设计管理和建造管理功能一体化设置的管理部门,简化管理流程。充分利用市场招投标机制,严格控制项目实施施工过程中的设计变更,借助社会力量进行结算审计。由于管理简约,业主主要抓住影响四大控制的几个重要环节,节省了管理成本,取得了较好的成效。

复习思考题

1. AP1000反应堆非能动的安全系统有几个?它们分别是什么?
2. 简述AP1000的先进性、成熟性、安全性和经济性。
3. 全球首个AP1000机组核岛管理模式是什么?
4. 全球首个AP1000机组常规岛管理模式是什么?
5. AP1000反应堆一回路热工参数有哪些?

第二章 AP1000设备采购

2.1 核电设备特点

核电设备中有许多关键设备都是非标设备，这些设备由于其承担的安全功能、不可更换或很难更换、制造难度和制造周期长，以及昂贵的费用等，决定了对这些设备的采购需要进行严格的管理，才能保证设备的质量、进度要求，并把成本控制在预定的控制范围内。

2.1.1 非标设备

2.1.1.1 承担核安全功能

承担反应性控制功能、承担堆芯热量排出功能、包容放射性物质和控制运行排放以及限制事故释放的设备，是核电安全的生命线，一旦失效，导致核泄漏，造成的社会、经济、环境危害与损失将十分巨大，如反应堆压力容器、蒸汽发生器等。

2.1.1.2 不可更换或很难更换

有些核电设备，例如反应堆压力容器，在整个核电厂服役期间(60年)不可能更换，也很难维修。有些核电设备，例如蒸汽发生器、堆内构件等虽然可以更换，但更换引起的停堆、放射性处理等一系列问题将引起巨额的经济损失。

2.1.1.3 制造难度大、周期长

许多重大核电设备是单件生产，制造难度大，且生产周期长，例如反应堆压力容器、蒸汽发生器、主泵等都在三年以上。如果在制造中、后期发生或发现重大质量缺陷，产生颠覆性问题，那么，即使想不计成本重新制造也为时已晚，不可避免地对核电厂的建设进度和质量产生严重影响。

2.1.2 标准通用设备

它是指设备市场正常供货的、列入供货厂商产品目录的设备。在核电工程中，这类设备大部分用于配套系统，其质量同样不可忽视。国内对标准通用设备的供货一般不采用监造制，不推行质量保证制，但由于核安全的要求，对一些重要的标准通用设备可以提出附加质量管理要求，如电气元器件的质量筛选要求，质量记录文件要求，质量见证要求，质量验收要求和设备包装要求等。在这种情况下，买方必须对制造厂提供相应的补偿费用。

2.1.3 设备费用

核电工程的设备费在建设总费用中所占比重因各国国情和各项目的差异而有较大的波动，较低的占40%左右，较高的达到了70%。目前，我国通常按50%～55%作为投资估算的依据，可以说核电工程项目管理是以一系列采购活动为主线的决策、计划、组织、协调、控制和监督的过程。因此，AP1000核电项目也不例外。

2.2 AP1000设备采购模式

根据2007年7月24日，SMNPC、SDNPC、SNPTC与美国西屋联合体签订的“核电自主化依托项目AP1000核岛设计服务和核岛主要设备供货合同”的规定，对各方负责供货的设备，按照设备的重要性及职责分工的不同，把NI设备划分成三个类别，即关键设备A类和B类，非关键设备C类来进行采购，就采购模式而言，属于完全的委托采购，业主委托核岛承包商负责设备的采购，承包商对自己负责采购设备的质量、进度和成本负责，业主负责对核岛承包商进行监督管理和协调。

2.2.1 A类关键设备

针对A类关键设备[3]，又根据国外供货和国内供货，以及合同双方对供货所负的不同责任，分为三种类型——A1、A2和A3。

(1) A1类

由西屋联合体从中国以外供应的关键设备。西屋联合体对这些设备的成本、进度和质量负责。

(2) A2类

由中国当地供货商在西屋联合体责任下供应的关键设备。西屋联合体对这些设备的质量、技术支持、进度要求负责。

(3) A3类

由中国当地供货商在SNPTC或其他与之相当的中央政府组织机构责任下供应的关键设备(这些设备的成本、进度和质量由中方负责)。西屋联合体只负责提供咨询/顾问支持。

2.2.2 B类关键设备

在SNPTC或其他与之相当的中央政府组织机构责任下的，整个4台机组的国产化关键设备(成本、进度和质量)。西屋联合体根据协议只负责提供技术支持。

2.2.3 C类本地化的非关键设备

在SNPTC或其他与之相当的中央政府组织机构责任下由中方供货的国产化非关键设备(成本、进度和质量)。西屋联合体将根据协议为这些设备提供完整、正确的技术规格书，提供进度要求和技术支持。

2.3 AP1000设备、备品备件及专用工具

2.3.1 A1类关键设备

A1类设备包括：

1) Reactor Vessel 反应堆压力容器；

2) Reactor Vessel Internals 堆内构件；

3）Steam Generator 蒸汽发生器；

4）Control Rod Drive Mechanisms 控制棒驱动机构；

5）CRDM Cables 控制棒驱动机构电缆；

6）Reactor Coolant Pump 反应堆冷却剂泵；

7）Main Safety Class 1，2 and 3 Valves（*）重要的安全1,2,3级阀；

8）PRHR Heat Exchanger 非能动热交换器；

9）Containment Polar Crane 安全壳环吊；

10）Fuel Handling Machine 燃料起吊机，燃料抓取机；

11）Refueling Machine 换料机；

12）Fuel Transfer Conveyor 燃料输送机；

13）New Fuel Jib Crane 新燃料悬臂吊；

14）New Fuel Elevator and Hoist 新燃料升降和起吊机构；

15）Spent Fuel Shipping Cask Crane 乏燃料装桶吊；

16）I&C Plant Control and Data Display and Processing System 电厂仪控控制、数据显示与处理系统；

17）I&C Protection and Safety Monitoring System 仪控保护与安全监测系统；

18）Special Monitoring System（I&C System）专用控制系统；

19）Diverse Actuation System（DAS）多样性驱动系统；

20）Reactor Coolant Loop Piping and Surge Line Pipe 反应堆冷却剂回路管道与波动管；

21）Training Simulator 模拟机；

22）Containment Vessel 安全壳；

23）Integrated Head Package 一体化堆顶包；

24）RCP Variable Frequency Drive and RCP Switchgear RCP变频器和断路器；

25）On site Standby Diesel Generator Package 现场备用柴油机包；

26）Ancillary Diesel Generator Package 辅助柴油发电机包；

27）Containment Electrical Penetrations 安全壳电气贯穿件。

详细的A1类设备分解部件，见附录一。

2.3.2 A2、A3类关键设备

包括下面设备的A2、A3类关键设备见附录二。

1）Containment Vessel 安全壳；

2）Fuel Handling Equipment and Cranes 燃料输送设备和吊车：

① Refueling Machine 换料机；

② Fuel Handling Machine 燃料起吊机，燃料抓取机；

③ New Fuel Jib Crane 新燃料悬臂吊；

④ New Fuel Elevator and Hoist 新燃料升降和起吊机构；

⑤ Fuel Transfer Conveyor 燃料输送机；

⑥ Containment Polar Crane 安全壳环吊；

⑦ Spent Fuel Shipping Cask Crane 乏燃料装桶吊。

3) Passive Residual Heat Removal Heat Exchanger (Passive Core Cooling System)非能动余热去除热交换器；

4) Steam Generator 蒸汽发生器；

5) Reactor Internals 堆内构件；

6) Reactor Vessel and Equipment 反应堆压力容器及其设备；

7) Integrated Head Package 一体化堆顶包；

8) Control Rod Drive Mechanisms 控制棒驱动机构。

2.3.3 B 类关键设备

在 SNPTC 或其他与之相当的中央政府组织机构责任下的，整个 4 台机组的国产化关键设备(成本、进度和质量)，西屋联合体根据协议只负责提供技术支持。

包括下面设备的 B 类关键设备见附录二。

1) Fuel Transfer Tube 燃料输送管；

2) Containment Air Baffle 安全壳空气导流板；

3) Core Makeup Tanks (Passive Core Cooling System)堆芯补水箱；

4) Accumulator Tanks (Passive Core Cooling System) 安注箱；

5) Pressurizer 稳压器；

6) RCS Component Support 反应堆冷却剂系统部件支撑；

7) RCS Pipe 主管道；

8) Centrifugal Normal Residual Heat Removal Pumps 余热去除泵；

9) Reactor Vessel Supports 压力容器支撑。

2.3.4 C 类非关键设备

附录二还列出了 C 类非关键设备。

2.3.5 备品备件，专用工具和消耗品

对规定的需要供货商参加安装、试验和调试活动的供货商设备，要包含前两个燃料循环的备品备件，专用工具和消耗品供。供货商将要提供在供货范围内的备品备件，专用工具和消耗品供的文件。

2.3.5.1 备品备件

在建造、安装、调试和启动期间，如果由于供货商的错误使用了 A1 类设备强制性的备品备件和战略备件，并超过了预计，供货商将在恰当的时间内自费进行恢复。

备品备件采购所需要的技术文件由供货商提供，并将是在文件的提供范围(SOD)。

1) 强制性备品备件：为前两个燃料循环所需要的备品备件。

2) 战略性备品备件：是那些基于假设需要更换，用于避免电厂延长关闭的专门的维修用的备品备件。

3) 推荐备品备件：业主考虑的可能较小的，维修需要的那些备品备件。

2.3.5.2 专用工具

对 A1 类设备专用工具文件，如：图纸，名系表或规格书，由供货商提供。并将包含在相关设备的文件提供范围(SOD)。A 类设备专用工具见附录三。

2.3.5.3 消耗品

NI 合同附录一表 1.7.5 提供了一个用于建造、安装、调试和启动活动用的，用于两个燃料循环的，包含足够数量的消耗品清单。

2.4 采购质量管理

2.4.1 采购文件管理

供货商必须编制采购文件以控制采购活动。在采购文件中，应列入国家核安全局的有关法规、导则要求、设计基准、规范、标准、技术规格书以及为保证质量所必需的其他要求。采购文件至少包括：

1）工作范围；

2）技术要求；

3）检查和试验要求；

4）进入供货商设施的权利；

5）质量保证标准(级别与等次)的确定；

6）文件、记录要求；

7）提交文件/记录的时间要求；

8）不符合项报告；

9）对分供货商的控制；

10）买方提供的物项和服务；

11）运输及交货方式等。

如果是散件采购的合同方式，业主将需要准备人力完成所有采购文件的编制并控制其变更。

2.4.2 供货商及分供货商资格评价

供货商及分供货商资格评价由安全质量部门负责，设计管理部门人员和设备采购部门人员参与评价工作，详细内容请参见 5.3 节和 5.4 节。

2.4.3 对供货商的质量监督和物项、服务的验收

详细介绍请参见第七章。

复习思考题

1. 核电非标设备的特点是什么？
2. 全球首个 AP1000 核电项目的设备采购模式是什么？

3. 设备采购文件包括哪些方面的内容?

4. 根据NI合同设备供货分类,反应堆压力容器、蒸汽发生器、主泵、堆内构件分别属于何类设备?

5. 根据NI合同设备供货分类,稳压器、安注箱、主管道分别属于何类设备?

第三章 AP1000 系统、结构及部件的分级

电厂的安全涉及电厂周围人的安全，环境的安全，设施的安全。由于考虑到核事故可能给人类带来危害的严重性。因此，根据设备在发生事故情况下所起的作用——它们的重要性程度，对设备进行安全等级划分，以此来确定其抗震类别、质保等级；而且在适当情况下和设备设计、制造、检验和验收时的规范等级，使得反应堆能够安全而又经济地得以建造。下面对 AP1000 中的系统、结构和部件(SSCs)(特指机械部分)按照核安全、抗震、质保和规范进行分级。

3.1 安全分级

安全等级的划分是根据物项承担的安全功能和安全重要性确定的。设备的安全等级划分还可用于设备确定其抗震分级、质保分级，以及设备设计、制造和检验的规范分级。

AP1000 反应堆 SSCs 的安全分级是依据美国核协会标准(ANSI 51.1)的分级方法[4]，根据 SSCs 在提供如下安全功能中所起的作用来划分的。安全相关的功能是在设计基准事故期间或随着设计基准事故后要提供的如下功能：

1) 反应堆冷却剂压力边界的完整性；

2) 能够关闭反应堆并维持其在安全停堆状态；

3) 能够避免或缓解可能引起潜在的厂外辐照的事故后果(跟 10CFR100 暴露导则相比)；

4) 在 ANSI 标准中，把 SSCs 的安全级别分成 SC-1，SC-2，SC-3 和 NNS 级。

3.1.1 SC-1 级

SC-1 级是跟安全相关的分级。它适用于反应堆冷却剂系统压力边界，包括要求的隔离阀和机械支撑，该级别具备最高的完整性和最低的泄漏概率。在 AP1000 中的 SC-1 级 SSCs 被称为 A 级。

3.1.2 SC-2 级

SC-2 级是跟安全相关的分级。适用于随着设计基准事故的发生，要求限制放射性物质从安全壳泄漏的 SSCs。在 AP1000 中的 SC-2 级 SSCs 被称为 B 级。

3.1.3 SC-3 级

SC-3 级是跟安全相关的分级。适用于其他要求缓解设计基准事故以及其他设计基准事件的跟安全相关功能的 SSCs。小的泄漏将不会妨碍 C 级 SSCs 满足安全功能，也不会妨

碍对射线剂量和系统功能的考虑。在AP1000中的SC-3级SSCs被称为C级。

3.1.4 NNS级

NNS级是跟安全不相关的分级。这些SSCs又细分为D、E、F、L、P、R和W级。

(1) D级

该级是跟安全不相关的分级。在采购，检查和监督中有一些额外要求。存在重大风险的系统、结构和部件规定在可靠性保证大纲中。

(2) E级

该级适用于那些没有专门的工业标准或分级的非安全相关的结构、系统和部件。

(3) F级

该级适用于防火系统。满足国家防火协会(NFPA)法规，根据防火SSCs质保服务要求，引用ANSI B 31.1，AWWA(美国自来水厂协会)、API(美国石油组织)、UL(美国保险商实验所)。

(4) L级

L级应用在采暖、通风和空气调节系统。

(5) P级

该级适用于管道设备。满足美国国家管道法规。

(6) R级

该级适用于空气清洁元件和要求包容、清洁或排除放射性污染的部件。满足ASME 509。

(7) W级

该级满足没有特殊质保要求的美国自来水厂协会(AWWA)导则。

3.2 AP1000设备分级

分级系统提供识别构筑物、系统和部件与安全相关和抗震要求的方法。AP1000因其独特的安全有关功能而需要修改安全分级文件和标准[5]。

3.2.1 A级设备

A级是等同于ANS安全1级的安全相关级。它适用于反应堆冷却剂系统压力边界，包括要求的隔离阀和机械支承。这个级别有最高的完整性和最低的泄漏概率。

10 CFR 21适用于A级构筑物、系统和部件。A级构筑物、系统和部件是抗震Ⅰ类，使用与NRC质量A组、10 CFR 50附录B、ASME规范第Ⅲ卷1级部件相一致的规范和标准。

3.2.2 B级设备

B级是等同于ANS安全2级的安全相关级。它限制在设计基准事故后从安全壳泄漏的放射性物质。B级设备设计完成以下功能：

1) 提供裂变产物屏障，或者阻流或隔离一次侧所包容的放射性物质。

2) 提供安全壳边界，包括贯穿件和隔离阀。还包括作为安全壳边界功能的管道。例如,在安全壳内的蒸汽和给水系统以及蒸汽发生器的二次测壳体,按照这准则都是 B 级。

3）循环非安全壳/非反应堆的冷却剂流体用来提供事故后进、出安全壳的安全相关功能。这些管道在安全壳内为 B 级压力边界。如果有适当的安全壳隔离阀,则在该循环回路的安全壳外管道为 C 级或非安全相关级。

4）引入应急负反应性使反应堆次临界(例如,控制棒)。

5）B 级还适用于其泄漏会导致堆芯冷却剂丧失的构筑物、系统和部件。在隔离泄漏时,可以采取自动安全相关隔离,和合适的操作人员操作。作为最低限度,操作人员需要冗余的安全相关指示和报警后 30 min 才允许进行操作。

10 CFR 21 适用于 B 级构筑物、系统和部件。B 级构筑物、系统和部件是抗震Ⅰ类,并使用与 NRC 质量 B 组、10 CFR 50 附录 B、ASME 第Ⅲ卷 2 级或 MC 级导则相一致的规范和标准。ASME 第Ⅲ卷 NE 分卷适用于安全壳和防护管道。

3.2.3　C 级设备

C 级是等同于 ANS 安全 3 级的安全相关级。它适用于要求用来减轻设计基准事故和其他设计基准事件的其他安全相关功能。较小的泄漏不妨碍 C 级构筑物、系统和部件满足安全相关的功能,无论是辐射剂量或者系统功能。

C 级也适用于由于断裂,可能造成非限制区域的剂量超过 10 CFR 20 的规定或者造成堆芯失去冷却的设备。

10 CFR 21 适用于 C 级构筑物、系统和部件。C 级构筑物、系统和部件使用与 NRC 质量 C 组相一致的规范和标准。C 级构筑物、系统和部件是抗震Ⅰ类,除非下面提到的地震事件之后不要求提供安全相关功能的构筑物、系统和部件。应用 10 CFR 50 附录 B、ASME 第Ⅲ卷 3 级。除了这些要求之外,对于提供应急堆芯冷却功能的系统,根据 ASME 第Ⅲ卷 ND-5222的要求在建造期间对管道对接焊缝应全部进行 X 射线检查。对于没有用焊接制作的 C 级空气和气体储存箱,ASME 第Ⅷ卷附录 22 可替代第Ⅲ卷 3 级。10 CFR 50 附录 B 要求和 10 CFR 21 适用于安全相关的空气和气体储存箱的制作。对于堆芯支承结构应用 ASME 第Ⅲ卷 NG 分卷。对于电气系统应用适当的 IEEE 标准,包括 IEEE 标准 323-74 和 IEEE 标准 344-87。

C 级适用于不包括在 A 级、B 级中的构筑物、系统和部件设计并依靠它们来实现以下的一个或多个安全相关功能:

1）提供安全注射或保持足够的反应堆冷却剂装量进行堆芯冷却;

2）提供堆芯冷却;

3）提供安全壳冷却;

4）使从安全壳大气排出的放射性物质满足厂区外剂量限值;

5）限制在安全壳外的房间和区域大气中放射性物质的积累,满足厂区外剂量限值;

6）引入负反应性控制方法来达到或保持安全停堆状态(例如,加硼);

7）保持反应堆压力容器内部结构的几何形状,使控制棒能够插入(当要求时)和燃料保持在可冷却的几何形状内;

8）提供对 A、B、C 级的构筑物、系统和部件的承载结构和支承。适用于不是压力边界部分的结构和支承;

9）提供结构和建筑来保护A、B、C级的构筑物、系统和部件免受内部或外部的飞射物、地震、洪水等事件。保护设备免受非地震事件的构筑物不要求抗震Ⅰ类；

10）提供永久的辐射屏蔽以便允许操作员能够到达主控室，并限制对A、B、C级的构筑物、系统和部件的照射；

11）对A、B、C级构筑物、系统和部件提供安全支持功能，例如除热、房间冷却和供电；

12）为A、B、C级构筑物、系统和部件执行必要安全有关功能提供自动的或手动动作的仪表和控制。包括对这些构筑物、系统和部件执行适当的安全性能需求的信号和联锁功能的处理；

13）维持乏燃料完整性，乏燃料完整性失效会造成燃料损坏，可能造成大量的放射性物质从燃料中释放，导致厂区外剂量超过正常限值(例如乏燃料池、乏燃料输送管道隔离阀)；

14）保持乏燃料次临界；

15）监视放射性流出物，确保释放速度和总的释放量在正常运行和瞬态运行的限值内；

16）监测事故后缓解所要求的A、B、C级的构筑物、系统和部件的状态参数；

17）对不包括在ASME第Ⅲ卷2级的范围内的B级构筑物、系统和部件所提供的功能；

18）提供相连的临时设备来扩充安全相关系统的使用；

19）提供应急堆芯冷却功能的部件和系统部分，要求在建造期间对焊缝随机取样进行射线照相，包括以下方面：

① 安注箱；

② 从安注箱至直接压力容器注射管线上的反应堆冷却剂系统隔离截止阀之间的注射管道；

③ 从安全壳内置换料水箱IRWST及再循环滤网到在直接压力容器注射管线上的反应堆冷却剂系统隔离截止阀之间的管道；

④ 从1、2、3级自动泄压系统阀门到安全壳内置换料水箱的管道(包括鼓泡管)。

3.2.4 D级设备

D级为非安全相关，但是附加了对采购、检查和检测的要求。

对包容放射性的D级构筑物、系统和部件，需经保守分析证明，按照10 CFR 20，由设计基准事件可能失效不会导致超过正常的厂区外剂量。这个准则与R.G 1.26中D级的定义一致。

当构筑物、系统和部件直接行动防止非能动安全系统不必要的动作，则该构筑物、系统和部件划分为D级。构筑物、系统和部件支持直接用来防止非能动安全系统不必要动作的也划入D级。这些非安全相关的构筑物、系统和部件列为D级是考虑到这些系统提供了重要的第一层次的防御，有助于减少概率风险评价计算的堆芯熔化频率。这些构筑物、系统和部件通常用于支持电厂冷却和降压以及在维修和换料期间保持停堆工况。

D级构筑物、系统和部件所考虑的风险，在可靠性保证大纲中定义。制订可操作性检查条款，包括适当的试验和检查，制订维修构筑物、系统和部件的条款。这些规定在电厂可靠性保证计划以及运行和维修规程中编制成文并贯彻执行。

化学和容积控制系统的一部分定义为反应堆冷却剂压力边界和D级。AP1000反应堆冷却剂压力边界的安全相关分级截至反应堆冷却剂系统与化学和容积控制系统之间的第三只隔离阀。化学和容积控制系统的这一部分要进行抗震分析。安全壳内的非安全相关化学和容积控制系统部分提供反应堆冷却剂的净化,包括热交换器、除盐床、过滤器和及其连接管道。安全壳内外隔离阀之间的化学和容积控制系统部分为 B 级,根据 ASME 规范第Ⅲ卷建造。

AP1000 化学和容积控制系统不要求执行安全相关功能,比如应急硼化或反应堆冷却剂补水。在化学和容积控制系统不提供补水的情况下,安全相关的堆芯补水箱能够在停堆和冷却工况下提供足够的反应堆冷却剂补水。反应堆安全停堆不需要从化学和容积控制系统补水。

一些 D 级构筑物、系统和部件假设在严酷的安全壳环境中执行功能。这些部件的设计要求包括在这样环境下的运行。需进行评价来确认构筑物、系统和部件在这样的环境中能执行预期功能。

D 级构筑物、系统和部件虽然不采用 10 CFR 50 附录 B 和 10 CFR 21,但是采用标准工业质保标准,以提供适当的完整性和功能。10 CFR 50 附录 B 和 10 CFR 21 适用于抗震Ⅰ类的 D 级构筑物、系统和部件。这些工业质保标准与 NRC 质量 D 组的导则一致。用于 D 级构筑物、系统和部件的工业标准是广泛使用的工业标准。用于 D 级系统和部件的典型的工业标准如下所列:

1) 压力容器——ASME,第Ⅷ卷;

2) 管系——ANSI B 31.1 动力管系;

3) 泵——API 610,水力院标准;

4) 阀——ANSI B 16.34;

5) 空气储存罐——API-650,AWWA D 100,或 ANSI B96.1;

6) 0～15 psig(0～0.103 MPag)储存罐——API-620;

7) AC 电动机和发电机——NEMA MG1;

8) 电路断路器,开关,继电器,变电器和保险丝——IEEE C37。

包含 D 级构筑物、系统和部件的建筑物以及该构筑物、系统和部件与建筑物的连接,设计要求满足统一建筑规范(UBC)的抗震要求。系统和部件对地震载荷不用计算。然而,当 D 级构筑物、系统和部件位于 A、B、C 级构筑物、系统和部件附近时,抗震Ⅱ类要求可适用。

D 级构筑物、系统和部件按照 10 CFR 50.65 关于维护有效性的监控要求,其可用性参数和准则包括在评估维护大纲有效性的维护监控计划内。

例如,D 级适用于不包括在 A、B、C 级的构筑物、系统和部件中所提供的以下功能:

1) 提供堆芯或安全壳冷却,防止对非能动堆芯冷却系统和非能动安全壳冷却系统的影响;

2) 放射性的液体和废物的处理、提取、包装、储存或复用;

3) 验证电厂运行工况在技术规格书的限定值之内;

4) 为事故后接近 A、B、C 级构筑物、系统和部件或为厂区外人员的提供永久屏蔽;

5) 处理乏燃料,其失效可能导致燃料损坏,可能使有限数量的放射性物质从乏燃料释放,例如燃料装卸料机、装卸料工具、新燃料格架、乏燃料格架;

6) 火灾后达到或维持安全停堆所必须以保护 B 级或 C 级构筑物、系统和部件;

7）在保护系统旁路，没有作为保护系统操作的部分而被自动清除的情况下，指示保护系统旁路的状态；

8）帮助事故后调查确定事件的原因或后果；

9）防止可能导致妨碍A、B、C级的构筑物、系统和部件执行安全相关功能的相互作用；

10）限制安全壳大气中氢的积累超过允许水平。

3.2.5 其他设备分级

设备E、F、G、L、P、R和W级是非安全相关级。它们适用于上述分级未包括的构筑物、系统和部件。它们不执行安全相关功能，它们包含的放射性物质释放不足以超过适用的限值。如果能满足下述所有准则，同时在正常情况下不包含放射性的液体、气体或固体，但可能被放射性污染的构筑物、系统和部件划分在该非安全相关级中：

1）系统仅含有潜在的放射性，并且通常不包含放射性物质；

2）系统已经在电厂运行中说明，系统的运行所包含放射性物质，满足或者可能满足非限制区域的释放限值；

3）系统的评价确定其系统所包含的特性和部件，系统即使失效其后果满足合理可行尽量低；

4）系统没有包括在A、B、C、D级内的其他管理导则。

系统的特性和部件的审查至少包含以下内容：

1）控制和限制系统中的放射性污染；

2）如果系统被污染，便于迅速清洗；

3）限制和控制可能的系统失效造成的放射性后果；

4）防止系统向更严重的后果扩展所采取的方法。

对E、F、L、G、P、R和W级的构筑物、系统和部件，没有特别的质保要求。除非有特殊规定，一般不采用10 CFR 21和50附录B。系统和部件一般不作抗震载荷的设计。

构筑物、系统和部件根据设计师的判断按工业标准设计。以下提供工业标准的例子，可用于这些分级。

E级与下列分级不同，本级适用于没有专门工业标准或分级的非安全相关构筑物、系统和部件。

F级和G级用于防火系统。其遵循国家防火协会标准，涉及ANSI B31.1(参考文献[5])，AWWA(美国水工设备协会)，API(美国石油研究所)，Underwriters实验室(UL)，及其他规范。AP1000的防火系统安全有关SSCs部分指定为F级，满足ANSI B31.1的要求，并要求抗震分析。

L级用于加热、通风和空调系统。遵循SMACNA—1985。部件也可按AMCA和ASHRAE标准采购。

P级用于给排水设备。遵循美国给排水规范。

R级可能用来容纳、清洁或排除放射性污染空气的空气净化机组和部件。遵循ASME N509。当使用10 CFR 50附录B质保要求时，与C级相当。

W级遵循美国水工设备协会导则，没有特殊的质保要求。

3.2.6 电气设备分级

和安全相关的电气设备为C级，在美国电气与电子工程师协会标准(IEEE)[6]中为1E；和安全不相关的电气设备和仪表按非1E被构建到IEEE标准和国家电气制造商协会标准(NEMA)。

在AP1000反应堆中有8个电气系统：

1) ECS：主交流电源系统；

2) EDS：非1E级直流和UPS系统；

3) EFS：通信系统；

4) EGS：接地和防雷保护系统；

5) EHS：专用热扫描跟踪系统；

6) ELS：全厂照明系统；

7) EQS：阴极保护系统；

8) IDS：1E级的直流和UPS系统。

在上述这些系统中只有ECS和IDS具有安全功能。在核电厂，IDS是相当重要的电气系统，因为它为电厂需要监控的仪控设备，元器件的操作以及降低事故和安全停堆的控制等提供1E级电源。另外，对仪控而言，IDS也用于一些安全设施的操作。比如，用于减压阀的操作。一旦所有的外接电源和现场电源全部失去，直流1E级蓄电池将提供用于直流操作的负荷，包括交流的仪表UPS负载。

ECS是一个最基本的与安全无关的配电系统，但它却提供一个重要的安全功能，ECS必须在主泵电机得到保护和安全监测信号时有能力断开该回路，在补水箱启动时主泵必须跳闸，因为主泵的连续运行会干扰补水箱的操作。因此，仅有用于冗余功能的主泵断路器和其电气回路是1E级的。

在ECS中专用于安全功能的电气元件有：用于6.9 kV主泵电机中压开关柜。

在ECS中所有其他设备，如开关柜、电缆、变压器、电机控制中心、柴油发电机以及其他ECS的电气设备是非安全级的。

对于IDS来讲，1E级电气设备包括如下内容：

1) 蓄电池；

2) 充电器；

3) 逆变器；

4) 125 V直流配电盘；

5) 125 V直流电机控制中心；

6) 125 V直流屏；

7) 220 V交流配电盘；

8) 电源切换箱。

EDS、EFS、EGS、EGS、ELS和EQS无安全功能，所以这些系统的设备不是安全相关的1E级设备。对于非安全相关的电气系统，用在厂房、系统和元器件(不执行安全功能)中的电气设备是D类设备，ECS和EDS中部分设备也是D类。

3.3 抗震分级

抗震分级是根据物项所执行的安全功能和发生地震时对物项的特殊要求确定的。抗震分级的目的是对设备的设计与评定提出抗震要求，对安全相关设备进行抗震分级实际上是为了规定这些设备在地震载荷下需要满足的功能要求。

在10CFR 50附录A的通用设计准则2——核电厂通用设计准则，要求对安全重要的核电厂结构、系统和部件应该设计成能承受地震的影响。尤其是，所有核电厂都应该被设计成：如果发生安全停堆地震（SSE），所有跟安全相关的结构、系统和部件都应该保持其功能。这些电厂的特点是必须保证章节3.1中的安全功能。通过对安全相关SSCs的抗震等级划分，就能够明确在SSE条件下SSCs应该满足的设计要求。

（1）抗震Ⅰ级

抗震Ⅰ级适用于安全相关的SSCs；也适用于要求支撑或保护的、跟安全相关的SSCs。安全相关的物项是必须提供如下功能的物项：

1）保证反应堆压力边界的完整性；

2）能够使反应堆停堆并维持在安全停堆状态；

3）能够避免或缓解可能引起潜在厂外辐照事故后果。

（2）抗震Ⅱ级

抗震Ⅱ类适用于执行非安全相关功能或不要求持续功能的构筑物、系统和部件。抗震Ⅱ类适用于在安全停堆地震下设计防止其倒塌的构筑物、系统和部件。构筑物、系统和部件划分为抗震Ⅱ类是为预防其在安全停堆地震时失效，或者与抗震Ⅰ类相互作用的物项。与抗震Ⅰ类相互作用的物项可能会把与安全相关的构筑物、系统和部件的功能降低到一个不可接受的水平，或对主控室的人员造成不能承受的伤害。

抗震Ⅱ类的构筑物、系统和部件设计成在安全停堆地震时不会造成不可接受的结构失效，或与抗震Ⅰ类物项相互作用。抗震Ⅱ类的流体系统如果在敏感设备附近，则要求其具备适当水平的压力边界完整性。

10 CFR 50附录B的有关部分适用于抗震Ⅱ类的构筑物、系统和部件。抗震Ⅱ类的构筑物、系统和部件的质保要求需充分提供这些部件满足不会造成结构失效或者与抗震Ⅰ类物项相互作用的要求。

（3）抗震NS级

非抗震类的构筑物、系统和部件是指没有划入抗震Ⅰ类或抗震Ⅱ类的物项。非抗震类管线和相关设备实际上尽可能布置在安全相关的建筑物和房间外，以避免不利的系统相互作用。当这些管路不得已布置在安全相关区域内，则该非抗震类物项要按安全停堆地震评价。如果一个可信的失效会导致不可接受的相互作用，则该非抗震类物项要升级为抗震Ⅱ类。

尽管位于安全相关的构筑物、系统和部件附近的物项的抗震类别可能提升为抗震Ⅱ类，但其预先给定的设备分级保持不变。

3.4　质保分级

QA 分级[5]是以 SSCs 的安全级别为依据，并考虑到其他一些因素，诸如部件的复杂性、单件产品、新产品与成本等因素，对其制造过程提出不同的质量保证要求。

3.4.1　QA 分级需要考虑的因素

物项、服务的 QA 分级一般需要考虑以下因素：

1）物项或服务的复杂性，唯一性和新颖性；

2）对设备和工艺的特殊控制，管理方法和检验的要求；

3）通过检验和试验可以证明的功能一致性程度；

4）物项或服务的质量和标准化程度；

5）在电厂中安装后对维修、在役检查、更换，以及事故后工况下的可接近性。

供货商需要把系统、结构和部件 QA 分级的原则和方法提交业主审查。

3.4.2　QA 分级原则

SSCs 的 QA 分级按照它们是否跟安全相关，跟安全不相关但对电厂安全重要和跟安全不相关来进行 QA 分级。

1）与安全相关的物项、服务或活动，供货商将实施跟 HAF003(1991)，IAEA-50-C/SG-Q(1996)；US NRC 10CFR 50，附录 B 或 ASME NQA-1(1994)相一致的质量保证要求；

2）与安全不相关，但对电厂安全重要的，在 AP1000 设计证书中确认了要加强质量控制的结构、系统和部件，将按照 AP1000 设计证书中的设计分级(design classification)和 NUREG-0800(2007)章节 17.5Ⅱ.V 实施质量保证要求；

3）与安全不相关的物项和服务，供货商必须实施与这些物项和服务的分级相一致的、足以确保这些物项和服务质量的质量保证要求(通常为实施满足 ISO 9001:2000 标准要求的质量管理体系)。

供货商必须制定并实施满足所提供物项和服务相应的质量保证分级要求的质量保证大纲。

3.4.3　业主对质保分级的审查

设计单位按照物项的分级，在设计规格书中对影响物项质量的活动规定相应程度的质量保证要求。这些质保要求包括对质量保证大纲、检查和试验、质量保证记录、不符合项的处理、采购和分包控制等方面的要求。物项和服务的采购单位必须在采购文件中纳入相应的质量保证要求。设计单位确定的分级原则和清单必须提交业主审查认可。

3.5　ASME 规范分级

规范分级[7]用于确定设备在设计、制造、检验和验收时不同的要求。采用不同的规范，同一设备或部件的规范等级可能存在一定的差别。

在 ASME 规范中明确了 SSCs 的分级是核电用户的责任，用户必须按设备与部件所在系统的安全功能分级原则进行分级，设备与部件的规范等级必须等于或高于设备所在系统的安全等级。

在 ASME NCA-2120 和 2130 中对 SSCs 进行了 ASME 规范分级。分级考虑了 SSCs 的安全重要性，以此来确定其在设计、制造、检验和验收时不同的 ASME 规范要求。SSCs 规范分级为 1 级，2 级，3 级，MC 级，CS 级。

1）1 级：物项按照子章节 NB 的规定建造；

2）2 级：物项按照子章节 NC 的规定建造；

3）3 级：物项按照子章节 ND 的规定建造；

4）MC 级：金属安全壳按照子章节 NE 的规定建造；

5）CS 级：堆芯支撑结构按子章节 NG、NF 的规定建造。

3.6 各种分级之间的关系

分级系统提供了一种确定 SSCs 跟安全、抗震、质保、规范要求相关程度的，容易辨认的方式。AP1000 设备各种分级之间的关系见表 3-6-1。从该表中可以发现：跟安全相关的 A、B、C 级 SSCs 的安全等级和 ASME 规范等级是对应的，抗震等级都为最严格的 Ⅰ 级；而跟安全不相关的，ASME 规范没有考虑的 E、F、L、P、R 和 W 级 SSCs 基本被划分成抗震 Ⅱ 级。

表 3-6-1 AP1000 反应堆 SSCs 各种分级之间的关系

AP1000 分级	ANS 设备安全分级	RG1. 29 抗震分级	ASME 规范分级	QA 分级	IEEE 要求
A	SC-1	1	1	按 10 CFR 50 附录 B	不适用
B	SC-2	1	2	按 10 CFR 50 附录 B	不适用
C	SC-3	1	3	按 10 CFR 50 附录 B	1E
D	NNS	NA	NC	按正常工业标准	NC
其他	NNS	NB	不适用	按正常工业标准	不适用

注：NA：对 D 级 SSCs，当适用抗震 Ⅱ 级要求时；NB：一些 E、F、L、P、R 和 W 级 SSCs 可以被划分成抗震 Ⅱ 级；NNS：定义在 ANSI 51.1 标准中的 NNS 级被划分成几个 AP1000 设备等级，它们分别是 D、E、F、L、P、R 和 W 级；NC：见用于 D 级 SSCs 建造的工业标准的讨论内容；其他：包括 E、F、L、P、R 和 W 级。

复习思考题

1. AP1000 反应堆系统、结构、部件的安全分级是依据什么标准？
2. 电厂设计所考虑的跟电厂安全相关的功能有哪些？
3. AP1000 的设备分成几级？分别是什么？
4. 简述 AP1000 系统、结构、部件的安全分级和设备分级的关系。
5. AP1000 系统、结构、部件的是如何进行抗震分级的？为什么要进行抗震分级？

6. AP1000 系统、结构、部件 QA 分级的原则是什么？

7. 什么是 AP1000 系统、结构、部件的 ASME 分级？为什么要进行 ASME 分级？

第四章 AP1000设备适用法规、规范及标准

核电厂必须严格地遵循一系列国家法规(令)、安全相关的专门工业标准和通用标准进行建造,才能保证电厂安全,设备安全,人员安全,以及电厂周围环境及公众的安全。

4.1 法规、规范及标准的定义

法规或法令(Law or Regulation)是政府颁布的强制性条款规定,是最高层次的。核安全法规(HAF)就属于这个层次,也包括核安全导则(HAD)。

规范(Code)属于安全相关的专门工业标准,是核电建设发展历程中技术和经验的总结,是规范和指导核电行为、保障核电安全的重要手段。它直接对某类产品提出强制性技术要求,以满足且支承法规。ASME-Ⅲ规范是属于这个层次,法国的RCC,德国的KTA也都属于这种核电专门规范。

第三层次是通用工业标准(Standard),它补充并支承规范,是基础的工业技术标准。如ASME指定的美国国家标准(ANSI)、美国材料与试验协会标准(ASTM)、美国焊接协会标准(AWS)相关的标准。上一层次的规则,常常引用或在这些标准的基础上追加某些特殊规定。我国也有相当的标准如GB、YB、JB、EB等,但与上述的国外标准等效性尚待验证。

这三个层次的规定构成核电安全基础的重要方面。规范与标准不仅有利于标准化,也为需方、供货商提供了认同的合同技术基础,反过来也同时约束供需双方,也是国家核安全局安全监督和/或第三方检验机构的监督检查的重要技术依据。

供货商已经审查了中国的HAF和HAD,并明确了AP1000设计是跟它一致的,一致的基础是美国在电厂取照上的法规与中国的法规是类似的。

4.2 美国及中国核电法规、标准体系

核电法规、标准是由国家和行业标准机构颁布的技术规范性文件。

4.2.1 美国核电法规、标准体系

美国核电法规、标准体系由原子能法、行政法规、管理导则、核电标准4个层次组成。美国核电法规、标准体系结构见图4-2-1。

4.2.1.1 原子能法(Atomic Energy Law)

美国原子能法由美国国会参众两院于1954年颁布,对原子能的民用和军事用途进行控制管理。原子能法共有303条,分为20章。

4.2.1.2　行政法规

美国核电相关的行政法规包含在“美国联邦行政法典”(Code of Federal Regulations,CFR)的第 10 部分,即 10 CFR 中。这些法规由美国核管会(NRC)制定颁布。NRC 是美国负责民用核能监管职责的政府机构,它的职责是制定和执行管理核反应堆及核材料安全的政策和法规、向持照者(如核电厂业主)发布指令;并实施监督检查。

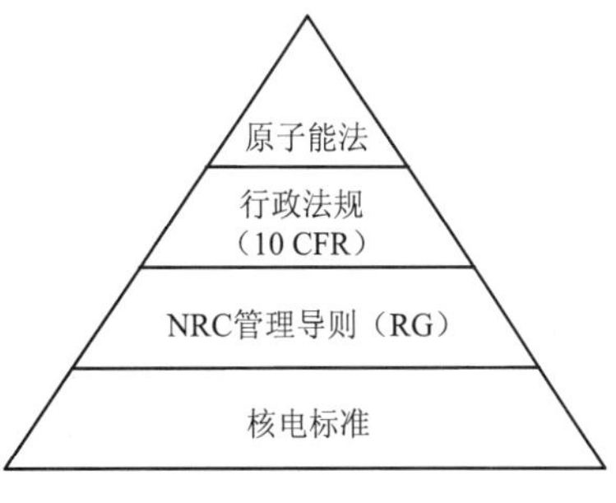

图 4-2-1　美国核电法规、标准体系结构

10 CFR 法规中与核电密切相关的主要是 10 CFR 50(生产和应用设施的国内取照)。10 CFR 50 规定了包括核电厂业主在内的核设施单位在申请取照中需要遵守执行的法规要求。10 CFR 50 要求申请执照的核设施单位建立满足 10 CFR 50 附录 B 要求的质量保证大纲。

4.2.1.3　管理导则

为对执行上述法规提供指导,NRC 还制定了一整套的管理导则 RG(Regulatory Guidance)。NRC 导则总共分 10 类发布,与核电厂相关的为第 1 类“动力反应堆”。这些导则作为对核电厂执照申请者的指导文件,用于指导取照者实施 NRC 法规的要求,以及指导 NRC 员工评估具体问题或假想事件以及审查执照申请;同时也使公众对法规文件内容有进一步的了解和理解。

4.2.1.4　核电标准

美国核电法规标准体系的第四个层次就是数量庞大、种类繁多的核电标准。这些标准是经过试验和工程实践考验,提供了具体贯彻执行法规和导则要求的准则。

与中国的由政府机构制定和发布标准的标准化政策不同,美国推行的是民间标准优先的标准化政策。按照美国相关法规规定,美国政府机构需尽量优先地采用各专业学会和协会团体制定的民间标准,以免于政府需要自己制定标准。由美国政府部门制定的标准通常是强制性标准,而这些民间标准则都属于非强制性的、自愿采用的标准。然而一旦这些民间标准为法律所引用,通常就具备了强制性。

4.2.2　中国核电法规、标准体系

我国核工业标准化工作目前处于起步阶段,尚未形成完整配套的、独立的标准体系。我国已建成的核电机组有自主设计建造的,也有引进的。这些核电项目所采用的设计、建造规范和标准不尽相同,分别采用了美国、法国、加拿大、俄罗斯等国的标准。

我国的核工业领域的工业技术标准由国家标准局和核工业标准化所组织制定,包括 GB 系列的国家标准和 EJ 系列的核工业行业标准。截至 1999 年,由国家标准局颁布的核工业国家标准(GB 和 GB/T 系列)数量共约 100 个;由核工业总公司批准发布的核工业行业标准(EJ 和 EJ/T 系列)数量共约 240 个。

核电厂建造法规(Law or Regulation)是一个国家政府或国家政府组织颁布的在民用核设施建造方面需要强制执行的规定,在核电厂建造中是最高层次的参照依据。我国经国务院批准,国家核安全局 1986 年 7 月 7 日颁布了 HAF 和 HAD 系列的法规与导则,这一版本

的核安全法规与导则的基础文件是国际原子能机构(IAEA)1978年版的标准50-C-QA。

4.2.2.1 核安全法规HAF

下面1)~8)是HAF[8]所覆盖的技术领域,划分为8个系列,其中,XXX:第一位为各系列的代码,第2、3位为顺序号;YY/ZZ:为相应的实施细则及其附件的代码。而9)~12)是跟民用核设施建造有关的导则。

1) HAF0XX/YY/ZZ:通用系列;
2) HAF1XX/YY/ZZ:核动力厂系列;
3) HAF2XX/YY/ZZ:研究堆系列;
4) HAF3XX/YY/ZZ:核燃料循环设施系列;
5) HAF4XX/YY/ZZ:放射性废物管理系列;
6) HAF5XX/YY/ZZ:核材料管理系列;
7) HAF6XX/YY/ZZ:民用核承压设备监督管理系列;
8) HAF7XX/YY/ZZ:放射性物质运输管理系列;
9) HAF001:中华人民共和国民用核设施安全监督管理条例;
10) HAF002:核电厂核事故应急管理条例;
11) HAF003:核电厂质量保证安全规定;
12) HAF601:民用核承压设备安全监督管理规定。

4.2.2.2 核安全导则HAD

下面1)~8)是HAD[9]所覆盖的技术领域,划分为8个系列,其中的XXX:第一位为各系列的代码,第2、3位为顺序号,YY:顺序号;而9)~18)是跟核电厂质量保证有关的导则。

1) HAD0XX/YY:通用系列;
2) HAD1XX/YY:核动力厂系列;
3) HAD2XX/YY:研究堆系列;
4) HAD3XX/YY:核燃料循环设施系列;
5) HAD4XX/YY:放射性废物管理系列;
6) HAD5XX/YY:核材料管理系列;
7) HAD6XX/YY:民用核承压设备监督管理系列;
8) HAD7XX/YY:放射性物质运输管理系列;
9) HAD003/01:核电厂质量保证大纲的制定;
10) HAD003/02:核电厂质量保证组织;
11) HAD003/03:核电厂物项和服务采购中的质量保证;
12) HAD003/04:核电厂质量保证记录制度;
13) HAD003/05:核电厂质量保证监查;
14) HAD003/06:核电厂设计中的质量保证;
15) HAD003/07:核电厂建造期间的质量保证;
16) HAD003/08:核电厂物项制造中的质量保证;
17) HAD003/09:核电厂调试和运行期间的质量保证;
18) HAD003/10:核燃料组件采购、设计和制造中的质量保证。

AP1000的安全已经得到了美国核管会(U·S NRC)的确认，大范围的AP1000安全分析报告和概率风险评价已提供来对此进行审查。U·S NRC的审查是全面的，彻底的，并牵扯到许多正式问题、验证试验，以及独立的电厂事故分析。审查也得到了反应堆安全顾问委员会的确认。在两年半的审查之后，U·S NRC发布了它的AP1000安全分析报告(NUREG-1793)并于2004年9月13日授予AP1000最终设计许可(FDA)。2005年12月31日授予了AP1000设计证书。注意：US NRC先前审查了类似的AP600，AP600审查持续超过了6年，牵扯到了额外的问题、验证试验，以及独立的电厂事故分析，于1998年9月20日授予AP600最终设计许可(FDA)。

4.3 美国、中国民用核设施建造方面的规范与标准

(1) 美国规范与标准

1) ASME美国机械工程师协会规范；

2) ANSI：美国国家标准；

3) ANS：美国核协会标准(包括ANSI)；

4) ASTM：美国材料与试验协会标准；

5) AWS：美国焊接协会标准。

附录四给出了美国民用核设施建造方面的规范与标准。附录五给出了AP1000适用的美国规范及标准。

(2) 中国规范与标准

1) 国家核安全法规和导则(HAF和HAD)共59篇；

2) 国家标准GB，共222篇。

我国核电厂设计建造规范是国标GB/T 16702(压水堆核电厂核岛机械设备设计规范)，它等效采用了法国规范RCC-M-I(1988)加1990年的补遗，编写格式和方法与RCC-M-I一致。

1) GB 9135—1988：轻水堆核电厂放射性废液处理系统技术规定；

2) GB 9134—1988：轻水堆核电厂放射性固体废物处理系统技术规定；

3) GB 9136—1988：轻水堆核电厂放射性废气处理系统技术规定；

4) GB 6249—1999：核电厂环境辐射防护规定；

5) GB/T 12726.5—1997：核电厂事故及事故后辐射监测设备第五部分：空气放射性监测设备；

6) GB/T 12727—2002：核电厂安全系统电气设备质量鉴定；

7) GB/T 12726.4—1995：核电厂事故及事故后辐射监测设备第四部分：工艺流辐射监测仪；

8) GB/T 12726.3—1992：核电厂事故及事故后辐射监测设备第三部分：高量程区域γ剂量率监测设备；

9) GB/T 13177—2000：核电厂优先电源；

10) GB/T 12726.2—1991：核电厂事故及事故后辐射监测设备第二部分：气态排出流中放射性惰性气体连续监测设备的特殊要求；

11）GB/T 12726.1—1991:核电厂事故及事故后辐射监测设备第一部分：一般要求；
12）GB/T 12790—1991:核电厂安全级电气设备和系统文件标识方法；
13）GB/T 12788—2000:核电厂安全级电力系统准则；
14）GB/T 13286—2001:核电厂安全级电气设备和电路独立性准则；
15）GB/T 13631—1992:核电厂辅助控制点设计准则；
16）GB/T 13629—1998:核电厂安全系统中数字计算机的适用准则；
17）GB/T 13627.2—1992:核电厂事故监测仪表准则仪表准则；
18）GB/T 14546—1993:核电厂安全级直流电力系统设计准则；
19）GB/T 13160—1991:轻水堆核电厂辐射屏蔽检测大纲；
20）GB/T 13538—1992:核电厂安全壳电气贯穿件；
21）GB/T 13285—1999:核电厂安全重要系统和部件的实体防护；
22）GB/T 13625—1992:核电厂安全系统电气设备抗震鉴定；
23）GB/T 13627.1—1992:核电厂事故监测仪表准则功能准则；
24）GB/T 13624—1992:核电厂安全参数显示系统的功能设计准则；
25）GB/T 13976—1992:压水堆核电厂运行工况下的放射性源项；
26）GB/T 15473—1995:核电厂安全级静止式充电装置及逆变装置的质量鉴定；
27）GB/T 13630—1995:核电厂控制室的设计；
28）GB/T 13626—2001:单一故障准则应用于核电厂安全系统；
29）GB/T 15475—1995:核电厂仪表和控制系统及其供电设备质量保证分级；
30）GB/T 15474—1995:核电厂仪表和控制系统及其供电设备安全分级；
31）GB/T 15761—1995:2×600 MW压水堆核电厂核岛系统设计建造规范；
32）GB/T 16702—1996:压水堆核电厂核岛机械设备设计规范；
33）GB/T 17569—1998:压水堆核电厂物项分级；
34）GB/T 17680.5—1999:核电厂应急计划与准备准则场外应急响应能力的保持；
35）GB/T 17680.7—2003:核电厂应急计划与准备准则场内应急设施功能与特性；
36）GB/T 17680.3—1999:核电厂应急计划与准备准则场外应急设施功能与特性；
37）GB/T 17680.10—2003:核电厂应急计划与准备准则核电厂营运单位应急野外辐射监测、取样与分析准则；
38）GB/T 17680.9—2003:核电厂应急计划与准备准则场内应急响应能力的保持；
39）GB/T 17680.2—1999:核电厂应急计划与准备准则场外应急职能与组织；
40）GB/T 17680.6—2003:核电厂应急计划与准备准则场内应急响应职能与组织机构；
41）GB/T 17680.8—2003:核电厂应急计划与准备准则场内应急计划与执行程序；
42）GB/T 17680.4—1999:核电厂应急计划与准备准则场外应急计划与执行程序；
43）GB/T 17680.1—1999:核电厂应急计划与准备准则应急计划区的划分；
44）GB 13284—1998:核电厂安全系统准则；
45）GB 14587—1993:轻水堆核电厂放射性废水排放系统技术规定；
46）GB 14589—1993:核电厂低、中水平放射性固体废物暂时贮存技术规定；
47）GB/T 9225—1999:核电厂安全系统可靠性分析一般原则；

48) GB/T 7163—1999:核电厂安全系统的可靠性分析要求;

49) GB/T 5204—1994:核电厂安全系统定期试验与监测;

50) 核安全规定技术条件共 23 篇;

51) 核工业行业标准 279 篇,其中 EJ 类是强制性的,EJ/T 类是推荐性的;

52) 机械工业标准 JB;

53) 冶金工业标准 YB;

54) 火力发电厂设计技术规定 DL。

4.4 ASME 规范

ASME(American Society of Mechanical Engineers) 是美国机械工程师协会的缩写。其含义为锅炉压力容器规范(ASME Boiler and Pressure Vessel Code 或者 ASME BPV Code)[7]。

ASME 成立于 1880 年。在美国的工业史上,那个时代机械工程师的人数日益增多,作用也越来越重要。成立 ASME 的初衷,是向美国机械工程师提供教育和技术服务。

ASME 于 1911 年建立了专门委员会,以明确蒸汽锅炉和其他压力容器的建造标准规则。这个现在称为锅炉压力容器委员会的任务是发展和维护 ASME 锅炉压力容器规范。

ASME 规范[10]建立了锅炉压力容器和核电厂部件的设计、制造与检验的安全规则。它的目的是保证生命财产的安全和提供有安全余量的运行服务期。

美国机械工程师学会于 1911 年成立了锅炉与压力容器委员会(BPVC),编制锅炉压力容器的建造(包括设备在制造和安装中要求的材料、设计、制造、安装、检验、试验、检查和鉴定)安全规则,规定了强制性的最低要求,以及维护和运行的建议。1914 年出版了动力锅炉规范,1925 年增加了压力容器规范,1965 年又增加核动力装置规范。同时,每年都有修改和增补,并纳入第 2 年的新版。这套 ASME 规范自 1977 年成为美国国家标准,不仅在美国和加拿大各州在法律上承认它,采用它,在西方许多国家都作为参照标准来执行。核动力锅炉卷册,在世界上有较高的权威,往往直接采用。

一百多年后的今天,ASME 仍然致力于机械工程。但是,现在 ASME 已经远远地超出了美国和北美的范围,扩展为“ASME 国际”的国际化组织,成为当今技术世界的主要力量。

ASME International 是制定与机械工程相关的艺术、科学和工程实践标准规范的引领者。目前出版了大约 600 个 ASME 规范和标准,这些标准和规范的制定有超过 4 000 个人参与,其中主要是工程师和相关的科学家,但不一定是 ASME 的会员。

ASME 规范在世界上大约 90 个国家得到广泛的使用。它经常成为政府满意的规定和采购要求。法国的 RCC-M 规范和德国的 KTA 规范也直接收入了 ASME 最重要方面,再结合各自国的实践来制定。ASME 规范体系中与核有关的有:

1) ASME BV&P:《锅炉压力容器规范》;

2) ASME OM:《核电厂运行和维修规范》;

3) ASME AG-1:《核级空气和气体处理系统设计规范》;

4) ASME NOG-1:《高架吊车建造规则》;

5) ASME NQA-1:《核设施质量保证大纲要求》;

6）ASME NUM-1:《悬臂或升降吊车建造规则》；

7）ASME N278.1:《自动和电动安全相关阀门功能规范标准》；

8）ASME N509:《核电厂空气净化设备和部件》；

9）ASME N510:《核气处理系统试验》。

4.4.1 ASME 的活动

ASME 的活动包括：

1）制定规范和标准；

2）引导学术会议、展览和定期会议以保持机械工程师的知识技术的更新；

3）出版机械工程领域的技术期刊、书籍、技术报告和杂志；

4）提供技术发展、新 ASME 规范和标准的短期培训课程；

5）向联邦和州政府提供与技术相关的公共政策咨询。

4.4.2 ASME 规范涉及的范围

1）承压设备：

① 容器；

② 换热器；

③ 泵；

④ 管道；

⑤ 阀。

2）设备支撑；

3）堆内构件；

4）钢制安全壳；

5）混凝土承压设备：

安全壳。

6）不属 ASME-Ⅲ 规定范围的设备：

① 和输送设备，如燃料装卸料机、各类吊车等；

② 如风机、风管及其附件等；

③ 安全壳钢内衬、密闭气闸等；

④ 其他机械设备与装置，如柴油机等。

4.4.3 ASME 规范与设备规格书

在订货或安装委托合同的技术部分中包含两个方面：

1）要求供货或安装设备的规格书（在我国俗称技术条件）；

2）规格书中指定的规范或其支承标准。

规格书明确指出具体的规范标准，它详细规定了某个设备或某类设备的技术要求，说明产品、服务、材料或工艺必须满足的各种要求，并明确达到这些要求是所必需的验证要求。通常，包括了供应或服务的范围、引用规范与标准、设计、材料与采购、加工、检验与试验、验收、包装与运输和工地安装等项。

从这个角度看，技术规格书是规范标准在某个设备设计、制造、安装方面的索引。

4.4.4　ASME 鉴定和规范钢印

从 1916 年起，ASME 开始向公司签发对它们的产品符合 ASME 规范和标准的证书。现在，已在 60 个国家超过 4 300 个公司获得了认证。

ASME 规范钢印用于表示产品符合最新版的 ASME BPV CODE。使用 ASME 规范钢印表示符合美国和加拿大的法律法规的规定。无论 ASME 钢印是否是法律法规的需要，它也向用户提供了对产品质量符合安全标准的高度信任。从授权机构获得钢印的要求，是获得全球范围认可的安全保障。

4.4.5　ASME 规范的结构

ASME 的第一卷从材料、设备、制造安装和检验试验等全面规定核设备与部件要求，也是使用其他各卷册的指南，ASME 规范的结构组成为：

1）Power Boilers 动力锅炉（第一卷）；

2）Materials 材料（第二卷）：

① Part A—Ferrous Material Specifications 铁塑体材料规格书；

② Part B—Non Ferrous Material Specifications 非铁塑体材料规格书；

③ Part C—Specifications for Welding Rods，Electrodes，and Filler Metals 焊条、药皮、焊接填充材料规格书；

④ Part D—Properties 物性。

3）Rules for Construction of Nuclear Facility Components 核设施部件建造规程（第三卷）；Subsection NCA-General Requirements for Divisions 1 and 2，第一、二卷通用要求：

① DIVISION 1（第一册）：

- Subsection NB-Class 1 Components 一级部件；
- Subsection NC-Class 2 Components 二级部件；
- Subsection ND-Class 3 Components 三级部件；
- Subsection NE-Class MC Components MC 级部件；
- Subsection NF-Supports 支撑；
- Subsection NG-Core Support Structures 堆芯支撑结构；
- Subsection NH-Class 1 Components in Elevated Temperature Service 提高温度服务的一级部件；
- Appendixes 附录。

② DIVISION 2（第二册）：

Code for Concrete Containments 混凝土安全壳法规。

③ DIVISION 3（第三册）：

Containments for Transportation and Storage 容器的运输与储存。

4）Heating Boilers 加热锅炉（第四卷）；

5）Nondestructive Examination 无损检验（第五卷）；

6）Recommended Rules for the Care and Operation of Heating Boilers 加热锅炉运行

与维护推荐规程(第六卷);

7) Recommended Guidelines for the Care of Power Boilers 锅炉维护推荐指南(第七卷);

8) Pressure Vessels 压力容器(第八卷):

① DIVISION 1—General Requirements 通用要求;

② DIVISION 2—Alternative Rules 替换性规定;

③ DIVISION 3—Alternative Rules for Construction of High Pressure Vessels 高压容器建造替换性规定。

9) Welding and Brazing Qualifications 焊接与钎焊资格评定(第九卷);

10) Fiber-Reinforced Plastic Pressure Vessels 纤维与加强塑料压力容器(第十卷);

11) Rules for In-service Inspection of Nuclear Power Plant Components 核电厂部件在役检查规程(第十一卷);

12) Rules for Construction and Continued Service of Transport Tanks 运输箱体建造与连续服务规程(第十二卷):

① Code Cases: Boilers and Pressure Vessels 锅炉与压力容器;

② Code Cases: Nuclear Components 核构件。

4.4.6 ASME 第一卷各分卷

(1) 概述

ASME 的第一卷从材料、设备、制造安装和检验、试验等方面全面规定核设备与部件要求,也是使用其他各卷册的指南。

(2) NX 各分卷的结构,及与其他各卷的关系

第一卷的各分卷的结构与编排均相同,有下列的目录。

表 4-4-1 第一卷各分卷的结构与编排目录

章 号	章 名 称	相关卷册	内 容
1000	引言	《ASME-Ⅲ NCA 分卷》	给定 NX 分卷适用范围: 1) 承压边界完整性相关 2) 材料温度限制 3) 设备的边界划分
2000	材料	《ASMSE-Ⅱ A 篇与 B 篇》	材料选择及质量要求(见简介的第三章)
3000	设计	《ASME-Ⅲ 附录》	设计规则(见简介的本章)
	安装	《ASME-Ⅸ 焊接评定》	制造与安装的通则 (见简介的第四章)
5000	检验	《ASME-V 无损检验》	检验通则(见简介的第五章)
6000	试验		试验通则(见简介的第五章)
7000	超压保护[1]		
8000	铭牌、印记和报告	《ASME-Ⅲ NCA 分卷》	

注:1) 是 ASME 特有的压力容器规定,RCC-M 将其归入系统设计的范围,不在设备设计中。

(3) NX 各级设备的设计规定的特点

NB、NC 和 ND 各级设备的 3000 章均为设计，其中各节如下：

① 3100：设计总则；

② 3200：分析法设计；

③ 3300：容器设计；

④ 3400：泵设计；

⑤ 3500：阀门设计；

⑥ 3600：管道设计。

由此可见，分析法设计是对 1 级设备强制性要求，而 2 级设备则可用分析法设计来替代规则法设计，3 级无此要求。

(4) 分析设计——1 级设备与 2、3 级设备的根本差别之一

由于设计中选用的许用应力值不同，铁素体钢，1 级设备是 1/3 的抗拉强度，2、3 级设备为 1/4 的抗拉强度，两者相差较大。设计方法的改变，使得 1 级设备要比 2、3 级设备的壁厚薄 25%，这意味着与 1 级设备的设计要求相称，其材料、制造以及检验试验也要比 2、3 级严格得多，相应的质量保证要求也高。同时，由于 1 级设备本身的安全可靠性、结构的复杂性要求，进一步增加了其难度。

(5) 分析法设计的基本概念

1) 分析法基于第三强度理论，材料最大剪应力破坏，允许有局部的塑性变形；

2) 分析法认为，应力对材料破坏的重要程度是不同的，必须对应力进行分类：

① 总体一次薄膜应力：Pm；

② 局部一次薄膜应力：Pl；

③ 一次弯曲应力：Pb；

④ 二次应力：Q；

⑤ 峰值应力：F；

⑥ 膨胀应力：Pe。

各应力值需按设备在各个工况的全部载荷进行分析和叠加基础上；以上应力可以按 ASME 第一卷的技术附录的非限定性附录 A 或其他经核安全局认可的其他计算机程序进行分析。

为确保设备的承压边界的完整性，分析法在设备的不同运行工况中，对材料在各工况下的不同应力与应力组合，按其对材料破坏的重要程度作出不同的应力限制。应力限制准则如表 4-4-2 所示。

上述介绍得知，由于分析法设备全面而深入分析应力，又对各种应力破坏在不同工况下进行了详细分析与合理的限制，如同对结构各处的应力-应变情况作出全工作环境下的仿真分析，再加上保守地选用材料的许用应力强度和疲劳强度，确保了设备在任何情况下的完整性。

(6) NF 设备支承结构

1) 概述；

2) 设备支承的功能：维持设备与部件在各种运行与停运时的正确位置，以保证设备承压边界的完整性；包括支/吊两大类；

3) 支承结构的分级：与被支承设备同级；

表 4-4-2 应力限制准则

✧ 设计工况采用O级应力限制 设计工况是留有裕度的静态工况，仅需防止过度变形和塑性失稳破坏 总体一次薄膜应力 Pm≤Sm 局部一次薄膜应力 P1≤1.5 Sm 总体一次薄膜应力 Pm+一次弯曲应力 Pb≤1.5 Sm 局部一次膜膜应力 P1+一次弯曲应力 Pb≤1.5 Sm ✧ 正常工况与扰动工况采用A级与B级应力限制 此工况必须防止低周疲劳破坏，以及渐进性变形破坏，限制一次与二次应力变化幅度最不利情况叠加≤3 Sm,即： 1）（P1+Pb+Pe+Q）≤3 Sm 该幅度超过时，必须采用弹塑性分析以及作疲劳分析，即： 2）（P1+Pb+Pe+Q）≤3 Sm 该幅度超过时，必须采用弹塑性分析以及作疲劳分析，即： 3）（P1+Pb+Pe+Q+F）≤2 Sa ✧ 紧急工况采用C级应力限制 此工况极少发生，可不计其疲劳效应，仅对应力值本身作限制 Pm≤1.2 Sm P1≤1.8 Sm Pm+Pb≤1.8 Sm Q、F不要求计算 ✧ 事故工况采用D级应力限制 此工况仅为假设工况，不计其疲劳效应，仅对应力值本身限制，只需保证承压边界不破坏，但允许有局部的塑性变形采用技术附录XIV（规定性附录） Pm≤0.9 Sy Pm+Pb≤（2.15~1.2 Pm） P1+Pb+Pe+Q≤3.0 Sm，需计疲劳时的水压试验应力限制 ✧ 突然断列强度 按技术附录G（非规定性附录）

4）支承结构的种类：

① 板壳型：由板材构成的筒体支承件，如：裙座、鞍座；

② 线型：承受单向力的支承件，如：支/吊杆或缆索、支承梁或柱、各种承受弯曲的框架；

③ 标准型：是美国阀门与配件工厂标准协会编的 MSSSP-58《管道支吊架》的标准支承件。我国有相近的产品，如火电厂的设计标准 DS《汽水管道支吊架》和《煤粉管道支吊架》。其中，包括允许热膨胀而限制地震冲击的一种液压式和机械式的阻尼器（或称缓冲器）和振动阻尼器。

5）支承结构的用材：按设备规格书要求及第一卷的附录Ⅰ的技术条件。由于其与核设备的承压边界的完整性安全功能相关，同样必须遵守核材料的各项规定 NF2000，但从材料的质量要求和验收严格程度来看，均低于被其支承的设备用材。例如，冲击指标仅相当于 3 级承压设备用材要求。

6）支承结构的设计：由于支承结构的多样性和级别的不同，设计方法是多种的，但板壳型于设备构成整体结构，为设备承压边界的一部分，要求：

① 1 级的板壳型支承结构要按 NF3200 的最大剪应力理论的弹性分析法；

② 2、3 级板壳型支承结构要按 NF3300 最大应力理论的弹性分析法；

③ 其中结构的设计应采用 NF3300 最大应力理论的弹性分析法；

④ 支承结构检验与验收。

7）焊缝检验：

① 1 级支承的全焊透对接焊缝射线照相，支承的重要承载焊缝磁粉或渗透，次要焊缝目检；

② 2 级支承的全焊透和重要承载焊缝-磁粉或渗透其他主要结构的所有焊缝目检；

③ 3 级支承：要求再降低，原型抗震阻尼器的合格鉴定试验。

需在地震试验台经受规定的单方向地震力的考验，并证明能有给定的支承能力(t)。

4.4.7 ASME 规范材料卷

4.4.7.1 概述

1）ASME-Ⅲ 中各分卷的 NX2000 章是使用材料的基础，起指导作用，不同级别设备用材的不同要求分别在 NB、NC、ND、NE、NF 和 NG 的 2000 章中给出；

2）ASME -Ⅱ 是按设备规格书的规定，不同等级的各个零件选用材料的具体质量指标，但进行哪些项目检验及验收标准，由 1)规定；

3）ASME 的第一卷附录给出指定材料的规格编号，以便和 ASME-Ⅱ 中材料技术条件对应。该附录还给出材料出厂交付文件要求；

4）ASME-V 对材料检验必须采用的方法；

5）ASME-Ⅲ NX4122 节提出对材料做标识的要求。

4.4.7.2 核材料的通则——NX2000 材料章

NX-2000 材料章的结构如下：

(1) 材料的通用要求

2110：基本术语；

2120：承压材料：

2130：材料合格证书；

2140：焊接材料；

2150：材料标识；

2160：材料使用中的变质；

2170：提高冲击韧性的热处理：

2180：材料热处理规程；

2190：铁素体材料的试件和试样；

2210：热处理要求考虑试样的代表性：

2220：淬火和回火材料试件和试样的制备规程；

2300：材料的断裂韧性要求。

(2) 做冲击试验的材料

2320：冲击试验规程；

2330：试验要求和验收标准；

2340：冲击试验的次数要求；

2350：复验；

2360：仪表和设备的校核；

2400:焊接材料和钎焊材料;

2410:通用要求;

2420:试验项目;

2430:焊缝金属试验;

2440:焊材的管理;

2450:钎焊材料;

2500:承压材料的检验与修补;

2510:承压材料的检验;

2520:淬火和回火后的检验;

2530:板材的检验与修补;

2540:锻件和棒材的检验与修补;

2550/2560:管材的检验与修补;

2570:铸件的检验与修补;

2580:螺纹连接件的检验与修补;

2600:质保大纲;

2700:尺寸标准。

不同级别的材料要求的差异主要在本章中规定。

4.4.7.3 不同级核材料要求的差异

由于不同级的设备在安全功能上的差异，形成对不同级的设备在设计、制造与安装、材料、检验以及质量保证等要求的差异。

如在前一部分所述,核1级材料的设计应力强度Sm要比2、3级的许用应力高,决定了核1级的材料要求要远高于2、3级,同时，2级材料要求高于3级。主要反映在性能指标、试验验证和质保要求三方面。具体的要求有如下不同:

1）更高的性能要求，即验收标准更高;

2）容器材料的冲击试验,一级设备材料确定 RT_{NDT};

3）V形缺口冲击试验的膨胀量与吸收能量验收标准,1级要高于2级,2级高于3级材料，可比较NC/ND2332.1中的表-1和表-2的数值。不论是容器、泵阀还是螺栓材料,平均地说,验收标准各要高30%左右;

4）材料的质量验证更严格，主要是试验要求更严;

5）试板设置规定;

6）一级钢板的拉伸试板分别在钢板的头与尾两块(NB222.1);

7）冲击试样方向规定;

8）如质量证明文件要求。

在Charpy冲击试验报告中规定,必须将取样部位与方向、试验温度、横向膨胀量、吸收能量和剪切断裂百分比等必须记录在《材料鉴定试验报告》中(NB2321.2)。

1）用于核1级的焊接材料化学成分分析的强制性要求(NB2432.2);

2）承压材料的检验要求;

3）对淬火和回火后的检验的强制规定(NB2520);

4）1级板材的强制性的超声检验规程要求(NB2532)、锻件和棒材强制性的超声检验规

程要求(NB2542),(在 2 级材料中无超声检验的强制要求);

5) 对进行检验的时间强制要求(NB2547);

6) 不同核级铸件的差异:SA-613《核级和普通专用铸钢件的技术条件》;

7) 质量保证要求的差异。

4.4.8　ASME 规范的制造、安装、检验与试验卷

4.4.8.1　概述

(1) 制造、安装、检验与试验的结构与相关内容

4000:制造和安装;

4100:通用要求——指明各级设备、零件、附件的制造;

4110:引言——安装必须采用本章的规定,特别;

4120:质量证明文件——对合格证、标识和材料修补进行;

4130:材料的修补;

4200:成形、装配和对中;

4210:切割、成形和弯曲→预热,成形工艺评定(HT)→保证冲击韧性;

4220:成形公差→卷板、封头和弯头的成形公差规定(各级相同);

4230:装配与对中→对错边量和工艺附件焊接与拆除(HT 和 NDT)要求;

4240:焊接接头的要求→对 A、B、C 和 D 焊接接头的结构形式规定;

4300:焊接评定——哪些焊接工艺(除螺栓、热偶);

4310:一般要求——哪些方面(工艺与人员);

4320:焊接评定、记录和标识——记录要求;

4330:焊接工艺规程评定试验——评定规定(Ⅸ卷焊接评定);

4350:传热管与管板焊接的特殊评定——评定试验(特别是冲击)规定;

4360:焊接密封评定要求——传热管/管板焊接特殊规定;

4400:指导施焊、检验和补焊的规则;

4410:焊前措施——焊接通则,对焊接前的先决条件;

4420:焊接接头制作规则——施焊、焊缝几何型线、附件焊接;

4430:附件的焊接——缺陷的补焊及其 HT 检验的规则;

4500:钎焊;

4510:钎焊规则——仅堆焊层、传热管/管板、小口径传热管;

4520:钎焊评定要求——对接焊才允许用钎焊,同样要求进行;

4530:钎焊中装配与对中——工艺及操作人员的评定;

4540:钎焊接头的检验;

4600:热处理;

4610:焊接预热(附录 I-D)给予按材料 P 值的 HT 规定;

4620:焊接后热——对焊接的预热、层间温度控制、后热处理;

4630:中间焊后热处理——补焊后,以及中间和最终 HT 的规定 管道弯曲后的热处理;成形后的 HT;

4660:电渣焊缝的热处理——厚度≥40 mm 电渣焊的细化晶粒 HT;

4700:机械连接；
4710:螺纹连接——通则；
4720:法兰连接；
4730:电气与机械贯穿件；
5000:检验——V 卷　无损检验；
5120:焊缝的检验时间——规定各类焊缝应在哪个阶段进行检验；
5130:坡口的检验；
5200:焊缝的检验；
5210:容器 A 类焊缝——A 类——RT＋PT(MT)在 HIZ；
5220:容器 B 类焊缝——B 类——RT＋PT(MT)在 HIZ，角焊——PT(MT)；
5230:容器 C 类焊缝——C 类——RT＋PT(MT)在 HIZ；
5240:D 类——RT＋PT(MT)或层间 PT；
5250:填角焊缝、部分焊透和插套焊缝→ PT(MT)；
5260:附件焊缝；
5270:特殊焊缝——堆焊层 PT，传热管/管板 PT，电子束 UT，钎焊(V)；
5300:合格标准；
5310:通则——材料合格标准－NX2500，焊缝 NX5300；
5320:射线照相——各级的焊缝，体积检验(RT 与 UT)合格判据相同；
5330:超声检验；
5340:磁粉；
5350:渗透；
5360:钎焊目检——钎焊金属均匀且饱满；
5380:检漏试验——按 ASME-V 卷 T-1030 试验，无漏泄为合格；
5400:容器最终检验——仅对一级容器有此要求；
5410:水压试验后的检验——水压试验后在各类焊缝和补焊区 PT(MT)；
5500:无损检验人员的考核和合格证；
5510:通则——规定无损检验人员的资格要求；
5520:人员的考核、合格证书和验证(等级要求、考核依据和验证)；
5530:记录(各设备和材料的级别相同)；
6000:试验；
6100:通则——压力试验的先决条件；
6110:设备、附件和系统的压力试验——水压试验记录要求；
6120:试验的准备——试验前的安全工作；
6200:水压试验；
6210:水压试验规程→温度:NDT ＋33 ℃；
6220:水压试验压力的要求→Pt $\nless$1.25Pd；
6300:气压试验；
6310:气压试验规程——水压试验难以进行时的替代试验；
6320:气压试验压力要求；

6400:试验压力表;

6600:压力试验的特殊情况;

6610:受外压的设备→≯1.25Pd;

6620:组合装置的压力试验 → 如热交换器的管板,必须≮ΔPd,max。

(2) 制造安装试验和检验各卷章的总特点

1) ASME-Ⅲ的4000章《制造和安装》及Ⅸ卷《焊接及钎焊评定》仅对影响承压边界完整性相关的制造与安装作业提出质量要求,并为保证达到质量必须进行的各种工艺与人员评定作出规定,并不规定达到这些要求的方法与工艺本身;

2) 5000章《检验》、6000章《试验》,规定了必需的检验范围、项目、合格标准以及检验试验的先决条件,相反,在ASME-Ⅴ卷《无损检验》还规定了无损检验必须采用的方法,从而完善了整个质量标准体系;

3) 关于理化试验,必须根据NX2000章的规定。

4.4.8.2 焊接评定ASME-Ⅸ卷概要

焊接质量的好坏与诸多因素相关,进行焊接工艺评定和人员的技能评定,以便使所焊接结构能达到预期的使用性能。评定的目的是要减少在正式的生产中的偶然事件所引起的风险。评定在生产之前,为鉴定产品的制造质量,考虑车间与人员运用技能而进行的总体测定。广义地说,当某个作业的质量不能靠通常的事后检验来保证时,都必须进行评定。ASME-Ⅸ《焊接评定》篇的结构如下:

Ⅸ卷分为两部分:QW焊接评定和QB钎焊评定。

(1) QW焊接评定

Ⅰ 焊接的通则→定义:焊接方位/试验位置与类型、拉力/弯曲/冲击等;

Ⅱ 焊接工艺评定→通则、试板制备、焊接参数、特殊焊接方法;

Ⅲ 焊接技能评定→通则、评定试验试件、复试/重评、焊工的焊接参数;

Ⅳ 焊接资料→参数、技能、P-No、F-No、焊缝金属化分、试样、插图等。

(2) QB钎焊评定

Ⅰ 钎焊的通则;

Ⅱ 钎焊工艺评定;

Ⅲ 钎焊技能评定。

4.4.8.3 无损检验方法ASME-Ⅴ卷概要

(1) 概述

① 无损检验的项目、范围和验收标准分别由NX2000——材料和NX5000——焊接与零件规定;

② 无损检验的强制性方法由ASME-Ⅴ《无损检验》给出。

(2) ASME-Ⅴ卷的结构与范围

ASME-Ⅴ卷有A篇与B篇,A篇是限制性的规定,B篇是推荐性的。

A 篇	B 篇
T1 总要求	
T2 射线检验	
T210 范围	SE-94 射线照相试验的推荐操作方法
T220 总要求	SE-142 射线照相试验的质量控制标准方法
T230 记录介质	SE-186 厚壁(50～115 mm)钢铸件的标准参考
射线照片	
T240 辐射能量选择	SE-242 改变参数对图像影响的标准参考射线照片
T250 影像清晰度	
T260 像质指示器(IQI)	SE-280 厚壁(115～300 mm)钢铸件的标准参考射线照片
T270 射线照相技术	
T280 检验规程各项要求	SE-446 壁厚≤50 mm 钢铸件的标准参考射线
T290 评(照)片	
限制性附录(移动射线照相法)	
非限制性附录(单/双壁技术)	
超声检验——超声检验相关的标准	
T410 范围	SA-388 大型钢锻件 UT 推荐操作方法
T420 总要求	SA-435 压力容器钢板直射波 UT 方法和规范
T430 校正	SA-577 钢板 UT 斜射波规范
T440 检验	SA-578 特殊钢板与复合钢板直射波 UT 规范
T450 评定	SA-609 C 钢和低合金钢铸件纵波 UT 标准规范
T460 记录	SA-745 奥氏体锻件板直射波 UT 标准方法
T470 检验报告	SB-509 反应堆镍合金板材 UT 补充要求规范
限制性附录(Ⅰ示波屏高度的线性;Ⅱ振幅控制的线性)	SB-510 反应堆用棒材 UT 补充要求规范
	SB-513 反应堆镍合金管材 UT 补充要求规范
非限制性附录	SB-548 压力容器铝合金板材 UT 标准方法
A. 容器上各参考点的布置	SE-113 谐振法 UT 的推荐操作方
B. 斜射波校正的一般技术	SE-114 接触法脉冲直射波反射 UT 的推荐操作方法
C. 直射波校正的一般技术	
D. 平面型反射体的数据记录	SE-213 管道纵向缺陷 UT 标准方法
UT 检验的总要求	SE-214 浸液法脉冲纵波反射式 UT 推荐操作方法
T510 范围	
T520 总要求	SE-273 管道纵缝和螺旋焊缝 UT 标准方法
T530 各种制品的超声检验	
T540 焊缝的 UT	
T550 复合层的 UT	
T560 测厚 UT	
非限制性附录	

A/ 替代的校正试块的形式

液体渗透检验 PT-PT 检验相关的标准

T610 范围	SD-129 石油产品含硫量的标准试验方法
T620 方法概述	SD-808 含氯量的标准试验方法
T630 总的要求	SE-165 PT 的标准推荐方法
T640 允许用的材料与技术	
T650 特殊要求	
T660 技术要求	
T670 迹象的评定	
T680 非常温下的 PT 技术的鉴定	

磁粉检验——MT 检验相关的标准

T710 范围	SA-275 钢锻件 MT 方法
T720 方法概述	SE-709 MT 标准推荐方法
T730 总的要求	
T740 允许用的材料与技术	
T750 特殊要求	
T760 技术要求	
T770 迹象的评定	
T780 设备的校正	

管道的涡流检验——ET 检验相关的标准

T810 范围	SE-215 铝合金管材 ET 设备标定的推荐方法
T820 总则	
T830 方法概述	SA-243 铜与铜合金管材 ET 方法
T840 参考试样	SE-309 钢管 ET 推荐操纵方法
T850 设备的鉴定	SE-426 奥氏体不锈钢管 ET 推荐方法
T860 验收要求	SE-571 镍与镍合金管 ET 推荐方法
T870 检验规程要求	

附录 | 蒸汽发生器传热管的 ET |

目视检验——VT 相关标准

T-910 适用范围	SD-2563 玻璃增强层压材料及其制件中目视缺陷分类标准
T920 总则	
T930 书面检验规程	
T940 检验报告	

泄漏试验——相关标准

T1000 引言	SE-432 泄漏试验方法的推荐指导标准
T1010 适用范围	SE-479 泄漏试验技术的推荐指导文件
T1020 一般要求	
T1030 校准要求	

T1040 试验
T1050 评定
T1060 文件制定
T1070 报告
规定性附录Ⅰ～Ⅵ
非规定性附录A

4.5 标 准

供货商设计，由中方实施的采购将尽可能满足美国材料标准。如果当地不能提供满足美国标准的材料，中方可以建议用等效的当地材料标准进行替换使用。材料的等效性将要经过供货商的验收审查。

4.5.1 ASTM标准简介

ASTM成立于1898年，有一百多年的历史，是世界上最早、最大的非盈利性标准制定组织之一，任务是制定材料、产品、系统和服务的特性和性能标准及促进有关知识的发展。

ASTM前身是国际材料试验协会(International Association for Testing Materials, IATM)。19世纪80年代，为解决采购商与供货商在购销工业材料过程中产生的意见和分歧，有人提出建立技术委员会制度，由技术委员会组织各方面的代表参加技术座谈会，讨论解决有关材料规范、试验程序等方面的争议问题。IATM首次会议于1882年在欧洲召开，会上组成了工作委员会。当时，主要是研究解决钢铁和其他材料的试验方法问题。同时，国际材料试验协会还鼓励各国组织分会。随后，在1898年6月16日，有70名IATM会员聚集在美国费城，开会成立国际材料试验协会美国分会。1902年在国际材料试验协会分会第五届年会上，宣告美国分会正式独立，取名为美国材料试验学会(American Society for Testing Materials)。随着其业务范围的不断扩大和发展，学会的工作中心不仅仅是研究和制定材料规范和试验方法标准，还包括各种材料、产品、系统、服务项目的特点和性能标准，以及试验方法、程序等标准。1961年该组织又将其名称改为沿用至今的美国材料与试验协会(American Society for Testing and Materials, ASTM)。

ASTM是美国最老、最大的非盈利性的标准学术团体之一。经过一个多世纪的发展，ASTM现有33 669个(个人和团体)会员，其中有22 396个主要委员会会员在其各个委员会中担任技术专家工作。ASTM的技术委员会下共设有2 004个技术分委员会。有105 817个单位参加了ASTM标准的制定工作，主要任务是制定材料、产品、系统和服务等领域的特性和性能标准，试验方法和程序标准，促进有关知识的发展和推广。

标准制定一直采用自愿达成一致意见的制度。标准制度由技术委员会负责，由标准工作组起草。经过技术分委员会和技术委员会投票表决，在采纳大多数会员共同意见后，并由大多数会员投票赞成，标准才获批准，作为正式标准出版。在一项标准编制过程中，对该编制感兴趣的每个会员和任何热心的团体都有权充分发表意见，委员会对提出的意见都给予研究和处理，以吸收各方面的正确意见和建议。

根据ASTM出版物报道，1997年ASTM制定新标准350个，修订标准1 698个，开展标准化活动 2 681 次。从这些数字可以看到，活动频繁，并且卓有成效。ASTM 标准现分为 15 类(Section)，各类所包含的卷数不同，标准分卷(Volume)出版，共有 73 卷，以 ASTM 标准年鉴形式出版发行。标准年鉴分类、各类卷数及标准数如下：

1) 第一类　钢铁产品
2) 第二类　有色金属
3) 第三类　金属材料试验方法及分析程序
4) 第四类　建设材料
5) 第五类　石油产品、润滑剂及矿物燃料
6) 第六类　油漆、相关涂料和芳香族化合物
7) 第七类　纺织品及材料
8) 第八类　塑料
9) 第九类　橡胶
10) 第十类　电气绝缘体和电子产品
11) 第十一类　水和环境技术
12) 第十二类　核能，太阳能
13) 第十三类　医疗设备和服务
14) 第十四类　仪器仪表及一般试验方法
15) 第十五类　通用工业产品、特殊化学制品和消耗材料

4.5.2　ASTM 广泛的社会联系和影响

虽然 ASTM 标准是非官方学术团体制定的标准，但由于其质量高，适应性好，从而赢得了美国工业界的官方信赖，不仅被美国各工业界纷纷采用，而且被美国国防部和联邦政府各部门机构采用。在过去的 25 年里，美国国防部一直与 ASTM 一起工作，使用自愿标准替代美国军用标准。当前，美国国防部有 500 多人在积极参加 ASTM 的活动；至今，已有 2 800 项美国军用标准被 ASTM 标准所替代。随着美国国防部采办制度改革的进展，美国军方将无疑会更多地采用 ASTM 标准。除美国国防部以外，其他一些联邦政府机构也都使用许多 ASTM 标准，并与该协会建立了广泛、密切的联系和合作关系。比如：美国国家标准与技术监督学会(NIST)，该学会中有 236 人为 ASTM 会员；环境保护署(EPA)中有 76 人为 ASTM 会员；美国国家航空航天局(NASA)中有 72 人为 ASTM 会员。还有一些其他组织和机构，像美国国家标准学会(ANSI)，美国机动车工程师协会(SAE)，国际标准化组织(ISO)，德国标准化学会(DIN)等都有人是 ASTM 的会员。

ASTM 还经常组织学术讨论会，举办实验室专题活动，召开标准编制会议等。ASTM 以其丰富多彩的活动吸引着该组织的会员们和各工业界的、科技领域的专家和学者，企业经营和管理者，各种标准的使用者们。今天，ASTM 标准和资料不仅在美国被广泛使用，也大受世界各国欢迎，被世界上许多国家和企业借鉴和应用，影响着人们生活的多个方面。

4.5.2.1　美国联邦政府与 ASTM

多年来，在美国材料与试验协会(ASTM)技术委员会里，编制供给美国联邦管理和政府采购使用的标准已经成为一项持续性的活动。现在，在 23 个联邦政府机构里有 1 500 多名人员是 ASTM 的会员，其中的 500 名是美国国防部(DOD)的代表，其余 1 000 名是联邦政府

各管理机构的代表。

在过去至少25年的时间里，美国一直执行一个项目，参加ASTM协会的工作，任务是用自愿标准代替军用标准。国防部的这一项目真正受到重视和鼓励要追溯到1980年，那一年美国防管理和预算办公室(OMB)发布了OMB A-119号通报，内容是关于联邦机构参加编制和使用自愿达成一致意见的标准和符合性评估活动。随后，在1994年，由当时的国防部部长威廉姆·佩里签署了一项备忘录，指示国防部对标准执行一种新的工作方法。随着备忘录的发布，佩里博士把这项长达20年的运动推向了最高峰，对美国军标系统实行改革，用自愿标准替代军用标准，简化美国防部采办管理，节省管理和采办经费。美国国家技术转让和推广法令P. L. 104－113和修订的OMB A-119通报的颁布和发布，对军用标准转变成非政府标准已经产生了更进一步的推动作用。现在，已有2 800个军用标准被ASTM标准替代。

在其他一些联邦政府管理机构里，情况也一样，与ASTM协会有大量的合作。联邦管理机构当前参照600个左右ASTM标准进行它们的政府管理工作。联邦条例法典(CFR)中规定引用ASTM标准达900次之多。但是，这其中90%的引用已经至少过时10年了。因此，根据美国国家技术转让和推广法令以及OMB A-119通报精神，在ASTM协会与环境保护署，食品和药物管理局，住房和城市发展部，美国海岸警卫队等联邦政府机构之间进行新的联合工作项目，把引用ASTM标准文件进行更新，保持引用的文件是ASTM标准的现行标准。

4. 5. 2. 2 标准分类

标准代号＋字母分类代码＋标准序号＋制定年份

示例：

1) ASTM A34—2001；

2) ASTM C685/C685M—2001；

3) ASTM D4595—86(2001)；

4) ASTM F2090—01a。

说明：

1) 标准序号后带字母M的为米制单位标准，不带字母M的为英制单位标准；

2) 制定年限后面括号内的年代为标准重新审定的年代；

3) a、b、c表示修订版次；

4) 字母分类代码见“标准分类”。

ASTM标准采用字母分类法，分类代码以字母表示。

A：黑色金属；

B：有色金属(铜，铝，粉末冶金材料，导线等)；

C：水泥，陶瓷，混凝土与砖石材料；

D：其他各种材料(石油产品，燃料，低强塑料等)；

E：杂类(金属化学分析，耐火试验，无损试验，统计方法等)；

F：特殊用途材料(电子材料，防震材料，外科用材料等)；

G：材料的腐蚀，变质与降级。

4. 5. 2. 3 ASTM标准种类

ASTM标准种类分为：

(1) 试验方法(Test Method)

对产生试验结果的材料、产品、系统或服务的一个或多个性质、特征或性能进行辨别、测量和评估的一个确定的过程。

(2) 标准规范(Standard Specification)

材料、产品、系统或服务满足一套要求的精确说明,也包括如何满足每项要求的确定程序。

(3) 标准规程(Practice)

执行一个或多个不产生试验结果的特定操作或功能的确定的过程。

(4) 标准术语(Terminology)

由术语、术语定义、术语描述、符号说明、缩写等组成的一个文件。

(5) 标准指南(Guidance)

不推荐特定行动过程的一系列选择或说明。

(6) 标准分类(Standard Classification)

按照相同特性将材料、产品、系统或服务系统分组。

4.5.2.4 ASTM 美国材料标准目录

1) ASNT-SNT-TC-1A-2001　无损检测人员的评定和资格证书;

2) ANSI/FCI 70-2-1998　控制阀门阀座泄漏(ASME B16.104—1970);

3) ASTM 美国沙线及棉纺织技术标准(合订)(英汉对照资料);

4) ASTM 美国针织技术标准(合订本)(英汉对照资料);

5) ASTM A106—2006 版　高温用无缝碳钢公称管规范;

6) ASTM A589/A589M—2006 版　打水井用碳素钢无缝钢管和焊接钢管;

7) ASTM A193/A193M—2006 版　高温用合金钢和不锈钢螺栓材料;

8) ASTM A194/A194M—2006 版　高温或高压或高温高压螺栓用碳钢及合金钢螺母标准规范;

9) ASTM A351/A351M—2006 版　承压件用奥氏体铸钢件标准规范;

10) ASTM A352/A352M—2006 版　低温承压用铁素体和马氏体铸钢件标准规范;

11) ASTM A356/A356M—2005 版　汽轮机用厚壁碳钢、低合金钢和不锈钢铸件标准技术条件;

12) ASTM A370—2005 版　钢制品力学性能试验方法和定义标准;

13) ASTM A153/A153M—2005 版　钢铁构件镀锌层(热浸镀)标准规范;

14) ASTM A240/A240M—2005 版　压力容器用耐热铬及铬-镍不锈钢钢板、薄板和钢带标准技术条件;

15) ASTM A312/A312M—2005 版　无缝和焊接的以及重度冷加工奥氏体不锈钢公称管标准技术条件;

16) ASTM A320/A320M—2005 版　低温用合金钢拴接材料标准规范;

17) ASTM A336/A336M—2005 版　高温承压件合金钢锻件标准技术条件;

18) ASTM A27/A27M—2005 版　一般用途碳钢铸件标准技术条件;

19) ASTM A29/A29M—2005 版　热锻碳素钢和合金钢棒材一般要求标准规范;

20) ASTM A36/A36M—2005 版　碳结构钢标准规范;

21）ASTM A48/A48M—2003 版 灰铸铁铸件标准技术条件；

22）ASTM A53/A53M—2005 版 无镀层及热浸镀锌焊接与无缝公称钢管标准技术条件；

23）ASTM A105/A105M—2005 版 管道部件用碳钢锻件；

24）ASTM A36/A36M—2004 碳结构钢标准规范；

25）ASTM A6/A6M—2004a 版 结构用轧制钢板、型钢、板桩和棒钢通用要求；

26）ASTM A108—2003 版 冷精整的碳钢和合金钢棒材标准技术条件；

27）ASTM A123/A123M—2002 版 钢铁产品镀锌品层(热浸镀)标准规范；

28）ASTM A126—2004 版 阀门、法兰和管道附件用灰铁铸件；

29）ASTM A143—2003 版 热浸镀锌结构钢制品防脆化的标准实施规程和催化探测方法；

30）ASTM A179/A179M—1990a(R2001) 版 热交换器和冷凝器用无缝冷拉低碳钢管标准规范；

31）ASTM A192—2002 版 高压设备用无缝碳钢锅炉管标准规范；

32）ASTM A209/A209M—2003 版 锅炉和过热器用无缝碳钼合金钢管标准规范；

33）ASTM A210/A210M—2002 版 无缝中碳钢锅炉管和过热器管标准规范；

34）ASTM A213/A213Mb—2004 版 无缝铁素体和奥氏体合金钢锅炉管、过热器管和换热器管标准规范；

35）ASTM A216/A216M—2004 版 高温用可熔焊碳钢铸件标准规范；

36）ASTM A234/A234M—2004 版 中、高温用锻制碳钢和合金钢管道配件；

37）ASTM A250/A250M—2004 版 锅炉和过热器用电阻焊铁素体碳合金钢传热管标准技术条件；

38）ASTM A252—1998(R2002)版 焊接钢和无缝钢管桩的标准规范；

39）ASTM A262—2002a 版 探测奥氏体不锈钢晶间腐蚀敏感度的标准实施规范；

40）ASTM A269/A269—2004 版 通用无缝和焊接奥氏体不锈钢管标准规范；

41）ASTM A276—2006 版 不锈钢棒材和型材标准规范；

42）ASTM A283/A283M—2003 版 中、低抗拉强度碳素钢板标准技术条件；

43）ASTM A285/A285M—2003 版 压力容器用中、低抗拉强度碳素钢标准技术条件；

44）ASTM A307/A307M—2004 版 抗拉强度 6000PSI 碳钢螺栓和螺柱标准技术条件；

45）ASTM A333/A333M—2004 版 低温设备用无缝和焊接钢管的规范标准；

46）ASTM A334/A334M—2004 版 低温设备用无缝和焊接碳素和合金钢管的标准规范；

47）ASTM A335—2003 版 高温设备用无缝铁素体合金钢管标准规范；

48）ASTM A350/A350M—2004a 版 需切口韧性试验的管道部件用碳钢和低合金钢锻件标准规范；

49）ASTM A387/A387M—2003 版 压力容器用铬钼合金钢板的标准规范；

50）ASTM A403/A403M—2004 版 锻制奥氏体不锈钢管配件的标准规范；

51) ASTM A450/A450M—2004版 碳素钢管、铁素体合金钢管及奥氏体合金钢管一般要求的标准规范；

52) ASTM A479/A479M—2005版 锅炉和其他压力容器用不锈钢棒材和型材标准技术条件；

53) ASTM A484/A484M—2005版 不锈钢棒材、钢坯及锻件通用要求标准技术条件；

54) ASTM A500—2003a版 圆形与异形冷成型焊接与无缝碳素钢结构管标准规范；

55) ASTM A515—2003版 中温及高温压力容器用碳素钢板的标准规范；

56) ASTM A516—2004a版 中温及低温压力容器用碳素钢板的标准规范；

57) ASTM A519—2003版 机械工程用碳素钢和铝合金钢无缝钢管；

58) ASTM A530—2003版 特种碳素钢和合金钢管一般要求的标准规范；

59) ASTM A577/A577M—90(R2001)版 钢板超声斜射波检验；

60) ASTM A609/A609M—1991(82002)版 碳钢、低合金钢和马氏体不锈钢铸件超声波检验；

61) ASTM A615/A615M—2004a版 混凝土配筋用异形钢筋和无节钢坯棒标准规范；

62) ASTM A703/A703M—2004版 标准技术条件——承压件钢铸件通用要求；

63) ASTM A751—2001版 钢制品化学分析方法,实验操作和术语；

64) ASTM A781/A781M—2004a版 铸件、钢和合金的标准规范及通用工业的一般性要求；

65) ASTM A788/A788M—2004a版 标准技术条件——钢锻件通用要求；

66) ASTM A965/A965M—2002版 高温承压件用奥氏体钢锻件标准规范；

67) ASTM AB16/B16M—2005版 螺纹切削机用易车削黄铜棒、条和型材标准规范；

68) ASTM AB62/B62M—2002版 青铜或高铜黄铜铸件标准规范；

69) ASTM B209—2004版 铝和铝合金薄板和中厚板标准规范；

70) ASTM B462—2004版 高温耐腐蚀用锻制或轧制的UNS NO6030、UNS NO6022、UNS NO6200、UNS NO8020、UNS NO8024、UNS NO8026、UNS NO8367、UNS NO10276、UNS N10665、UNS N10675和UNS R20033合金管法兰、锻制管件、阀门和零件标准规范；

71) ASTM B564—2004版 镍合金锻件标准规范；

72) ASTM E6—2003版 关于力学性能试验方法的标准术语；

73) ASTM E10—2001版 金属材料布氏硬度的标准试验方法；

74) ASTM E18—2003版 金属材料洛氏硬度和洛氏表面硬度的标准测试方法；

75) ASTM E29—2002版 使用有效数字确定试验数据与规范符合性做法；

76) ASTM E8M—2004版 金属材料拉伸试验的标准测试方法；

77) ASTM E94—2004版 放射性检查的标准指南；

78) ASTM E125—1963(R2003)版 铁铸件的磁粉检验用标准参考照片；

79) ASTM E164—2003版 焊件的超声接触检验的标准操作规程；

80) ASTM E208—1995a(R2000)版 用导向落锤试验测定铁素体钢无塑性转变温度的标准试验方法；ASTM E213—2004版 金属管超声检验方法；

81）ASTM E273—2001版　焊接公称管和传热管制品超声波检验用标准实用规程；

82）ASTM E709—2001版　磁粉试验的推荐试验方法；

83）ASTM F36—1999(R2003)版　测定垫片材料压缩率及回弹率的标准试验方法；

84）ASTM F37—2000版　垫片材料密封性的标准试验方法；

85）ASTM F38—2000版　垫片材料的蠕变松弛的标准试验方法；

86）ASTM F112—2000版　包覆垫片密封性能的标准试验方法；

87）ASTM F146—2004版　垫片材料耐液体标准试验方法；

88）ASTM F1311—1990(R2001)版　大口径组装式碳钢法兰标准规范；

89）ASTM G1—2003版　腐蚀试样的制备、清洁处理和评定用标准实施规范；

90）ASTM G36—1973(R1981)参考资料　标准实用规程：在沸的氯化镁溶液中进行的应力腐蚀裂纹试验；

91）ASTM G46—1976(R1986)参考资料　标准实用规程：麻点腐蚀的检验和评定；

92）ASTM G48—2003版　使用三氯化铁溶液做不锈钢及其合金的耐麻点腐蚀和抗裂口腐蚀性试验的标准方法。

4.6　设备技术规格书

设备技术规格书(Equipment Specification)是承包商对制造商或供货商规定的技术要求和质量保证要求的文件。对主泵而言，主要包括以下方面的内容：

(1) 供货描述与标识

按照电厂依据标准和法规，对材料或部件的供货、目的、要求的用途，以及标识进行描述。

(2) 供货的范围

对提供的设备，专用工具，备品备件，服务，质保分级进行描述。

(3) 适用文件

供货商在进行设备制造过程中所需要的文件目录，包括图纸、使用说明书、资格评定报告、计算书、质量检验报告、安装与维修手册、技术说明书，以及质量保证书等。

(4) 设计条件

对设备的运行要求，力学性能要求和建造要求进行描述。

运行要求包括设备在额定功况、瞬态运行功况、异常功况、调试功况、调试功况、停堆与维修功况下的各种要求。

力学性能要求包括对整体结构和主要部件安全、地震要求。对热工水力性能、应力应变、疲劳抗震的设计计算与分析。

建造要求是对设备工艺、功能接口(如对仪表、供电、气源、环境等)的要求。

(5) 材料的采购与验收

包括设备部件的材料的选择和验收要求，需要明确材料选择和验收适用的法规与标准。

(6) 制造与相关检验

明确对制造工艺、焊接与修补、热处理、表面处理、机械加工，以及无损检验相关的要求。

(7) 出厂验收与最终验收

包括出厂前的文件验收和产品验收，以及现场安装调试后的最终性能调试验收。

文件验收是对设备出厂前的完工报告检查验收。必须根据合同对设备的完工报告要求进行检查验收。

产品验收包括出厂前的工厂试验、检查的验收；对产品、备品备件数量；装箱文件清单等的验收。

(8) 清洗、包装、运输与贮存

依据相关规范或标准，明确清洗及油漆要求，包装要求，吊装运输要求，贮存条件要求。

(9) 安装、维修及现场服务

明确设备的安装及维修要求，供货商参与的现场服务的有关规定或条款。

(10) 特殊条款

明确设备制造有关的一些特殊要求。

(11) 质保

明确对设备部件制造的质量保证要求。

复习思考题

1. 中国核电的法规、标准体系的构成是什么？
2. 美国核电的法规、标准体系的构成是什么？
3. 法规、规范与标准的区别是什么？
4. 适用 ASME 规范的主要电厂设备有哪些？
5. 设备技术规格书审查的原则与依据是什么？

第五章　AP1000 设备质量保证体系

AP1000 核电项目的核岛部分由美国西屋公司按照美国法规的要求设计，由中方在中国建造。因此，该项目需要遵照执行的核电质量保证法规和标准包括：中国 HAF003(1991)《核安全质量保证法规》及其相关导则、美国的 10 CFR 50 附录 B《核电厂和燃料后处理厂的质量保证准则》及其相关导则、美国机械工程师协会（ASME）制定的 NQA-1-1994《核设施质量保证标准》，此外，还包括国际原子能机构（IAEA）颁布的质量保证安全标准 50-C/SG-Q(1996)《核电厂及其他核设施安全的质量保证》。因此，AP1000 质量保证既要满足电站出口和进口国的相关法规、规范要求，还需要满足国际原子能机构对成员国提出的通用要求。

5.1　核质量保证法规与导则

5.1.1　中国核质量保证法规与导则

5.1.1.1　中国核质量保证法规 HAF003

我国目前使用的核电质量保证法规为 HAF003《核电厂质量保证安全规定》。经国务院批准，国家核安全局于 1986 年 7 月 7 日颁布了包括 HAF0400（核电厂质量保证安全规定）的一系列的法规与导则。这一版本的质量保证核安全法规、导则的基准文件是国际原子能机构（IAEA）的 1978 年版的 50-C-QA。随着 IAEA 对 50-C-QA 修订为 50-C-QA（1988 版），我国对 HAF0400 也进行了修订，出版了 HAF0400(91) 系列法规和导则。1998 年 5 月国家核安全局对核安全法规及导则进行了重新编号，把 HAF0400 的编号修改为 HAF003，与之相关的导则的编号修改为 HAD003/01～10。

5.1.1.2　中国核质量保证导则 HAD003 /XX

我国的核安全导则是对核安全法规规定进行说明和补充的指导性文件。核安全导则的内容为法规制定部门（NNSA）推荐用于实施法规的方法和程序。实施核安全法规的单位如果不遵守并采用核安全导则规定的方法和程序，则必须向 NNSA 论证所采用的方法和程序的安全水平不低于导则。

1）HAD003/01：核电厂质量保证大纲的制定；

2）HAD003/02：核电厂质量保证组织；

3）HAD003/03：核电厂物项和服务采购中的质量保证；

4）HAD003/04：核电厂质量保证记录制度；

5）HAD003/05：核电厂质量保证监查；

6）HAD003/06：核电厂设计中的质量保证；

7）HAD003/07：核电厂建造期间的质量保证；

8）HAD003/08：核电厂物项制造中的质量保证；

9）HAD003/09：核电厂调试和运行期间的质量保证；

10）HAD003/10：核燃料组件采购、设计和制造中的质量保证。

前5个导则针对不同的质量保证活动。后5个导则针对核电项目不同阶段工作制定。质量相关工作人员应根据岗位工作需要熟悉相关核安全导则的内容。

5.1.2 美国核质量保证法规、导则

5.1.2.1 美国核质量保证标准NQA-1

考虑到法规内容需保持相对地稳定，10 CFR 50附录B的内容相当简略，只规定了最基本的质量保证原则要求。为向实施法规的组织提供可执行的详细的质量保证要求，美国NRC认可采用了美国ASME制定的核质量保证标准NQA-1。

NQA-1标准每4～5年升版一次，最新版本为NQA-1—2008，但美国法规目前批准采用的NQA-1的版本为1994年版(即NQA-1—1994)。

NQA-1—1994由4部分组成，整个NQA-1—1994标准的内容详细程度与HAF003及其导则基本对应。

1）NQA-1—1994 Part Ⅰ的章节结构与10 CFR 50附录B一致，将质量保证大纲要求分为18个要素进行阐述，其详细程度大致相当于HAF003(1991)。

2）NQA-1—1994 Part Ⅱ包括12个分篇(Subpart)，对如何在各种特定工作中实施Part Ⅰ的质量保证要求进行了补充说明和指导，其内容对应于HAD003的06～10号导则。

3）NQA-1—1994 Part Ⅲ包括10个附录，对NQA-1—1994 Part Ⅰ相应章节要求进行补充。

4）NQA-1—1994 Part Ⅳ阐述了ASME在一些质量管理问题上的立场和看法。

5）NQA-1—1994的Part Ⅰ和Part Ⅱ提出的要求属于强制性要求，而Part Ⅲ的要求是非强制性的。

5.1.2.2 美国核质量保证导则

NRC的核安全导则用于指导取照者实施NRC法规的特定部分，以及指导NRC员工评估具体问题或假想事件以及审查执照申请。各质量相关工作岗位人员应参照学习NRC制定的质量保证工作方面的导则。与核电厂设计和建造阶段质量保证工作直接相关的NRC导则主要包括：

1）RG1.26：核电厂水、汽，及放射性废物包容部件的质量组分级，1976；

2）RG1.28：质量保证大纲要求(设计和建造阶段)，1985；

3）RG1.30：电仪设备安装、检查和试验的质量保证要求，1972；

4）RG1.37：水冷核电厂流体系统及相关部件清洗的质量保证要求，1973；

5）RG1.38：水冷核电厂物项包装、运输、接收、贮存和保管的质量保证要求，1977；

6）RG1.94：核电厂建造阶段结构混凝土和结构钢安装、检查和试验的质量保证要求，1976；

7）RG1.116：机械设备和系统安装、检查和试验的质量保证要求，1977。

5.1.3 国际原子能机构核质量保证法规与导则

国际原子能机构核质量保证法规与导则 50-C/SG-Q(1996)包括法规 50-C-Q(1996)以及 14 个导则。IAEA 在编制 50-C/SG-Q(1996)时已考虑到了 ISO 组织关于对 ISO 9001:1994 的修订意见,因此法规 50-C-Q(1996)的章节结构与 ISO 9001:1994 的下一版本 ISO 9001:2000 的结构类似,包括"前言"、"管理"、"执行"和"评价"四章。50-C/SG-Q(1996)的内容与 HAF 003(1991)和 NQA-1(1994)基本一致。

质量保证是为了保证所提供产品能满足质量要求的可信度所实施的所有工作。质量保证工作的目标是让相关方(主要是客户)对所提供的产品能够满足质量要求具有充分的信心。

5.2 三门核电项目质量保证大纲

5.2.1 质量保证大纲

SMNPC 作为三门核电厂一期工程的建设和营运单位,对工程各阶段的活动负全面责任。为此,SMNPC 根据核安全法规的要求制定并贯彻实施三门核电厂一期工程《质量保证大纲》[11]。

SMNPC 负责直接实施大纲中的部分工作,并通过合同将《质量保证大纲》中的其余工作,分别委托给相应的承包商。SMNPC 在与承包商签订的合同中,纳入适用的核安全法规、规范、标准,以及本质量保证大纲提出的相应要求。SMNPC 将对委托出去的大纲工作进行监查、监督和评价。

5.2.2 质量保证分大纲

所有参与三门核电厂一期工程《质量保证大纲》工作的承包商必须按照合同要求,根据各自承担的工作范围以及所提供物项和服务对应的质量保证级别,分别建立和实施与其承担的工作范围相适应的、满足本大纲适用要求的项目质量保证分大纲。在存在分包商的情况下,承包商必须将合同规定的适用的质量保证要求传递给分包商。

5.2.3 质量保证大纲体系

SMNPC 建立的《质量保证大纲》和各级承包商分别建立的质量保证分大纲,共同构成了一个多层次的,涵盖整个项目范围质量有关工作的质量保证大纲体系。

公司在《质量保证大纲》中向国家核安全局承诺将要实施的质量保证要求,并将通过采购文件传递到各个受委托承担一部分质量保证大纲工作的供货商。安全质保处负责编制或审查采购文件(招标文件、合同等)中的质量保证条款,以确保纳入了适用的质量保证要求。安全质保处负责审查供货商提交的《质量保证大纲》以及质量管理程序,以确认其满足相关法规、标准、本大纲以及相关合同的要求。质量监督部门协助审查相关的质量管理程序。

安全质保处和质量监督部门通过实施质保监查、质量监督、文件审查等活动,对承包商及重要分包商的质量保证大纲工作进行监督和评价,从而验证质量保证总大纲实施的有效性。

5.3 设备质量保证体系

5.3.1 质量保证体系的定义

质量保证体系是企业为质量管理方面建立的管理体系。涉及质量管理工作所需的在组织结构、职责分工、工作流程、资源获得与分配，以及对影响产品质量的工艺、检验与试验等重要活动的控制等多个方面的安排。

企业建立质量保证体系的任务是围绕产品质量形成的全过程，通过积极而有效运作实施质量管理所需的组织管理、程序、过程和资源，对形成产品质量的各个阶段的工作过程实施有效的控制。

5.3.2 设备质量保证体系的定义

在核电质量保证领域，对应于质量保证体系的概念是质量保证大纲。质量保证大纲是核电业主、设计单位、供货商、建造承包商、制造厂等参与核电厂建造单位依据核安全法规 HF003 的要求，为了保证工作质量而分别建立的，对工作的管理、执行和评定作出总体安排的一个管理体系。

核电质量保证法规 HF003 要求核电厂业主将核电项目作为一个整体考虑，建立质量保证总大纲。为此，核电厂业主需制定文件，描述项目建立和实施的质量保证总大纲要求。这份文件就是核电厂业主的《质量保证大纲》。

业主的《质量保证大纲》规定参与核电项目的供货商需要建立各自的质量保证分大纲，并描述成文。这些分层次建立的质量保证分大纲需满足业主《质量保证大纲》的原则要求，并对分大纲适用的工作范围规定更具体的质量管理原则。通过大纲要求的这种传递关系，把参与核电项目的供货商建立的质量保证大纲联系在了一起，再加上核电业主、各供货商和分包商之间的质量监督和报告关系，组成了一个核电项目的质量保证总大纲对设备的质量保证体系。

5.3.3 供货商质量保证大纲

设备供货商将要建立并保持一个满足中华人民共和国核安全法规 HAF003(1991)及其安全导则，IAEA 规范 50-C/SG-Q(1996)和 US NRC 10CFR 50，附件 B 或 ASME NQA-1 和 ISO 9001:2000 的供货商级别的项目质量保证大纲(PQAP)。

该 PQAP 将要向供货商及其成员规定质量保证要求。一份带编号的，适用于项目的供货商成员管理程序清单将作为附件包含到 PQAP。该 PQAP 还将对每个供货商成员在其自己的质量保证(QA)大纲下完成的工作提供必要的控制。它对供货商及其成员，规定了项目组织机构，以及完成和影响质量相关活动关键人员的职责。PQAP 将要提交业主审查和批准。供货商成员质量保证大纲和实施程序(如果适用于该项目)的复印件将提交业主审查。

将要创建项目专用程序，并提交业主批准。这包括：

1) 不符合项、偏差通知，设计变更请求，材料替换的提交和批准；

2）文件提交批准；

3）分供货商活动（合格供货商清单，监查提交，见证和停工待检大纲，通知）；

4）供货商和分供货商监查参加；

5）停工程序；

6）QA 数据包的提交。

PQAP 和相关管理程序将要实时修订以适应合同范围、项目组织机构、生产及服务条款和质量管理过程的变更。经修订后的 PQAP 和项目专用程序将要经受跟原始文件一样的控制。

选择供货商的基本依据是评价供货商按照采购文件的要求提供物项或服务的能力。根据所购物项或服务的特性，买方应组织从事设计、采购、施工管理、运行、合同管理和质量部门，根据规定的准则对提供物项和服务的潜在供货商进行评价和选择，详细的供货商评价见 5.5 节。

5.4 质量保证

5.4.1 定义

质量保证（QA）是为设备或装置能够满意地工作提供适当可信度所必需的，有计划的，系统性的活动。也是为使物项或服务与规定的质量要求相符合（质量实现），并提供足够的置信度（让别人相信）所必需的、一系列有计划的、系统化的活动。

对核电厂业主而言，QA 是为了证实制造商或供货商是否有效地执行了大纲和程序。它不但要验证设备监造质量，而且还要验证作为第一层次验证的质量控制（由供货商或制造商实施）的质量，即有效性。因此，QA 的验证是更高层次的验证，属于第二层次的验证，也叫间接验证。

5.4.2 作用与意义

QA 是针对供货项目的总体，是管理性的。它侧重于事先预防，进行大纲和程序上的控制。

QA 带来经济效益，有助于生产效率的提高；第一次处理一件事情后便一劳永逸；它是一种良好的管理意识，并且更重要的是每个人都为它负责。QA 的首要工作就是策划建立有效的质量管理体系。

5.5 人员配备与培训

为了保证设备制造的质量，业主《质量保证大纲》根据核安全法规的要求，对从事与产品质量相关的人员（包括业主的管理人员）提出了资格要求。

5.5.1 人员配备要求

（1）供货商人员配备

供货商必须选择并配备足够数量的合格的人员，包括工作的执行者和验证人员。为此，供货商必须制订能满足工作进度要求的人员配备和培训计划。

（2）业主人员配备

SMNPC人力资源处负责公司人员配备工作，组织制订并管理公司人员配备和招聘计划。计划的制订和实施必须能满足工程工作进展的需求。

5.5.2 人员资格要求

（1）供货商人员资格

供货商必须根据特定任务所要求的学历、经验和业务熟练程度，对所有从事影响质量活动的人员进行资格考核。供货商必须制定培训大纲和程序，以便确保这些人员达到并保持足够的业务熟练程度。供货商应根据人员工作结果对培训效果进行评价。

供货商必须建立检查和试验人员资格要求的书面程序。供货商应适当地挑选、指导、培训检查和试验人员，通过评价和/或考试等方式确定人员资格，并颁发资格证书。在确定人员资格要求时，应注意各项工作对身体素质（如视力）的特殊要求。

供货商应对检查和试验人员的工作业绩实施不超过三年期的定期评价。

SMNPC通过监查、监督活动审查供货方人员资格及人员配备情况。

（2）业主人员资格

SMNPC人力资源处组织各处室制定岗位规范，包括岗位人员资格和培训要求。承担特定工作的人员，包括特殊工艺工作人员、特种设备操作人员、质量保证监查人员、质量监督人员等，必须按照法规、标准和公司相关文件的要求，取得相应的资格。

SMNPC质量监督部门制定质量监督人员的资格和管理程序。

5.5.3 业主人员培训要求

SMNPC所有参与质量相关工作的人员必须接受质量保证培训。质量保证部门组织对公司员工的质量保证培训工作。

培训处建立公司培训管理体系、总体管理公司员工岗位培训工作，并建立培训档案。各处室管理本部门员工的培训和授权事项。人力资源处负责公司干部培训、管理培训及员工再教育工作。

5.6 供货商资格评价

5.6.1 评价内容

对供货商的评价包括对供货商在以下方面的情况和能力进行调查：

1）供货商概况；

2）人员配置情况；

3）主要生产能力和加工设备；

4）单位资质；

5）质量管理情况及历史；

6）运输条件。

5.6.2 评价方法

在调查的基础上，买方按照制定的评价和选择供货商的程序进行评价。对供货商的评价方法包括：

1）评价供货商的技术能力和质量管理体系；

2）评价供货商提供在实际使用中性能优良的产品；

3）评价供货商新近的可供客观评价并形成文件的定性或定量质量记录；

4）对供货商现有生产样品的调查和对抽查的产品进行评价。

对评价合格的供货商应列出“合格供货商清单”，只有符合采购文件要求的合格供货商才有资格参加所采购物项和服务的投标。

业主对供货商的评价和选择所介入的深度，取决于合同方式，也受合同条款影响。一般的说，交钥匙工程由总承包商对供应商进行评价和选择，业主监督检查总承包商的分包控制活动，但也可以在主合同中明确业主对关键设备供货商的选择具有一定的权力。

5.7 分供货商资格评价

为了保证供货商提供满足合同要求的合格产品，业主需要对供货商选择分供货商进行一定的控制，在合同或和业主的质量保证大纲中对分供货商资格提出了相应的要求，供货商必须按照业主规定的选择原则来选择供货商，相关分供货商的资格评定文件需要获得业主的事先批准。

5.7.1 分供货商的选择原则

分供货商选择的基础是经证实的，提供部件或服务的能力，过去的业绩，或分供货商能力，和业绩的供货商评价。

5.7.2 分供货商资格评定职责

在A1类设备和服务的采购中，由供货商负责实施这些原则。业主同意让供货商参加对A2类、A3类、B类和C类设备和服务的供货商的资格鉴定。供货商将按业主的要求，支持业主完成其供货商在合同中规定的，采购支持服务范围下的资格鉴定活动。

对项目，供货商保持一份不断更新的，合格的一级分供货商清单。在清单中的合格分供货商，要按照合同规定，经业主批准。对该清单以及支持文件的修改复制给业主。供货商安排更低层次分供货商的资格评定文件给业主审查。

5.7.3 分供货商评价资格评价

(1) 安全相关部件、服务分供货商评价

安全相关部件和服务的分供货商，基于US NRC 10 CFR 50 Appendix B and ASME NQA-1要求相一致的要求进行评价并鉴定。对安全相关部件和服务在中国的分供货商，还要满足HAF003。

还被规定为ASME部件的安全相关部件的分供货商，按照对ASME供货商的要求进行评价和鉴定。被规定为 ASME 部件的安全相关部件在中国的分供货商，按照 ASME 要求进行评价和鉴定，由 AIA(Authorized Inspection Agency)和 ASME 钢印授权的核检查除外。

安全相关部件在中国的分供货商将通过国家核安全局按 HAF601 的要求取照。供货商有权拒绝任何无要求执照的安全相关部件在中国的分供货商。

(2) 对安全重要的安全不相关结构、系统和部件的分供货商评价

对安全重要的，和安全不相关的结构、系统和部件的分供货商，按照供货商在项目质量保证大纲(PQAP)下建立的程序进行评价，保证 AP1000 设计证书中确定的质量要求，并要满足 NUREG-0800 (2007.3)的章节 17.5. Ⅱ. Ⅴ。

(3) 对电厂安全不重要的安全不相关部件和服务的分供货商评价

对电厂安全不重要的，和安全不相关部件和服务的分供货商，供货商需要建立必要程度的控制来保证提供物项和服务的质量。

5.7.4　业主对 A1 类设备分供货商的控制

对 A1 类设备，供货商对下列活动提供通知：

1) 主要分供货商的开工会；

2) 主要分供货商定期的项目计划会；

3) 和引起 DCD 偏差、一致没有解决的重复的质量问题和分供货商重要的进度问题的不符合项相关的任何会议。

业主有权出席供货商与分供货商间的质量、进度会议。在业主要求情况下，供货商需要预先通知业主会议及日程安排。

复习思考题

1. 我国目前使用的《核电厂质量保证安全规定》HAF003 是哪一年颁布的？
2. 我国的核安全导则和核安全法规之间的关系是什么？
3. 美国法规目前批准采用的 NQA-1 版本是哪一年的？
4. 什么是质量保证体系？
5. 业主质量保证大纲与法规及各个承包商质量保证大纲之间的关系是什么？
6. 何谓质量保证？
7. 供货商资格评价主要内容是什么？
8. 分供货商的选择原则是什么？
9. 业主如何对 A1 类设备分供货商进行控制？

第六章 AP1000设备质量控制

质量控制是为了证明产品质量和合同条款要求一致，而由制造商或供货商实施的所有检测。制造商或供货商的检验人员用检测和测量的方法判定材料、零件、设备、工艺和系统是否符合预定的要求。供货商或制造商的这种控制是对产品质量的直接控制；而由业主提出的对自己所采购产品的质量控制需要通过供货商或制造商对产品质量发生影响。因此，业主的这种质量控制属于间接控制。

根据业主和供货商（西屋电气公司）达成的合同协议，设备制造除了要求满足合同规定法规、规范及标准对产品的质量控制要求外，业主还在工艺过程、检查和试验、不符合项、纠正措施、记录方面对承包商、供货商等提出了自己的质量控制特殊要求。本章主要介绍业主对设备制造质量的间接控制及要求。

6.1 文件控制

6.1.1 设备制造质量文件

供货商必须对规定质量要求或指导或影响质量活动（包括实施和验证活动）的文件予以控制。这些文件至少包括：

1）质量保证大纲；

2）管理程序；

3）设计规格书；

4）设计图纸；

5）技术规格书；

6）采购文件；

7）作业指导书；

8）质量计划；

9）工艺流程卡；

10）检查与试验程序等。

6.1.2 文件的编制、审核和批准

供货商必须安排在文件批准发布前，对文件的适用性、完整性和正确性进行审查。

供货商必须规定负责编制、审核、批准文件的部门或人员。文件必须由满足相应资格要求的合格人员编制和审查，并由经授权的人员批准发布。负责审核和批准文件的部门或人员必须有权查阅作为审核和批准依据的有关背景资料。

承包商必须按合同要求向 SMNPC 提交文件，供其使用或审查。承包商必须处理并答复 SMNPC 对这些文件提出的审查意见。

SMNPC 在管理程序和工作程序中，对程序所描述活动过程中产生的文件，规定负责文件编制、审核和批准工作的部门或人员。

SMNPC 文件编制部门或人员必须按文件审查和批准人员提出的要求，向其提供必要的背景资料。文件编制部门或人员必须对收到的文件审查意见予以妥善处理，以达成一致意见或在必要时报请公司领导审定。文件审查部门或人员应对审查意见的处理情况进行跟踪和验证。

SMNPC 各处室按其分工范围分别审查承包商提交的文件，并发出必要的审查意见。在需要多个处室参与一份文件的审查时，由程序规定或由公司领导按各处室分工范围确定各处室的审查范围或指定一个主办处室。

6.1.3　设备制造质量文件的控制措施

供货商必须对这些文件的编制、审核、批准、发布、分发与变更，制订书面控制措施并予以实施。控制措施必须至少包括：

1）确定需控制的文件范围及文件分发范围；

2）确定负责编制、审核、批准和发布文件的部门和/或个人；

3）在批准和发布前审查文件的适用性、完整性和正确性；

4）分发到文件所规定的活动的实施场所以供使用。

SMNPC 信息文档处负责公司工程文件的统一管理。SMNPC 质量保证部门通过监查活动验证 SMNPC 和供货商文件控制工作的有效性。

6.1.4　文件的发布和分发

供货商必须建立文件发布和分发的管理方法，按最新的分发清单分发文件，以使得参与影响质量活动的人员能够了解并获得完成该项活动所需的正确合适的文件。供货商必须向实施影响质量活动的人员分发与活动相关的程序和细则的受控件，供其使用。

SMNPC 在与供货商的合同中规定双方的文件传递渠道。

SMNPC 信息文档处按照合同要求和公司内部职责分工，编制和更新 SMNPC 文件分发清单，并按清单分发文件。

6.1.5　文件变更的控制

供货商必须按明文规定的程序对文件的变更予以控制，控制措施必须至少包括或满足下列要求：

1）经变更的文件由审核和批准原文件的同一单位或由其专门指定的其他单位审核和批准；

2）审核单位能够查阅作为原文件批准依据的有关背景材料，并对原文件的要求和意图有足够的了解；

3）及时通知文件的变更情况到相关人员和单位，及时分发经变更的文件以防止使用过时或不合适的文件。

供货商在审核经变更的文件时，应考虑到其他受影响的文件是否需要作相应的修改。

SMNPC 信息文档处至少按原文件的受控分发范围分发经变更的文件。对 SMNPC 编制或收到的文件的变更，应受到与对原文件同样的控制。

SMNPC各处室分别负责对在各自工作场所的过时或废弃的文件，作明显标记、及时回收或销毁。

SMNPC信息文档处保存接收的所有文件版本，以便于追溯文件的变更历史。

6.1.6 电子文件的应用

供货商可以根据需要以电子文件形式发布、分发、使用和保存文件。在采用电子文件作为正式文件时，必须制订相应的控制措施以保证电子文件的有效性和分发渠道的可靠性。各供货商/承包商在使用电子文件作为文件分发方式时，必须向所有需要使用文件的工作人员提供适用的电子文件阅读设备。包含了纸面文件影像信息的电子文件与原文件的复制件等效。

6.2 工艺过程控制

6.2.1 控制原则

各级承包商必须以细则、程序、图纸、核查单、流程卡或其他适当的方式，分别对其负责的影响质量的工艺进行控制。承包商必须在其质量保证大纲中纳入与本章一致的工艺过程控制[11]要求，并予以实施。

对特殊工艺的控制必须满足6.1.2节的要求。

SNPEC和西屋联合体必须对各自承担的NI设备供货范围内设计、制造、现场建造、试验等活动的工艺过程控制工作进行监督和验证。

6.2.2 特殊工艺控制

特殊工艺是工艺结果高度依赖于对工艺本身的控制和/或操作人员的技能，并且不易于在工艺过程中通过对产品的检查或试验确定规定的质量的工艺，比如：焊接、钎焊、热处理、无损检测、表面处理、化学清洗等工艺。

承担特殊工艺工作的单位必须按适当的特殊工艺规程实施特殊工艺。特殊工艺规程中必须包括或引用对工艺方法、人员和设备的资格要求，以及适用的法规和标准的要求（包括接收准则）。

工艺实施单位必须在工艺实施前对特殊工艺进行鉴定合格，以保证其符合适用的规范、标准、程序和技术规格书的要求。对于现有规范、标准、技术规格书和准则尚未包括或者工艺或质量要求超出这些文件的情况，工艺实施单位必须对特殊工艺人员、规程和设备的资格鉴定要求另行作出规定。

工艺实施单位必须为每一个特殊工艺，适当地保存合格人员、合格程序及其设备的记录。

承担特殊工艺过程监督工作的质量监督员必须接受相应的培训。培训内容至少涵盖：特殊工艺规范和标准、特殊工艺程序、特殊工艺实施质量保证要求。

特殊工艺过程实施时，实施单位的质量控制人员应按照规定的要求进行监督和检查，

SMNPC 质量监督人员对特殊工艺过程的选择实施质量控制点见证和日常监督。

6.3　检查和试验控制

6.3.1　控制原则

供货商必须根据其承担的工作范围在其质量保证大纲中纳入与本章一致的检查和试验控制要求，并予以实施，以验证所提供或采购的物项、服务及影响其质量的各项活动是否符合规定的要求，并证明物项能满意地投入使用。仅提供检查和试验服务的供货商也必须满足本章适用的要求。

对于委托其他单位制订检查和试验要求和/或实施检查和试验活动，委托单位必须保持对检查和试验文件及其结果的有效性负责。

SMNPC 对设备制造活动实施日常监督检查，并选择参与见证供货商实施的重要的质量控制点。

西屋联合体必须对 NI A1 类设备制造厂的检查和试验活动进行监督。

SNPEC 必须对 NI 非 A1 类设备制造厂和 NI 现场建造承包商的检查和试验活动进行监督。SMNPC 对 SNPEC 的监督活动有效性进行监督。同时，SMNPC 还选择对部分检查与试验活动进行直接监督。

SNPEC 同时受业主委托，负责牵头组织对 A1 类设备制造厂的检查和试验活动，实施独立监督；SMNPC 有选择地参与实施其中的部分监督活动。

6.3.2　检查和试验计划

供货商必须以文件规定需要实施的检查和试验活动。检查和试验范围必须涵盖保证物项和服务质量所必需的每一个工作步骤，包括所有需要做的检查和试验，并至少包括对完工物项的最终检查。

供货商必须对在建造中的物项实施为验证质量所必需的检查。当不可能或不便于对工艺流程中的物项进行检查时，必须采取对工艺方法、设备和人员进行监视的间接控制措施。当采取检查和工艺监视方法之一不足以控制时，必须同时采取这两种措施。

供货商必须按合同要求对其实施的影响质量的活动按照工作顺序制订检查和试验计划（或质量计划）。检查和试验计划中必须规定或引用各项检查和试验活动所针对的活动和物项特性、采用的方法和接收准则，以及负责实施的单位。

制造厂和现场建造承包商必须按合同要求将编制的检查和试验计划报送承担质量监督职能的采购单位、现场建造管理单位、监理单位审查认可。采购单位、现场建造管理单位、监理单位必须按照规定的质量监督范围和深度，选取参与见证的控制点。

承包商必须按合同要求向 SMNPC 提交相应的检查和试验计划。西屋联合体必须将 NI A1 类设备制造检查和试验计划，报送 SNPEC 和 SMNPC。SNPEC 必须将 NI 非 A1 类设备制造和 NI 现场建造检查和试验计划，报送 SMNPC。CI/BOP 设备制造厂和现场建造承包商应按合同要求的范围，将要求制订的 CI/BOP 建造检查和试验计划报送 SMNPC。

在 SNPEC 牵头组织下，SMNPC 和 SNPEC 对 NI A1 类设备检查和试验计划进行审查并选择参与见证的控制点。SMNPC审查其他承包商提交的检查和试验计划,并选取参与见证的控制点。

6.3.3 检查和试验要求

检查要求及接收准则必须包括适用的设计文件或由责任设计单位批准的其他相关技术文件规定的要求。

检查人员不能处于向负责实施被检查工作的直接主管汇报的位置上。确定物项特性可否接受的符合性检查必须由有资格承担此检查工作的合格人员实施或验证,并且这些人员不能是被检查活动的实施人员或被检查工作的直接主管。

检查和试验人员应接受培训并获得相应资格。

当采用抽样检查方法验证一组物项的可接受性时,抽样程序必须基于公认的标准。

承担试验活动的单位必须按书面试验程序实施试验活动。试验程序必须包含试验目的、试验要求和接收准则。试验要求及接收准则必须由设计责任单位或其他被指定单位提供或批准,并基于适用的设计文件或其他相关技术文件规定的要求。

西屋联合体必须将SMNPC选择有见证点的试验程序提交SMNPC审查。

6.3.4 检查和试验活动与记录

检查和试验活动实施单位必须遵照检查和试验计划、检查和试验程序的要求完成检查和试验活动。

实施单位必须在检查和试验计划中记录已完成的检查和试验活动的结果,或在其中引用或附上检查和试验记录。判断物项或服务可接受性的最终检查记录必须由经授权的承担质量保证职能的人员批准。

检查记录必须至少包含以下信息:被检查物项、检查日期、检查人员、观测的方法、检查结果或可接受性、对不符合项所采取措施的相关信息(如有)。试验记录必须至少包含以下信息:被试验物项、试验日期、检查人员或数据记录设备、观测的方法、试验结果及可接受性、对偏差所采取的措施(如果存在)、试验结果评价人员。

试验结果必须由负责的经授权单位评价,以确认已满足规定的试验要求。验证设计的鉴定试验由负责所验证设计活动的设计单位进行评价。验证制造和现场建造活动的试验由制造厂和现场建造单位对照试验规程进行评价;在设计文件有要求时,应按要求提交设计单位评价。

最终检查必须包括对结果和以前检查中发现的不符合项的处置的记录审查。在检查结果表明结果满足规定要求的前提下,采购单位对物项或服务进行验收。

对于不满足要求或不符合验收限值的检查和试验结果,供货商必须按照不符合项管理规定向管理部门、采购单位和/或SMNPC报告,以审查和处置。

实施单位必须就检查和试验活动及时通知选取了相应控制点的外部监督单位,以便其参与见证。对于停工待检点(H点),在获得选择见证该点的部门或外部监督单位的书面批准或书面放弃通知之前,相关单位不得继续停工待检点后面的工作。

承包商必须按照合同或相关文件规定的要求,就SMNPC和NNSA在检查和试验计划中选取的见证点,及时通知SMNPC和NNSA参与见证。

6.3.5 测量和试验设备

在影响质量的活动中使用测量与试验设备的供货商必须选择使用适当种类并具有合适的量程、准确度和精度的测量与试验设备。

供货商必须规定需要标定的测量和试验设备范围、测量与试验设备的标定方法和周期。标定必须由经授权的计量单位或部门实施。测量和试验设备标定人员必须适应所授权任务的需要，掌握有关专业知识和计量检定、测试技术，并按国家计量法规的要求经考核合格。

标定标准必须可以追溯到公认的国家标准或国际标准。当没有上述标准时，必须以文件记录表明所选用的标准可以接受的技术依据。

为使测量和试验设备的准确度保持在要求的限值内，使用单位必须在规定的周期内或在使用之前，对测量和试验设备予以标定和调整，以使其精确度保持在必要的限值内。当对测量和试验设备的精确度有疑问时，也应对其进行标定。有标定要求的测量和试验设备必须具有可追溯的设备标识和标定记录。当发现标定偏差超出规定的限值时，必须对之前的测量和试验结果的有效性进行评价，并重新评定已检查和试验物项的验收结果。超出标定的设备必须予以标识或隔离，并在重新标定前停止使用。如果持续发现超出标定，必须修理或更换测量和试验设备。

供货商必须对测量和试验设备的标定状态予以记录，并在设备上作标定状态的标记。

供货商应根据需要制订和实施测量和试验设备的装卸和贮存要求，以保证其准确度。

西屋联合体和SNPEC必须对其分包商的测量和试验设备的控制状况进行监督检查。

SMNPC质量监督部门对供货商使用的测量和试验设备的控制状况进行监督检查。

6.3.6 检查和试验状态

相关单位必须通过使用标记、打印、标签、签条、工艺卡、检查记录、记录实体位置或其他合适的方法，对物项的试验和检查状态予以标识。

相关单位必须对设置和移除上述标识的方法、职责和权限作出规定。

相关单位必须分别在物项的整个制造、安装期间，根据需要保持检查和试验状态标识，以保证只使用或安装了已通过所要求检查和试验的物项。

6.4 不符合项控制

6.4.1 不符合项的定义

在设备生产、加工、制造过程中，往往会由于人为疏忽或没有按规定的程序、工艺、流程或试验方法等进行了产品的生产、加工、制造，造成产品质量缺陷或质量好坏难以确定，形成所谓的不符合项。为了保证产品质量，业主对不符合项作出了明确的定义、划分，并制订了相应的处理办法。

所谓的不符合项，是指制造过程中所应用的文件、程序、部件、设备，或部件、设备的一部分与制造技术条件、合同条款、订单、制造厂内部技术条件及图纸的规定和要求不一致。

6.4.2 控制原则

供货商必须制订并实施与本章要求一致的不符合项管理程序。不符合项责任单位包括对产生的不符合项承担有报告责任和/或实施不符合项处理措施责任的单位，包括设备采购单位、设备制造厂、总包商、现场建造承包商，以及其他负责装卸、运输、贮存等工作的供货商。

SMNPC作为业主对整个项目的不符合项控制工作进行监查和监督。供货商必须各自对责任范围内的不符合项控制工作负责。

SMNPC制订不符合项管理程序，对承包商按合同要求提交的不符合项进行审查和管理。

6.4.3 NI设备不符合项的划分

不符合项按照其处理所需的审批权限不同分为内部不符合项和外部不符合项两类。

6.4.3.1 内部不符合项

内部不符合项包括：

1）不符合供货商或其分供货商内部要求的不符合项；

2）设备、零部件的制造不符合供货商与分供货商的合同要求；但该类不符合项的修复是可能的；并且也是供货商与分供货商的合同文件许可的不符合项；

3）不符合供货商与分供货商的订单要求；但尚满足业主与供货商之间的合同要求或ASME要求。

6.4.3.2 外部不符合项

指不符合NI合同；SMNPC采购文件或其引用的法规、标准、图纸、技术规格书；以及经过SMNPC批准的供货商或分供货商文件要求的不符合项。

外部不符合项报告除了包含初始不符合项报告提供的信息外，还应该包含以下信息：

1）造成缺陷的原因；

2）该缺陷是否对其他产品、服务、程序、工艺或系统具有普遍的影响；

3）供货商提议的解决办法；

4）对该缺陷已经采取了什么措施；

5）上面的行动什么时候完成；

6）将采取什么措施来避免再发生；

7）该缺陷是否会引起大的安全危害。

6.4.4 不符合项的标识、隔离与报告

报告不符合项的不符合项责任单位应对产生不符合项的物项进行标识。在可行的情况下必须使用标记、标签的方法，否则应使用对相应的容器、包装物、隔离区域进行标识的方法。

在可行的情况下，相关单位必须将产生不符合项的物项置放在具有清晰标识的指定存放区域，予以隔离。否则，必须采用其他的预防措施防止因疏忽而使用不符合物项。

不符合项责任单位必须对发现的不符合项编制不符合项报告，报告缺陷的详细情况，并应根据需要提出不符合项的建议处理措施。

6.4.5 不符合项的处理

承担不符合项处理工作的单位必须按照书面程序对不符合项进行审查，并确定其处理方法。程序必须规定对不符合项进行审查的责任和对不符合项进行处理的权限。

负责评审确定不符合项处理措施的人员必须能够胜任评审领域内的工作，充分了解规定的要求，并且能够查阅相关的背景资料。

不符合项的处理方法包括："报废"、"返工"、"修理"和"原样照用"。建议"修理"或"原样照用"的不符合项必须由规定不符合项所违背的设计要求的原设计单位或指定的其他合格单位进行处理。原设计单位主要包括西屋联合体、MHI，以及其他承担有设备设计工作的设备制造厂、承担有现场设计工作的工程设计单位和现场建造承包商。NI范围内和CI主设备供应范围内，违反了西屋联合体或MHI设计文件要求并建议"修理"或"原样照用"的不符合项的处理方案，必须分别由西屋联合体和MHI审批。

对于确定"修理"或"原样照用"处理的不符合项，不符合项处理单位必须记录说明可以接受这种处理方案的技术理由，并且需要按照设计变更控制的要求进行审批。

对不符合项进行修理或返工处理时，除非不符合项处理措施中已确定其他的替代接收准则，否则不符合项责任单位必须按适用的程序和原接收准则对物项重新进行检查。

6.4.5.1 内部不符合项处理

内部不符合项的处理由供货商或分供货商自行审查决定。但要向业主定期提交这些不符合项的清单，以便业主跟踪。不符合项处理结果要记入完工报告(EOMR)。

6.4.5.2 外部不符合项处理

和合同要求或业主批准文件不符的不符合项，提出的解决办法是修理或原样使用的，需要立即提交业主审查和批准。在接到不符合项文件后，业主将要在3周之内给出意见或同意。响应时间将通过双方协议，或延长、或缩短。

不符合采购规格书的不符合项文件，将在提交给供货商1周之后复制给业主审查。不符合采购规格书的不符合项由主承包商来处理。当不符合项被传递到主承包商时，需要向业主提供一份不符合项的复制文件，主承包商将要充分考虑业主意见，并对业主的处理意见作出响应。

对于重大外部不符合项，由设计管理处负责提交需要国家核安全局审批的不符合项处理措施和方案，并必须在获得国家核安全局认可后方可执行。

对于A2、A3、B、C类设备以及NI建造中出现的不符合项，如果是由于西屋联合体原因引起，则由SNPTC负责与西屋联合体交涉，由西屋联合体负责处理。

如果不是西屋联合体原因引起，则SNPTC应根据不符合项的性质和自身纠正能力的分析，决定是否由SNPTC自己来处理。其原则是不符合项必须得到有效控制和消除，并使之符合合同的要求。

SMNPC有权在设备制造中当严重质量问题或可能严重影响质量的工作条件发生时，发出停工令，SNPTC应立即进行整改，这些严重影响质量的条件包括：

1）继续工作将可能产生不符合项，而这种不符合项不能被纠正到可接受状态或需采取大量的修理工作或需重新制造；

2）质量控制不足以确保符合所适用的工业标准；

3）制造过程的实施违反了图纸、规格书、现行法规和管理规定的要求或已批准的程序的要求；

4）过去的历史表明，继续工作将需要大量时间来纠正不符合项；

5）存在缺陷的材料或设备被使用，并且不能被纠正或不能被有条件的释放运用；

6）正在使用未经批准的或不恰当的图纸、程序或指导书；

7）工作的进行正在违反强制性设计修改；

8）不具备授权控制加工工艺的程序或指导书；

9）质量验证文件不充分、不正确、不存在或不符合适用的程序和设计要求；

10）从事工作的人员按照没经鉴定的规范、标准、规格书、准则和其他的项目要求。

6.4.6 对供货商不符合项的控制

采购单位和供货商必须以文件形式规定对不满足采购文件要求的物项和服务的处置方法。处置方法必须包括规定以下方面的条款：对不符合项的评价、供货商向采购单位提交不符合项通知、采购单位对供货商的不符合项处置建议的处理、对不符合项处理方案实施情况的验证、供货商提交采购单位审查的不符合项记录的保管。

在采购的物项交付现场后或在使用中发现不符合项时，责任供货商必须负责按合同要求采取处理措施。

SMNPC在与承包商签订的合同中规定SMNPC对不符合项的控制要求。供货商的不符合项按照其处理方案的审批权限不同分为两类：内部不符合项、外部不符合项。

1）内部不符合项是由供货商自行审批处理方案的不符合项。内部不符合项包括只违反了供货商的内部要求，以及“返工”或“报废”处理的不符合项。

2）外部不符合项是需报送SMNPC审批处理方案的不符合项。外部不符合项包括违反了SMNPC采购文件或其引用的法规或标准、图纸、技术规格书及经过SMNPC批准的供货商文件（如合同中的技术条件、技术描述）所提出要求，并建议“照用”或“修理”处理的不符合项。

外部不符合项的处理必须获得SMNPC的审查认可。供货商必须将外部不符合项处置方案提交SMNPC审查认可后，方可实施。内部不符合项的处理不需经过SMNPC的批准，但SMNPC可以向供货商提出审查意见，供货商应给予答复和澄清。

在核岛范围内，违背西屋联合体或SNPEC采购技术规格书要求，但未违背SMNPC采购合同和经SMNPC认可文件的要求，并且建议处理方法为“修理”或“原样照用”的不符合项，需提交原设计单位（西屋联合体）处理。不符合项报告需抄送SMNPC。西屋联合体或SNPEC必须充分考虑SMNPC对不符合项处理方案所提出的审查意见。

SMNPC内部对供货商提交的外部不符合项按照其对工程影响的严重程度，分为两级进行审查：一般不符合项、重大不符合项。

SMNPC技术部门对供货商提交的不符合项处置方案进行审查。工程管理处负责审查现场建造一般不符合项。设计管理处负责组织审批CI/BOP重大不符合项和核岛外部不符合项。设计管理处组织质量保证部门、相关技术部门和质量监督部门，以及必要时包括技术支持单位，对重大不符合项的处置方案进行审查。技术委员会同时讨论并提出重大不符合项处理意见。

SMNPC 质量监督部门监督和验证不符合项处置方案的实施情况。

当不符合项造成的质量问题构成核安全法规 HAF001(1986)及其实施细则规定的事件时，安全质保处按法规要求向 NNSA 报告。

主要承包商必须按合同要求向 SMNPC 定期提交不符合项清单，或及时更新不符合项数据库。

SMNPC 不符合项管理程序规定外部不符合项的具体分级原则、各相关处室职责分工和不符合项管理工作流程。

6.5　纠正措施

6.5.1　总则

供货商必须在其质量保证大纲中制定与本章要求一致的管理措施，以尽可能及时识别和纠正有损于质量的情况。

SMNPC 通过质量保证监查和监督活动，确认 SMNPC 内部和供货商对有损于质量情况的鉴别和纠正活动的有效性。

6.5.2　纠正措施要求

供货商必须采取措施鉴别严重有损于质量的情况，查明其起因并采取纠正措施，以防止其再次发生。当由于设计文件的缺陷或错误造成在设备制造或现场建造活动中产生重大的或重复发生的缺陷时，责任设计单位除了需要纠正设计文件缺陷和错误以外，还必须确定产生设计文件缺陷和错误的原因，并适当地变更设计过程、设计验证过程、质量保证大纲和程序，以防止同类型的缺陷或错误重复发生。

供货商必须以文件记录严重有损于质量的情况及其原因，以及相应采取的纠正措施，并向适当层次的管理部门报告。供货商相关负责部门或个人必须对纠正措施完成情况进行跟踪验证。

对于发现的质量问题，责任单位/部门必须进行审查分析，采取必要的纠正措施并予以答复。

SMNPC 质量保证部门和质量监督部门通过内外部质量保证监查、质量监督、检查、审查等活动，鉴别 SMNPC 内部和供货商存在的质量问题。质量保证部门和质量监督部门根据质量问题的性质发布相应的要求纠正和必要时要求采取纠正措施的文件。对于发现的质量问题，相应的责任部门和供货商必须在其职责范围内查明原因，采取纠正措施，并报告处理结果。

对于严重有损于质量的情况，SMNPC 将发布“纠正措施要求”(CAR)或“停工令”(SWO)。纠正措施要求由质量保证部门编制发布；停工令由质量保证部门或质量监督部门提出，质量保证部门审核，公司领导批准发布。供货商接收到停工令后，必须立即停止在指定区域/范围的工作,并采取相应的纠正措施;责任供货商或 SMNPC 内部责任部门必须按纠正措施要求采取相应的纠正措施。质量保证部门负责跟踪、验证和评价纠正措施要求和停工令所确定的纠正措施的适宜性及其完成情况,并批准关闭;质量监督部门根据需要提供协助。

对于其他不利于质量的情况,SMNPC 质量监督部门通过口头指出、发函或发布质量观察报告(QOR)的方式,要求承包商纠正并根据需要分析其根本原因和采取纠正措施。

6.5.3 不符合项根本原因分析

设备制造厂和现场建造承包商应对发生的不符合项的原因进行分析,以鉴别可能存在的严重有损于质量的情况和不良质量趋势。

西屋联合体、SNPEC、CI 主设备制造厂和现场建造承包商必须按合同要求向 SMNPC 提交汇总的不符合项信息及其原因分析。

SMNPC 质量保证部门定期实施项目质量趋势分析,以确定可能存在的严重有损于质量的情况和不良质量趋势,在必要时发布相应的要求采取纠正措施的文件,并向管理部门汇报。质量趋势分析内容至少涵盖以下方面:不符合项的发生和处理状况、不符合项根本原因分析、内外部质量保证监查结果、质量监督结果。

6.6 记 录

6.6.1 总则

供货商必须在执行其质量保证大纲工作的过程中编制足够使用的,能为物项或服务质量提供客观证据的,并满足合同要求的质量保证记录。为此,供货商必须按各自责任范围以书面程序和细则,建立并实施与 HAD003/04(1986)及本章要求一致的记录管理制度。

SMNPC 在与承包商的合同中明确承包商应提交记录范围的原则。承包商根据法规、合同和设计文件的要求确定各自工作职责范围内的产生的记录范围、具体种类,以及提供给 SMNPC 的记录和为 SMNPC 保存的记录范围。对于公司直接承担范围内的工作,SMNPC 在相应的程序中规定需编制和保存的记录种类。

SMNPC 对工程质量保证记录制度的建立和实施负全面责任。SMNPC 通过监查和监督活动,确认整个项目的记录管理工作的有效性。

SMNPC 按照记录管理程序的要求,从承包商处接收工程质量保证记录,并按程序要求进行整理、分类贮存、保管和保卫。SMNPC 各处室在实施质量相关活动时,必须按照相应程序的规定,编制并保存必要的质量保证记录。

6.6.2 记录的管理

供货商必须在适用的设计技术条件、采购文件、程序、规程或其他文件中规定要求编制的记录,这些记录可分为由业主 SMNPC 编制产生的记录、提供给业主的记录和供货商为业主保存的记录。

记录必须保存在合适的记载材料(媒体)中,以防在要求的保存期内损坏。

记录必须易于阅读、内容完整,并按所记述的物项进行标识以便追溯。记录只有在注明日期并经授权人员签字、盖章或作其他鉴定后方能生效。记录可以是原件或者复制件。对记录的修正和增补必须由编制该记录的原单位审查批准。必须在经修正或增补的记录中注明修改或增补人员姓名和修改日期。

供货商必须用文件规定各种记录的分发范围。

供货商必须适当地保管为SMNPC保存的本工程记录,并保证SMNPC在记录的保存期内查阅的方便。

6.6.3 记录的接收

供货商必须制订记录编制和提交的计划,并按照工作进展向其买方移交要求的质量保证记录。

记录接收单位必须制订记录的签收制度。记录接收单位必须指定一个部门或个人负责记录的接收工作。此部门或个人必须在其保管期间对记录进行保护,以免损坏或丢失。如果需要进行临时贮存,必须对临时贮存设施予以控制。

为便于检索使用,接收的记录必须具有索引或由接收部门重新编制索引。索引至少应包括:记录名称和相关的物项或活动、产生记录的单位或人员、记录的保存期限。

承包商必须至少在工程竣工前,按合同要求将提供给SMNPC的记录移交SMNPC。

SMNPC信息文档处制订记录管理程序。质量监督部门负责审查供货商提交的记录。记录接收工作至少包括对记录的清点、必要的抽查和整理、签收。SMNPC各处室产生的记录随工程进展或分阶段移交信息文档处。

6.6.4 记录的贮存、保管和保卫

供货商必须使用能防止在保存期限内损坏或丢失的方式保存记录。记录的保存方式必须能够保证一份记录的所有原件和复制件不会同时损坏或丢失。

供货商使用的记录贮存设施的地点及其建造特性应能尽量降低记录在贮存中受自然灾害、环境条件、动物侵袭而引起变质、损坏的风险。记录贮存设施的特性必须满足HAD003/04(1986)第5.5节和NQA-1-1994第Ⅰ部分17S-1第4.4节规定的要求。

使用电子记录的供货商必须对用于存放电子记录的各种媒体的可读取能力要求作出规定。为读取电子记录,供货商必须配备与所使用的电子记录存储媒体兼容的处理设备,否则电子记录必须转贮到其他可读取的媒体上。

供货商必须采取措施,防止未经许可的人员访问电子文件记录或进入记录贮存区。

供货商必须对记录的保管情况进行检查。检查应包括对记录抽样、贮存设施、记录修改情况的定期检查。

供货商必须遵照核安全导则HAD003/04(1986)“核电厂质量保证记录制度”的要求,按照记录保存期限要求对质量保证记录进行分类。质量保证记录按照保存期限要求分为“永久性记录”和“非永久性记录”。

永久性记录包括具有以下重要价值之一的记录:用于证明物项的安全运行能力;使得物项的返工、修理、更换或修改可以进行;用于确定物项发生事故或动作失常的原因;为在役检查提供所需要的基准数据;便于电厂的退役。永久性记录的保存期必须不短于相应物项的

使用寿期。永久性记录主要由 SMNPC 保存。

非永久性记录包括除永久性记录以外的,为证明工作已按规定要求完成所必需的记录。这些记录主要由记录的产生单位保存。供货商必须在文件中规定各种非永久性记录的保存期限要求。非永久性记录超过保存期限时,经 SMNPC 同意由负责保管的供货商自行处理。

承包商需按照法规、标准、合同的要求,规定将提交 SMNPC 的记录和由承包商或其分包商为 SMNPC 保存的记录范围。

SMNPC 至少同时保存两套记录(纸质记录或电子记录),这些记录保存在不同地点的记录贮存设施中。

SMNPC 在对产生相应记录的活动进行描述的程序中,规定记录的分类和保存期限要求。

SMNPC 各处室负责各自产生的质量保证记录的短期保存。SMNPC 信息文档处负责 SMNPC 记录的长期贮存、保管和保卫工作。已完成的或从供货商处接收的记录至少保存两份。保存的记录可以是有效的电子文件形式的记录。信息文档处对记录进行必要的复制,以保证同一份记录的原件和复制件不会同时损坏或丢失。

复习思考题

1. 设备制造的质量文件主要包括哪些?
2. 设备制造质量文件的控制措施是什么?
3. 什么是特殊工艺?简述如何进行控制。
4. 何谓不符合项?其控制原则是什么?

第七章 AP1000 设备监造

根据 HAF 法规的要求，为了保证获得满足合同质量要求的设备，业主需要对电厂设备尤其是非标设备实施从源材料采购到设备出厂验收的全工程监造。业主监造主要是通过派出自己的检查人员或业主委托的代表到供货商或制造商厂进行现场对设备制造质量进行监督，对设备制造进度进行跟踪来进行。

质量监督是为了保证制造商或供货商实施检查的有效性和一致性；并证实和合同要求一致，而由业主实施的所有方法——对记录、方法、程序、服务和实体进行连续的评价、分析，以确认符合规定的要求。

业主对设备制造进行的监造是对制造厂制造活动按照质量计划选择性抽样检查的一种间接性验证质量控制的手段。根据三门核电与西屋电气公司达成的合同协议，业主将在以下方面对供货商实施质量监督：

1）文件审查，包括对 QA 大纲、质量计划、QC 程序和技术文件的审查；

现场验证，包括对供货商以及其分供货商 QA 大纲、QC 程序和质量计划（QP）的实施情况的验证；

2）对包含在 QP 中的关键生产工序、检查、试验和其他操作的观察，以及其实施情况的监督；

3）装船前的设备和包装的最终检查，QA 数据包的审查；

4）对不符合项和偏差报告相关的纠正行动的跟踪；

5）主要部件的进度审查；

6）有害质量情况的处理；

7）监造相关技术会议；

8）质量趋势分析；

9）工厂的验收试验；

10）生产完工验收。

业主所进行的这样的检查、验证、审查、跟踪、验收或监督将不减轻供货商的合同责任。

7.1 设备监造模式

三门、海阳 AP1000 核电项目作为全球首批 AP1000 核电项目，西屋联合体负责核岛部分核岛重要设备（A1 类设备）供货。SNPEC 作为核岛工程承包方，负责核岛除西屋供货设备（即非 A1 类设备）外的采购；同时，受 SMNPC 委托对西屋联合体的工作进行监督、管理和协调。

就业主的设备监造模式[12]而言，公司管理层对西屋负责供货的 A1、A2 类设备，以及由 SNPEC 负责供货的 A3、B 和 C 类设备的质量和进度比较有信心，从节约成本的角度考虑，业主组织了 20 人左右的监造队伍，对一些关键设备，根据设备的制造进度和监督点情况，采取定点驻厂监督(如:主泵制造厂美国的EMD,反应堆压力容器及蒸汽发生器制造厂韩国斗山等),相关人员三个月左右一轮换;而对其他设备,则按设备的重要性和监督点情况,选取一些关键监督点进行监督的模式。

7.2 文件审查

7.2.1 审查管理程序

业主通过审查采购承包商和/或设备供应商提交的有关管理程序,了解它们在采购和制造控制方面是否符合其提供的质保大纲和业主的总质保大纲,是否满足工程设备采购质量控制和进度控制的要求。

应重点审查分包商或制造商的评价和选择程序,对分包商的控制程序,不符合项处理程序和质保执行管理程序。

7.2.2 审查质量计划

供货商将把详细的质量计划[13]提交业主,并把复印件提交业主代表审查。如果发现质量计划和适用法规、标准、供货商的技术规格书不一致或不满足合同要求,业主将有权对质量计划及其项目的改变进行确认,并进行补充。

在生产开始前一个月,需要把质量计划提交业主,在出现合同签订前制造已经开始的情况下,质量计划将在合同签订后一个月内提交。业主在接到质量计划21天内,将要指明哪些活动业主或其指定的代表将要出席。质量计划的审查时间可以通过业主和供货上共同协商来进行延长或缩短。

除了见证点和停工待检点以外,业主可以对供货商或分供货商的,已经满意地得到完成的,质量计划中规定的操作或活动的相关文件进行审查。

质量计划将要涉及材料的采购,材料的证书审查,材料的检验,制造期间的工艺质量检查,以及设备组装各个阶段的性能及特性试验。

如果出现了重大的缺陷,业主有权修改质量计划中的见证点和停工待检点,对质量计划的相关改变,业主将书面通知供货商,后续对见证点和停工待检点的修改需要经过业主和供货商双方同意。

业主审查的质量计划应该包括以下信息:

1) 封面(包括:项目编号,供货商,供货商和分供货商签名的质量计划,状态和版本);

2) 合同/订单编号,带版本的设备技术规格书;

3) 部件、组件名称以及其图形编号;

4) 操作时序清单。

描述的每项操作,还需要包含以下方面的信息:

1) 适用文件编号;

2) 由分供货商,供货商、业主和独立第三方(如果有的话)完成的监督点;

3) 日期和由分供货商,供货商、业主签字的栏目;

4) 意见栏;

5）适合描述该要见证操作的足够的参考或通用信息，如：图纸、规格书、标准、程序或包含相关验收标准的工作细则。

7.2.3 审查设备技术规范书

通过设备技术规格书的审查，了解设计或采购承包商对设备制造的要求是否符合合同规定的规范和标准，采用的技术和工艺是否成熟和可实现。

7.3 现场验证

7.3.1 监督点的通知

见证点：制造过程中的一个关键步骤，如果业主代表在供货商规定的日期和时间没有到达，供货商可以完成该工序。

停工待检点：制造过程中的一个关键步骤，如果业主代表在供货商规定的日期和时间没有到达，供货商不能进行该项工作，除非业主预先给了书面许可。

为了方便业主的旅行安排，供货商将每月提供一份未来90天计划实施的监督点预计清单，业主将在接到该清单一个月内通知供货商任命的代表，以便供货商能够提供帮助，获得入境签证。万一需要提前通知，业主和供货商需要共同协商，并确定一个单独的通知日期。

业主指定监督点的通知将由供货商在计划日期前30天提供，并在计划活动前5～7天提供确认。

万一通知已经发出，而业主或其代表在规定的时间没有空，不需要书面放弃，设备制造工作可以继续进行。除非供货商已经要求了终止该工作。

如果试验需要见证，供货商将提前2个月提交试验程序给业主审查。

监督通知需要包含以下信息：

1）项目编号；

2）采购合同/订单编号；

3）设备标识；

4）工序类型（包括质量计划的序号）；

5）完成地点；

6）联络人；

7）日期、时间。

如果供货商或其分供货商已经完成了跟业主监督点相关的工序而没有通知业主或其代表，业主或其代表有权要求重做。如果该工序不能被重做，供货商将要开不符合项报告，并提交业主批准。业主保留报废该产品的权利。

7.3.2 现场见证

7.3.2.1 日常监督

在工作时间，业主的检查员有权进入供货商或分供货商的工作场所进行日常监督，核实设备的设计及制造活动已经按照合同要求、法规、标准以及供货商或分供货商的程序进行。

7.3.2.2 出席监督点

在见证过程中，监督人员除出席规定的见证点外，还要利用机会对前期制造过程中的质量文件/历史文件进行监督检查，检查的内容主要是制造过程中的不符合项报告、处理和纠正行动，历史文件的完整性和有效性，供应商的监督体系等。

在监督检查过程中，如发现有不符合要求的问题，应及时编制有关报告，并跟踪其纠正行动。

7.3.2.3 不符合项及处理

（1）不符合项的定义

所谓的不符合项，是指制造过程中所应用的文件、程序、部件、设备，或部件、设备的一部分与制造技术条件、合同条款、订单、制造厂内部技术条件及图纸的规定和要求不一致。

所有不符合项报告，包括和分供货商的技术质量要求不符合的分供货商的不符合项报告，在供货商或分供货商的办公室都可以见到。如果这些不符合项报告是要提交给供货商、业主或是质保数据包要求的，将提供拷贝。

（2）供货商或分供货商发现的不符合项

不符合项的处理或实施纠正行动是供货商或分供货商的责任，相关费用由供货商或分供货商负责。

所有的纠正行动完成之后，供货商将要发布不符合项已经得到满意处理的文件，业主将接到为了使相关偏差关闭（当可接受的时候）提供给供货商的同样级别的文件。

在合同技术规格书中规定的影响电厂功能的不符合项或影响 NI 合同供货范围外接口的不符合项要提交给业主。

（3）业主或其代表发现的不符合项

对业主或其代表发现的有损质量的情况（ASME NQA-1 中规定），业主将正式通知供货商和分供货商，供货商或分供货商将在 3 天之内提供一个包括情况说明，以及要采取的行动的书面回答。

对有损质量的重大情况（ASME NQA-1 中规定），业主将正式通知供货商和分供货商，供货商和分供货商将要进行审查，对情况进行调查，计划纠正行动，包括避免再发生的措施，要求在 10 个工作日内书面回答业主采取或计划的纠正行动，业主将采取跟踪行动来核实纠正行动或预防再发生的行动按计划得到完成。

7.3.2.4 设备的原型与型式试验

供货商提供业主与其同样级别的权利见证设备的原型和型式试验。此外，供货商要提供给业主所有相关设备的资格证书，以及支持取证、证明设备性能和证实设计有效的试验报告。如果可行的话，供货商和业主分享试验见证件。如果经受了破坏性试验，原型将不能用作为产品。

7.3.2.5 历史文件

在 QA/QC 或监督活动期间，业主或业主代表将被允许像供货商或其代表一样，有权接触到分供货商的资料、文件、分包合同（价格、商务条款除外）。

7.3.2.6 设备出厂验收

制造、检验和车间试验完成后，供货商将要准备完工报告（针对三门 AP1000 项目，叫做质保数据包）。质保数据包将由供货商逐步完成，并得到供货商的批准认可。

完成的采购产品需要经过供货商正式验收。主要设备装船前的验收可以由业主指定为一个停工待检点，来验证设备和数据包符合合同和采购规格书要求。验收将要通过业主和供货商的共同同意。

供货商将要批准 QA 数据包。数据包包含了合同和采购规格书要求的，和产品质量控制相关的文件和记录。如：竣工图，数据报告，材料试验合格报告，热处理记录，水压和气压试验试验结果，无损检验报告，完工质量计划，检验与试验报告，不符合项报告。

由供货商和分供货商提供的安全相关设备的 QA 数据包将至少由 P. R. C 安全导则 HAD003/04 要求规定永久性记录组成。

和安全不相关的设备 QA 数据包将按照采购规格书的规定。

设备的每个物项将和供货商签字的电厂质量放行单一起交货。QA 数据包的审查在质量放行签字前由监造人员/质量代表来完成，并提交业主。

最终检查和质保放行是设备出厂监督极为重要的见证点。业主应根据监督大纲和监督细则的要求，仔细检查设备制造形成的所有历史文件是否完整有效，所有的不符合报告，材料替代报告等是否关闭，有关质保体系的条件是否具备。

7.4 监造相关技术会议

7.4.1 开工会

通常，在制造开始前，由供货商在其厂家或分供货商的厂家安排开工会。开工会的目的是为各方彼此熟悉其组织机构，保证供货商或分供货商理解有关合同的技术、进度和质量要求；审查要求的分供货商合同文件提交及批准状态，保证完成了充足的准备来开始开工。制造开工会议的议程需要提交业主审查，将确定制造开工会议的行动项。

7.4.2 定期协调会

在设备制造活动中定期举行协调会，以便业主了解、跟踪有关设备制造的进度及质量情况，同时各方对下一步工作交换意见并确定下一步工作计划。定期协调会由设备监造项目代表出席。主要讨论生产中发生的以下问题：

1）各种文件问题；

2）包括订单分发；

3）质量计划；

4）不符合项；

5）偏差处理；

6）发货和重大质量问题。

7.4.3 专题技术会

除了定期会议以外，承包方可能需要针对某些专题召开一些专门的技术会议，在这种情况下，应邀请业主、设备监造公司（如果有的话）、承包商各方以及各个方面的专家参加会议，研究和分析情况，提出解决这些专题的建议。

7.5 独立的第三方监督

AP1000NI合同中规定了独立的第三方监督的权利，当代表业主的独立的第三方监督员进行其QA/QC活动时，供货商或其分供货商将向他们提供和业主同样的权利。这包括PRC国家核安全局的代表，以及双方共同同意的任何第三方监督员。

而ASME规范要求的授权的核检查员(ANI)检查，将由ASME证持有者来安排。

复习思考题

1. 业主进行设备监造的主要内容有哪些?
2. 业主在哪些方面对供货商质量计划进行审查?
3. 供货商对业主监督点的通知需要包含哪些方面的信息?
4. 供货商或分供货商发现的不符合项的处理办法有哪些?
5. 业主或其代表发现的不符合项的处理办法有哪些?
6. 设备制造过程中业主与供货商之间的定期协调会主要讨论的问题有哪些?

第八章　AP1000 设备进度

三门核电一期工程于 2007 年 12 月 31 日授权开工日(ATP),计划 2013 年 11 月建成投入商业运行,计划工期 71 个月;2 号机组比 1 号机组的建设周期晚 10 个月,计划 2014 年 9 月建成投入商业运行。

根据以往核电厂的建设经验,电厂不能按时投入商业运行,造成工期延误,往往是设备的制造进度出了问题。因此,作为全球首个 AP1000 电厂建设的业主,由于一些设备技术上的改进,以及设备国产化等方面的问题,都将带来进度上的严峻考验。为此,业主根据自身项目的特点,需要做好设备采购进度以及设备制造进度的跟踪、管理和协调方面的工作,推动设备工作的顺利进行。

设备的制造进度是通过制造商/供货商提供的进度计划来反映的,进度计划一般采用横道图的模式,横道图法又称条形图法或甘特图法,是第一次世界大战期间美国一兵工厂顾问甘特(Gantt)首创的。甘特图以时间作横向坐标,而在图的左侧沿纵向依次列出项目的各项任务,在图中分别用对应的横道线代表这些任务的工作期。工作期横道线规定了任务的开始时间与结束时间。

横道图上可以比较直观地反映任务的工作量以及不同任务之间的前后搭接关系,因而也便于检查和配置资源。这些优点使它至今仍被广泛应用。

横道图的主要缺点是不能确定各项任务之间的相互制约与依赖关系,尤其不能反映哪些任务、哪些工作是项目计划实施中的关键。

核电工程进度计划一般分为 6 个等级,分别是:

1) 1 级进度计划;

2) 2 级进度计划;

3) 3 级进度计划;

4) 4 级进度计划;

5) 5 级进度计划;

6) 6 级进度计划。

对核电工程项目的某个专项,还有相应的专项进度计划。

8.1　1 级(工程项目总体)进度

8.1.1　1 级进度的定义

1 级进度是核电工程项目的总体(包含工程各个阶段主要工作)进度,含多项里程碑和重要活动。1 级进度简要地汇总工程设计(Engineering)、采购、建造和启动活动,它确定了各领域主要工作的时间框架,主要用于向 SMNPC 领导、董事会、上级领导及有关单位和部门汇报整体工程的进展情况,1 级进度根据 2 级进度的进展情况每 3 个月更新 1 次。1 级进度是编制 2 级进度的基础和依据。1 级进度的 NI 部分由国核技负责管理，CI/BOP 部分由三门核电负责管理。

8.1.2 1 级进度计划编制

1）确定总工期及主要阶段的工期。

2）确定各主要活动的时序，设计与施工、采购间的接口，活动之间的衔接，施工与调试逻辑顺序要求。

3）按序倒排，从完工验收向前追索各工序所需的工期和交叉与衔接关系，然后排出正排的设计、采购、制造、土建、主系统和配套系统安装和调试的以里程碑为标志的进度计划，工期安排上要适当留有余地。

4）调整进度，综合考虑，反复协调，完成进度计划编制。

5）编制编写说明。

8.1.3 三门核电一期工程里程碑进度

里程碑进度[14]是涵盖各个阶段的，具有工程各个阶段进度象征意义的重要工作进度，它是参与工程的供货商各部门应努力达到的目标。表 8-1-1 给出了三门核电一期工程里程碑进度。共 37 项，其中和 AP1000 设备直接相关的有压力容器现场交付、两个蒸汽发生器现场交付、环吊可用、反应堆冷却剂泵现场交付 4 个里程碑，很明显，这些设备都是长周期制造设备，制造周期都在 4 年左右，并且都在关键路径上，因此，这些设备的采购和制造进度的延误，最终都将影响整个工程的进度。

表 8-1-1 三门核电一期工程里程碑进度

序 号	描 述	1 号机组 (ATP+)1) 2)	2 号机组 (ATP+)1) 2)
1	框架合同	−10	−10
2	安全壳制造合同决标	−8	−8
3	合同签署	−5	−5
4	合同生效日	−3	−3
5	授权开工日	0	0
6	向买方提交初步安全分析报告章节	−1	−1
7	核岛开始负挖	+3	+13
8	模块生产车间运作	+5	+5
9	获得建造许可	+14	+14
10	重型吊车可用	+15	+15
11	第一罐混凝土	+15	+25
12	放置 CA20 模块	+17	+27
13	放置 CV 下封头	+18	+28
14	放置 CA01 模块	+21	+31
15	放置 CV 环 1 号	+24	+34

续表

序号	描述	1 号机组 (ATP+)1) 2)	2 号机组 (ATP+)1) 2)
16	安置 CV 环 2 号	+29	+39
17	安置 CV 环 3 号	+36	+46
18	压力容器现场交付	+40	+50
19	两个蒸汽发生器现场交付	+44	+54
20	放置 CV 一体化顶盖	+46	+56
21	电厂厂用母线通电	+48	+58
22	环吊可用	+48	+58
23	提交 FSAR	+50	+50
24	反应堆冷却剂泵现场交付	+51	+61
25	供操作员培训用的模拟机可用	ATP+53	
26	反应堆冷却剂系统移交	+54	+64
27	屏蔽厂房穹顶完工	+55	+65
28	主控室可用	+56	+66
29	启动冷态性能试验	+58	+68
30	汽轮机可通蒸汽	+60	+70
31	启动热态性能试验	+60	+70
32	完成安全壳泄漏率试验	+63	+73
33	发布装料许可	+64	+74
34	开始燃料装载	+65	+75
35	首次临界	+67	+77
36	首次并网	+68	+78
37	性能试验结束	+71	+81

注：1) 授权开工日(ATP)为 2007 年 12 月 31 日；
2) 两栏中的数字是指月数。

8.2 2 级(项目综合性)进度

8.2.1 2 级进度的定义

2 级进度计划是用以控制和协调工程设计进度、采购制造进度、土建安装进度和调试启动进度的综合性进度计划，是工程整体进度控制的主要工具，也是控制和协调工程各承包商及参与单位进度的主要文件；并作为直接控制工程总进度的依据。工程整体 2 级进度是 1 级进度的细化，2 级进度连接了各领域之间工作的逻辑关系(包括前置工作和后续工作)，用于确认中期里程碑。2 级进度根据 3 级进度的进展情况每个月更新 1 次。三门核电的一个 2 级进度如下：

1）NI开挖；
2）浇灌第一罐混凝土；
3）结构模块CA20安装；
4）安全壳底封头安装；
5）结构模块CA01安装；
6）安全壳1号环模块安装；
7）安全壳2号环模块安装；
8）安全壳3号环模块安装；
9）压力容器现场交货；
10）1A号蒸汽发生器到达现场；
11）1B号蒸汽发生器到达现场；
12）安全壳一体化顶盖安装；
13）厂用母线带电；
14）环吊投运；
15）主泵内部构件运抵现场；
16）RCS移交；
17）屏蔽厂房封顶；
18）主控室投运；
19）开始冷态水力试验；
20）开始热态功能试验；
21）汽轮机可用；
22）完成ILRT安全壳泄漏试验；
23）发放燃料安装许可；
24）开始装料；
25）首次临界；
26）首次并网；
27）性能试验结束。

8.2.2 2级进度计划编制

2级进度计划是综合性计划，是用以控制和协调工程设计、采购制造、土建安装、调试启动进度，控制和协调工程各承包商及参与单位进度的主要文件。它是作为直接控制工程总进度的依据。编写包括3个主要步骤：

（1）组成进度计划编制班子

1）业主组织并主持计划编制，承包商及参与单位派员参加；

2）选择有工程经验有计划管理专业知识和组织协调能力的计划人员；

3）编制人员必须清楚地了解工程的内容，熟悉工程任务的分解与综合，掌握各项工作/作业之间的逻辑关系，知晓工作/作业的必要工期及最佳/合理工期，了解作业的劳动组合及工期和费用的关系，善于调查及积累各种劳动定额、费用定额和工期定额的数据资料，编制人员必须有一定的工程经验，熟悉工程的规模和进度特点。

（2）编制初版2级进度计划

初版计划从设计、采购、施工和调试分进度入手。跟设备相关的是采购分进度计划，该计划按以下方法进行编制：

1）确定采购任务：根据采购任务逐项确定需要提前采购的大型复杂设备，如反应堆压力容器、蒸汽发生器、汽轮机、发电机等大型设备，以及其他各类设备、材料项目，并标明它们的编码；

2）估计订货及交货周期：根据国内外市场调查和同类工程经验结合现实供货条件，编制"设备、材料订货周期表"及"设备、材料交货周期表"；

3）估计各类设备、材料采购计划：根据项目一级进度计划对采购进度的要求，并根据采购订货和交货周期表，逐项估计主设备、各类设备与材料的采购进度和采购工作量，完成采购分进度计划；

4）确定采购与设计、采购与施工进度协调控制点；

5）注意设计与采购的关系：设备和材料采购清单及技术规格书源于设计，而详细设计又需要设备、材料的技术资料。因此在采购分进度计划中，必须列出采购请购单、签订合同、ACF（指按订单要求由供应商作为首次设计条件按期提交的正式的第一次设备制造图纸和资料，经业主确认后的ACF图，成为制造厂进一步详细编写最终确认图纸的正式依据）、CF（最终确认图纸）到场时间等主要控制点的时间。

（3）调整初版综合进度计划

综合控制和协调各类活动和各承包商之间的进度，计划的制订必须经过反复调整：

1）首先自后向前安排施工分进度计划，倒排施工进度，并明确所需设备、材料到场时间；

2）以施工要求的设备、材料运抵现场的时间为控制点，向前追索安排采购进度，明确要求设计部门提出各项设备、材料清单的提交时间；

3）自前向后安排设计进度，并估计可提交各类设备、材料清单的提交时间；

4）自后向前安排调试进度，不确定与施工进度交叉的时间；

5）根据设计、采购、施工、调试分进度之间相互制约的条件，综合分析它们之间的时差及重叠时间，反复调整，以期既满足项目总进度计划要求，又满足设计、采购、施工、调试相互制约条件的要求，完成初版综合进度计划；

6）根据初版综合进度计划，采用CPM（关键线路法）方法，编制网络进度计划，并确定工程建设的关键路径；

7）根据网络进度计划，进一步校核、调整、优化，完成项目的2级计划。

8.3　3级（承包商总体）进度

8.3.1　3级进度计划定义

3级进度计划是各承包商按其承包范围编制的总进度计划，是2级进度计划的细化，包括设计3级计划、采购3级计划、施工3级计划和调试3级计划，3级进度计划也是承包商合同进度或业主工作进度，它汇总中期详细的工程设计，采购，土建、施工，安装、调试与启动活动。建安和调试3级进度每2周更新一次，以反映现场实际进展情况，其他3级进度计划每月更新一次。制造商/供货商将和业主选择的承包商合作协助准备3级进度。如关键设备的制造3级进度。

核岛各领域的3级进度计划由SNPTC/JPMO负责发布、升版和更新。业主负责对各个承包方提供的3级进度计划更新结果进行审查。

8.3.2 采购3级计划编制

一般按采用清单(列表)法编制。根据2级进度计划要求与项目采购任务，参考同类项目的经验，按照制定的“采购费用、进度计划”格式和内容逐项列出：

1）采购任务及预算金额；

2）采购进度及里程碑，里程碑控制点包括：R——请购单，P——订单，D——交货，I——检验，T——运抵现场；

3）在计划表中还须标明技术规格书交付日期及设备制造图的交付日期。互提资料日期。

8.3.3 业主对采购活动的控制

8.3.3.1 总则

实施采购活动的供货商必须建立并实施与本章节一致的要求，对采购活动予以控制，以使得所采购的物项和服务的质量能满足规定的要求。采购单位包括SMNPC、西屋联合体、SNPEC，以及其他需要从外部单位采购物项或服务的制造厂、现场建造承包商等单位。

此外，采购单位必须按照业主质量保证大纲(设计和建造阶段)对供货商不符合项的控制的要求，对采购过程中产生的供货商不符合项进行控制。采购单位必须制订并实施与其承担的采购活动重要性一致的采购管理程序。

SMNPC质量保证部门和质量监督部门制订并实施采购监督程序，对西屋联合体和SNPEC实施的NI采购活动进行监督。采购监督工作主要包括以下几方面：

1）对NI重要分包商的资格进行审查认可；

2）对西屋联合体和SNPEC及其重要分包商进行监查；

3）对NI重要设备制造活动和现场建造活动进行质量监督；

4）对产生的不符合项进行控制；

5）对采购的NI物项和服务进行验收。

西屋联合体和SNPEC必须为SMNPC实施对其采购活动的验证活动，提供便利。

8.3.3.2 采购计划制订

采购单位必须在开始采购物项或服务之前制订采购计划，以确定在采购活动中所使用的方法、行动顺序、里程碑。采购计划必须至少列入以下采购活动，并考虑到这些活动相互间的衔接和完整性：采购文件的编审、分发和变更的管理；供货商选择；合同评标和签订；供货商业绩评价；由买方进行的验证活动(监督、检查或监查)；不符合项的管理和纠正措施；物项和服务的验收管理；质量保证记录的管理；大纲的监查。

西屋联合体和SNPEC分别在所承担的核岛物项和服务供应范围内，编制和审批各自的 3 级采购进度计划、分供货商监督和监查计划。

SMNPC 对直接负责的采购工作，编制和更新 3 级采购进度计划、监督计划和监查计划。

8.3.3.3　采购活动控制

由业主物质采购处根据设备采购 3 级进度和设备制造 3 级进度，密切跟踪设备的制造、供货进度，通过审查采购 3 级进度计划了解采购进展情况，通过审查制造 3 级进度计划和现场监造人员的现场跟踪，了解设备的制造进展情况，及时发现偏差或不良趋势，及早和相关各方协调解决问题。

8.4　4 级(具体执行)进度

8.4.1　4 级进度计划定义

4 级进度计划是详细进度计划，是 3 级计划的细化，按年度编写的。4 级计划偏重于执行。1、2、3 级计划是不同层次的宏观指导性计划，而 4 级计划是任务执行单位的具体工作安排和进度指标，要求更具可操作性、可检查性。对设备制造而言，一般是指制造商编制的年度(或半年度)制造进度计划。

8.4.2　4 级进度计划编制

1）编制 4 级计划，应注意任务的延续性，既要考虑上年度的实际情况，也要对下年度做适当的预计；

2）编制因任务类型而不同，对设计，根据设计任务书和设计项目经理的指导书制订；对施工，要以施工组织设计和施工方案为依据，如：主体结构计划要按分层、分段施工来编制；

3）4 级计划按厂房、区域、系统、工种和工程量分解至工作包作为基本工作单元以适应进度的布置、实施、检查和考核。核电工程以月为单位较为合适；

4）工作单元的划分及进度控制点的设置要注意采购应按设备台(套)的采购进度，对订货请购、合同签约、设备制造商给系统和建筑物设计提供的设计输出、制造开始、重要设备进度控制点、交货验收、发运、进场地等制订计划日期。

8.5　5、6 级进度计划

8.5.1　5、6 级进度计划的定义

5、6 级进度计划是制造商的基本作业单位，按月、周编写的作业计划。5 级进度计划是制造商细化到班组的月制造进度计划；而 6 级进度计划是制造商的周进度计划。

8.5.2　业主的跟踪

业主的设备监造人员通过出席监督点，驻厂的日常跟踪监督或出席制造商的内部工作会议等手段，了解相关设备具体的制造进度，并和制造商的年度制造进度(4 级)进行比较，确定相关设备的制造进度是否延误，并把相关情况向总部汇报，这样，业主可以对设备，尤其

是AP1000的关键设备的制造进度非常了解，一旦发现问题，也可以和供货商尽快沟通、协调、解决，保证设备的制造进度不会延误，并由此对工程建设的进度产生影响。

8.6 专项进度计划

专项进度计划是针对核电工程项目的某个专项而言的，如：设备制造进度计划。三门和海阳的4台机组主要设备起运时间和预计抵现场交付时间如表8-6-1所示。

表8-6-1 设备交货进度

设备分类	地点	ATP起月份			
		机组1		机组2	
		运输日期（ATP+）	预期抵现场交付时间（ATP+）	运输日期（ATP+）	预期抵现场交付时间（ATP+）
反应堆压力容器	三门	37	41	45	50
反应堆压力容器	海阳	39	41	51	52
蒸汽发生器A	三门	46	53	55	63
蒸汽发生器B	三门	47	53	58	63
蒸汽发生器A	海阳	49	53	61	65
蒸汽发生器B	海阳	52	53	64	65
稳压器	三门	44	45	52	53
稳压器	海阳	44	45	52	53
环吊	三门	41	42	50	51
环吊	海阳	41	42	52	53
模拟机	三门	50	52	—	—
模拟机	海阳	56	58	—	—

8.7 设备进度控制的原则

影响工程进度的因素主要有进度计划编制不够科学、合理、可行、周密；预测与实际情况相差较大；安排太紧，缺乏柔性；有遗漏甚至逻辑关系搞错；工程动员不足，缺乏足够的资源保证；管理落后，业主或承包商缺乏经验，协调不力；重大设计发生修改；制造商不能按期到货；未估计到的技术困难，特大的自然灾害或不可抗力等。为此，业主对设备进度计划的控制按照以下原则进行：

1）审查供货商编制的采购进度计划，要求计划要科学、合理、可行，尽量留余地；

2）成立专门的设备监造部门，对设备采购和制造进度进行跟踪；

3）贯彻动态控制原则。

8.8 业主对承包商进度控制的措施

合同条件需要坚持按进展量支付进度款的原则。在合同中按支付额与进度目标相一致的原则规定合理的、可考核的、有激励性的支付控制点，签订合同或承诺，明确规定必须严格执行业主的进度计划管理文件的要求，尊重进度管理程序，实行规范化、制度化管理。

承包商必须及时提交制造3级计划，设备材料采购交货管理数据库，由业主对内容正确性和完整性进行审查，提出审查意见。

进度的监控，必须每月检查、督促。建立月进展报告制度以及定期例会制度，必要时召开专题会议。

复习思考题

1. 核电工程进度计划一般分为几个等级？分别是什么？
2. 何谓工程项目的1级进度？如何编制？
3. 何谓工程项目的3级进度？主要包括哪些方面的进度？
4. 业主对承包商进度控制有哪些方面的措施？

第九章　AP1000 设备编码

9.1　概　述

核电厂有众多建筑物、厂房、系统以及设备，而且电厂的设计及施工、设备的制造一般都由多个单位来共同完成，因此，需要统一对上述几项进行编码命名，以方便工作人员使用。AP1000 的编码系统包括文档编码、设备编码及专用编码，本章主要介绍 AP1000 的设备编码规则。AP1000 的编码系统都遵循统一的格式及规则，每一个设备都有唯一的一个编码与之相对应。

9.2　编码格式及说明

AP1000 设备编码的一般格式为：PPP-XXXX-YY-ZZZZZZZZZZZZZZZ，其中，PPP 为电厂识别码（3 个字母）、XXXX 为定位码（3 个或 4 个字母）、YY 为设备类型码（2 个字母）、Z 为序列码，编码长度最多 15 个字母。

9.2.1　电厂识别码

电厂识别码指明该文件适用的电厂或堆型，如 APP 代表 AP1000 反应堆，EPS 表示欧洲堆，UKS 表示英国堆。

9.2.2　定位码

AP1000 的文档按照其描述内容的不同有多种分类方法，定位码告知读者该文件所属的类别或采用的分类方法。定位码有 5 种，有区域或厂房定位码，系统定位码（电厂系统的 3 字代码，见附录二），某类设备代码，通用代码及特殊代码。定位码一般由 3 个或 4 个字母组成，根据所编码文件的内容来选择相应的代码。一般从定位码可以知道编码设备属于哪个系统或者在哪个厂房几层哪块区域等信息。

9.2.3　设备类型码

表示该编码设备所属的类别，如 MP 代表的是电动泵。具体的类型见附录一。

9.2.4　序列码

序列码使得每一个设备的编码都是唯一的，各类设备序列码的编码规则也不尽相同，在后面的内容中有相应的说明。序列码的编排有的为纯数字，有的为字母加数字，还有的则为数字加字母。其长度也从 1～15 个字母或数字不等，但是大部分的设备只使用 3～4 个字母，只有某些成组的设备可能会用到 15 个字母。另外，在同一个系统中的两个完全相同的设备其设备编号的数字部分相同，但后缀字母不同。比如说在同一个系统中，两台完全相同的泵的设备编号为02A和02B。后缀字母的排列按设备所处的位置从南到北，从东到西按字母顺序排列。

9.3 编码使用说明

在一些文件中，如果设备编码与文档的编码在很大程度上是相同的，则编码相同的部分可以省去不写。如某张流程图的编码与流程图上的某台泵的编码有很大一部分是相同的，因此当需要在流程图上面标示这台泵时，就不需要完整地写出泵的编码，只需标明不同的部分即可，如在APP-RCS-M6-001这张流程图中，APP-RCS-MP-01A表示的泵就可以标示为MP-01A[15]。

9.3.1 建筑物的编码

建筑物编码对象为所有的建筑物组成部分，包括墙体、门、窗、设备及其他建筑专用设施，还包括房间号等的编码。下面将分别描述各自的编码规则。

9.3.1.1 房间号的编码

房间号编码的基本格式为：PPP-BBLA-AR-BBLXX，其中，PPP意义如前所述，BBLA为定位码，BB表示建筑物的编号，L表示楼层，A表示区域，AR为设备类型（房间），XX为房间编号。如编码为APP-2031-AR-20302的房间，APP表示AP1000反应堆，2031表示编号为20的建筑物的3层区域1，AR表示设备类型为房间，20302表示编号为20的建筑物的3层02房间。

9.3.1.2 防火分区的编码

防火带编码的基本格式为PPP-BBLA-AF-BBLXX，如APP-2031-AF-20302，其中APP表示AP1000反应堆，2031表示编号为20的建筑物的3层防火分区1，AF表示防火分区，20302表示编号为20的建筑物的3层02防火分区。

9.3.1.3 防火区的编码

编码格式同防火分区的编码，这里不再赘述，只举例说明，如编码为APP-2031-AF-20302的防火区，其中，APP表示AP1000反应堆，2031表示编号为20的建筑物的3层区域1，AF表示防火区，20302表示编号为20的建筑物的3层02防火区。

9.3.1.4 建筑部件编码

建筑部件编码的基本格式与前面几项的编码基本相同，区别仅在于序列码，现举例说明，如编码为APP-2032-AD-D01的建筑部件，其中，APP、2032的意义同前所述，AD为设备类型（门），D01表示01号门。其他设备类型及设备序列码如表9-3-1所示。

表 9-3-1 建筑部件类型与序列码对应关系

设备类型	设备序列码	描 述
AB	B01	封堵和屏障
AD	D01	门
	W01	窗户

续表

设备类型	设备序列码	描　述
AE	L01	实验室设备
AF	E01	灭火器
AM	M01	砌体墙或砌体结构
AP	E01	洗眼器/应急喷头
	F01	自动饮水器
	S01	水槽
	T01	卫生间
	U01	小便池
	W01	淋浴间
AW	C01	石膏板，木墙或结构
AY	L01	屋顶窗

9.3.2 电气设备编码

电气设备的编码对象为所有的电气部件，包括电气设备、电缆管道、电缆及终端设备等。

9.3.2.1 交流电气设备的编码

交流电气设备的编码格式中使用的定位码为设备所属系统的3字代码，设备序列码的编排格式与前述稍有不同，下面将举例分别介绍各种设备的编码特点。

（1）主变及厂变

主变的编码为APP-ZAS-ET-1，其中ZAS为系统的3字代码，表示主发电机系统，ET为设备类型(变压器)，1为设备编号。这两种设备的序列码只有数字编号。

（2）中压开关

中压开关的编码格式同主变的编码格式，开关设备的设备类型码为ES，需要指出的是，由一台厂变供电的所有母线的编号都是偶数，而另外一台厂变供电的所有母线的编号都为奇数。

（3）400 V负荷中心

如APP-ECS-EK-21，EK为负荷中心的设备类型码，21为序列码，其中，2为上游母线编号，1为负荷中心的编号。10 kV到400 V的降压变压器已包含在负荷中心里面，不再分开编码。

（4）380 V电机中心及380 V配电盘

对于APP-ECS-EC-212，EC为电机控制中心的设备类型码，212为序列码，其中，第一个2表示上游母线的编号为2，1表示1号负荷中心，最后的2表示此电机控制中心的编号。对于APP-ECS-ED-2131，ED为380 V/220 V配电盘的设备类型码，213与上述212意义相对应，最后一个1表示配电盘的编号为1。

（5）照明配电盘

非应急照明配电盘的编码同上述配电盘的编码，只是系统名称及设备类型代码不同。

应急照明配电盘编码的序列码的编排方式与上述方法不同，应急照明配电盘的序列码以失电时向其供电的1E级直流电源的组号开头，第二个数字为逆变器的编号，最后一个数字为配电盘的编号。如APP-ELS-EA-A21，在失电时，将由1E级直流电源A组，2号逆变器向其供电，1为配电盘的编号。

(6) 400 V/220 V变压器和220 V配电盘

对于APP-ECS-ET-3212，编码中前三部分的意义同前面所述，这里只解释序列码部分。3表示上游3号母线，第一个2为负荷中心的编号，1为电机控制中心的编号，第二个2表示400 V/220 V变压器的编号为2。

400 V变压器与220 V配电盘是一一对应的关系，因此，两者编码中设备编号部分是相同的，不同的是设备类型代码。

(7) 通信设备

此类设备的设备类型代码为EF，序列码的格式为一个英文字母加两位数字编号，英文字母进一步说明了编码设备的类别。如，APP-WSS-EF-C01，C代表camera，01为其编号。此类设备的其他代码还有：P——控制面板和控制柜，M——视频监视器，S——交换机和PBXs，Y——专用设备。

(8) 电气专用设备

电气专用设备的编码基本与通信设备相同，序列码部分的英文字母有两种，一种是P，代表贯穿件；一种是S，代表开关，这两种之间的不同点是，对于贯穿件的编码，在设备编号后还有两位后缀，第一位说明贯穿件模块的电压等级，第二位说明模块的编号。如APP-ECS-EY-P01X2，X为电压等级，2为模块编号。

9.3.2.2　直流电气设备的编码

(1) 直流设备的定位码

直流电气设备的文档定位码为一般的定位码加后缀组成，后缀为设备所在的负载分组。有以下几种：

1) EDS1：非1E级直流UPS第1组；

2) EDS2：非1E级直流UPS第2组；

3) EDS3：非1E级直流UPS第3组；

4) EDS4：非1E级直流UPS第4组；

5) EDSS：非1E级直流UPS备用组；

6) IDSA：1E级直流UPSA组；

7) IDSB：1E级直流UPSB组；

8) IDSC：1E级直流UPSC组；

9) IDSD：1E级直流UPSD组；

10) IDSS：1E级直流UPS备用组。

(2) 编码举例

按照惯例，供电24 h的1E级直流电源内部的设备序列码的第一位为1，供电72 h的1E级直流电源内部的设备序列码第一位为2。如，APP-IDSA-DB-1及APP-IDSC-DU-2，其中，DB代表电池，DU代表逆变器。

9.3.2.3 电气设备位置的编码

电气设备位置编码提供电缆终端连接点的位置信息，基本格式同其他设备的编码，区别在于序列码，以下将举例说明：

开关位置，APP-ECS-ES-102，102 表示 1 号开关柜的 02 小室。

负荷中心位置，APP-ECS-EK-2102A 表示 2 号母线，1 号负荷中心，02 号间隔，顶柜。

电机控制中心位置，APP-ECS-EC-22402AL 表示 2 号母线，2 号负荷中心，4 号电机控制中心，02 号间隔，顶部左边的抽屉。

最后一位的字母编码顺序为从上到下，左侧和右侧。

9.3.2.4 电缆管道及附件

在电缆管道及附件的编码中使用了区域定位码，这类设备的设备类型代码为 ER，序列码有 4 部分，第一部分代表的是电源分组，共有以下几组：

1）A：1E 级 A 组；

2）B：1E 级 B 组；

3）C：1E 级 C 组；

4）D：1E 级 D 组；

5）S：1E 级备用组；

6）O：非 1E 级。

第二部分为电压等级，第三部分为管道部件的类型，最后为两位数字编号。如，APP-2032-ER-AXT01。管道部件的类型代号如下所示：

1）C：导线管；

2）D：管沟；

3）G：槽；

4）H：手孔；

5）J：接线箱；

6）M：人孔；

7）P：拉线盒；

8）S：套管；

9）T：托架。

9.3.2.5 电气装置

电气示意图及单线图上的电气装置遵循 IEEE 的编码规则。

9.3.3 仪表编码

仪表编码的编码对象为所有仪表，包括仪表阀、托架及仪表板面及仪表专用装置。

9.3.3.1 编码的基本格式

编码的基本格式为：PPP-XXXX-YY-ZZZZZZZZ，编码包含了系统定位码、设备类型及序号。下面举例说明：如 APP-RCS-JE-PS01A，APP 为电厂识别码，RCS 为系统名称，JE 为仪表的设备类型代码，PS01A 表示压力开关（PS）01A。仪表的设备类型码包括：JE（仪表）及 JV（虚拟仪表）（如计算过程中的变量）。序列码由两位字母加两位数字再加一位字母组成，其中，前两位字母表示仪表的功能(字母与功能对应关系见表 9-3-2 和表 9-3-3)，两位数字表示仪表编号，最后一位字母表示仪表回路号。表示仪表功能的代码长度由 2～5 个字母不等，当有实现相同功能的多块仪表时，以一个英文字母作为后缀表示其回路号。需要注意的是，当与仪表相关的机械设备、阀门等的编号也有英文字母作为后缀时，仪表的回路号后缀与其相同。仪表功能代码“O”和“X”在其出现的图纸上有定义。

表 9-3-2　仪表功能代码(第 1 个字母)

名　称	字　母	名　称	字　母
分析	A	中子注量率	N
火焰	B	用户选择	O
电导率	C	压力	P
密度或重量	D	压差	PD
电压	E	数量或事件	Q
流量	F	放射性	R
标准测量(尺寸)	G	速度或频率	S
手动	H	温度	T
电流	I	温差	TD
电源	J	多变量	U
时间	K	黏度	V
液位	L	质量	W
湿度	M	未定义	X

表 9-3-3　仪表元件功能代码表(第 2、3、4 个字母)

名　称	字　母	名　称	字　母
报警	A	回路电源供应	Q
用户选择	B	累计指示器	QI
控制	C	记录仪	R
一次元件	E	开关	S
就地观测镜	G	变送器	T
指示器	I	继电器或电脑	Y
指示灯	L	其他最终控制元件	Z
试验接入点	P		

9.3.3.2　仪表设备的编码

仪表设备的编码包括定位码，设备类型码及序列码，现举例说明：如 APP-DDS-JC-01，DDS 为系统的 3 字代码，JC 为设备类型码(控制室仪表盘)，01 为数字编号。定位码可以是系统名称代码也可以是区域代码，这取决于编码的设备是属于一个还是属于一个以上的系统。仪表设备的设备类型代码有：

1) JC：控制室仪表盘；

2) JD：电子设备柜；

3) JJ：成套控制；

4) JL：就地仪表盘；

5) JQ:计算机;

6) JR:托架、仪表支撑及外壳;

7) JT:仪表管道;

8) JU:报警装置;

9) JW:辅助及远程继电器盘;

10) JY:仪表专用设备。

9.3.3.3 仪表和控制设备柜及数据处理单元的编码

仪表和控制设备柜及数据处理单元的编码使用系统定位码来表示特定的设备属于哪个系统。这样的系统有 PMS、PLS、DDS、SMS 及ⅡS 等。设备类型代码包括以下两种:

1) JD:电子设备柜;

2) JQ:计算机(数据处理单元)。

设备类型代码 JD 涵盖了所有采用内置微处理器技术的控制设备柜。设备类型代码 JQ 表示实现仪控功能的 SUN 工程师站,也表示基于微型计算机的系统。出于柜子编码的考虑,可以这样区分电脑和电子设备柜:电脑是用来实现不同的、不相关的任务的设备,而电子设备柜是用来实现有限的特定功能的设备。柜子的序列码由代表柜子具体类型的 3 字代码、表示电源分组的单字母及两位序号组成。对于设备类型为 JD 及 JQ 的柜子,3 字代码所代表的柜子类型如表 9-3-4 及表 9-3-5 所示。

表示机柜电源分组的单个字母可以是 A、B、C 或 D,对于 1E 级机柜来说,其电源由安全电源 A、B、C、D 组提供。单个字母还可以是 0、1 或 2,非 1E 级机柜的电源由 N1 或 N2 组提供,0 代表由多个独立电源或非安全电源供电。最后的两位序号是每个柜子的数字编号。如 APP-PMS-JD-ILCA01。

表 9-3-4 设备类型为 JD 的柜子 3 字代码与柜子类型的对应关系

代 码	柜子类型	代 码	柜子类型
ALM	声控泄漏监测系统柜	MIP	金属影响前置放大器
ALP	声控泄漏监测前置放大器	MIS	混合仪控柜
DAS	多样驱动系统柜	MUX	主控制面板复用器
DMS	诊断及监测系统柜	NIP	核仪表前置放大器
DPU	分布式处理单元	PHC	稳压器加热器控制
ESF	专设安全设施驱动柜	PLC	保护逻辑柜
FMC	通量测绘控制台	QDP	受限数据处理柜
FMD	通量测绘驱动单元	RCC	棒控柜
FOS	光纤星形柜	RPI	棒位指示柜
ICC	集成控制柜	RSP	远程停堆盘
ILC	集成逻辑柜	RTS	停堆断路器
IPC	集成保护柜	SRD	信号反馈及落棒试验系统
MCP	主控盘台	SRR	信号反馈及落棒试验系统远程处理单元
MIM	金属影响监测系统柜		

表9-3-5 设备类型为JQ的柜子3字代码与柜子类型的对应关系

代 码	柜子类型	代 码	柜子类型
CMP	计算处理器	LRP	就地辐射处理器
CRP	中心辐射处理器	PAP	电厂报警处理器
DSP	显示处理器	PRT	打印/复印/扫描设备
FSV	文件服务器	RIO	远程输入/输出
HSR	历史储存查询处理器	SCS	软控制站
GTW	网关	WKS	普通电脑
LOG	日志服务器		

9.3.4 机械设备编码

机械设备编码的对象为所有的机械设备,另外,还有其他一些相关的设备,包括模块和预制管道结构。

9.3.4.1 机械设备的编码

机械设备的编码由电厂识别码、定位码、设备类型码及序列码组成。机械设备的序列码采取两个数字及一个可选字母后缀组成,并列布置的一些相似设备在编码时需加入后缀,顺序是从北到南,从东到西。需要注意的是,在同一管线或管网上的机械设备其后缀必须相同。

9.3.4.2 钣金件及衬套的编码

钣金件和衬套的设备类型代码为ML,如APP-1012-ML-0301。

9.3.4.3 安全壳贯穿件套筒的编码

安全壳贯穿件套筒的设备类型代码也是ML,不过,在对其进行编码时,定位码使用系统名称代码而不是区域代码。序列码以下列表示贯穿件类型的字母开头:

1) P:管道贯穿件;

2) E:电气贯穿件;

3) H:舱门。

如:APP-CNS-ML-E04,表示CNS系统04号电气贯穿件。

9.3.4.4 房间贯穿件套筒的编码

房间贯穿件套筒的设备类型代码也是ML,不过与前面不同的是,房间贯穿件套筒的编码还使用了房间号。不管是地板、天花板还是墙体,其序列码总是以P开头,如APP-12156-ML-P04。由于房间贯穿件连接了两个房间,因此,必须制订相应的规则来确定编码中的房间号用哪一个。编码时遵循以下原则:

1) 核岛与汽轮机厂房、附属厂房及放射性废物厂房的贯穿件使用核岛的房间号;

2) 上下贯穿的房间,使用上面房间的房间号,不包括屋顶贯穿件及外部贯穿件;

3) 处于同一层的房间,使用东边房间或者南边房间的房间号;

4) 对于空旷处的小房间,使用小一点的房间的房间号。

9.3.4.5 成套机械设备的编码

如 APP-CAS-MS-01A,代码的具体意义不再解释。

9.3.4.6 专用机械设备的编码

HVAC 专用机械设备的序列码以以下字母开头,每个字母代表一种类型的设备:

1) A:可变容积单元;

2) C:盘管;

3) D:除雾器;

4) E:氢气复合器;

5) F:过滤器;

6) G:格栅;

7) H:增湿器;

8) R:通风调节装置;

9) U:供暖机组——电加热;

10) V:通风机组;

11) W:供暖机组——热水加热;

12) X:易处理清洗器;

13) Y:其他专用物品。

举例说明:APP-CVS-MY-Y01,表示的是罐内硼酸搅拌器。

9.3.4.7 箱体、容器的编码

箱体的设备类型代码为 MT,容器的设备类型代码为 MV,不管压力等级是多少,只包容过程流体的设备称为箱体,而包容多个设备或材料的称为容器。因此,除盐床,反应堆压力容器都属于容器一类。

9.3.5 管道系统编码

管道系统的编码对象为所有的管道及附属设备,包括短管、支撑、阀门、风阀、焊缝及其他管道专用部件。管道系统编码的一般格式为 PPP-XXX-YY-LZZZ,以下将分别举例说明不同设备的编码特点。

9.3.5.1 管线的编码

如 APP-RCS-PL-L107,APP-RCS 意义同前所述,PL 为管线的代码,管线的序列码都以 L 开头。后面 3 位为数字编号。

9.3.5.2 管道部件的编码

这些设备包括短管、支撑、阀门、风阀及焊缝等,使用到的设备类型代码有 JT、MD 及 PL,JT 表示仪表管线,MD 表示机械管网,PL 表示管路元件。

序列码的第一个字母进一步说明了部件的类型,序列码剩余的部分为数字编号。常见的序列码第一个字母有以下几种:A(管道)D(风阀)、L(管线)、V(阀门)。如 APP-CVS-PL-V102A。

对于并列布置在两个回路中的阀门及风阀来说,其编号后要加后缀,方式同前面所述。

同一回路中的设备、阀门等的后缀必须相同。

9.3.5.3 管道专用部件

专用部件的编码方法同阀门的编码方法，其序列码的第一个字母表示专用部件的类型，字母与专用设备的对应关系如下：

1) A：火焰捕捉器；

2) B：盲板及堵头；

3) C：安全壳贯穿件；

4) D：疏水收集器；

5) E：膨胀节；

6) F：防火栓、托架、软管及容器；

7) G：垫片和螺栓；

8) H：消防栓和监视器；

9) K：爆破膜；

10) L：承重架和支撑臂；

11) M：联轴器、快速分头；

12) N：接头、喷射器、排水器、文丘里管；

13) P：分离器、油、水、空气等；

14) R：孔板；

15) S：滤网、过滤器；

16) T：集气器、树脂收集器、悬浮物收集器；

17) Y：其他专用部件。

9.3.5.4 阀门/风阀附属件

阀门附属件包括限位开关、电机操作盘、线圈。这些附属件的编码的不同之处是在所属阀门编码的基础上加上合适的后缀。如APP-CVS-PL-V035-L1，常见的后缀字母有L表示限位开关，S表示线圈，M表示操作盘。

9.3.5.5 管道支架

管道支架的设备类型代码是PH，对管道支架的编码需要说明的是，在序列码的开头加入了厂房代码，厂房代码后是表示支架类型的字母，再后面是4位的数字编号。如APP-RNS-PH-12R0021。支架类型对代表字母的对应关系如下：

1) A：锚固；

2) C：恒定载荷支撑；

3) H：混合件(本清单中其他类型的组合)；

4) L：限位挡块；

5) R：刚性支撑；

6) V：弹簧；

7) Y：阻尼器。

9.3.6 结构部件编码

结构部件包括钢结构、平台、通道、梯子、多用途吊架及支撑、专用结构部件。结构部件的编码的一般格式为:PPP-XXXX-YY-ZZZZZZZZ,下面将结合具体的例子来说明,如 APP-2032-SS-B001,APP-2032 的意义同前,这里不再赘述,SS 为设备类型(钢结构),序列码如表 9-3-6所示。

表 9-3-6 结构部件序列码

设备类型	序 列 码	描 述
SH	E01	电气导管、电缆托架及设备支撑(单槽椽型)
	J01	仪表管和仪表设备支撑
	M01	HVAC 设备和管网支撑
	P01	飞射物屏蔽
	S001	管墩、支柱、支撑和组合支撑
	W01	管道防甩限制器
SL	L01	垫板
SM	M01	墙/楼板模块
SP	H01	扶手和趾板
	L01	平台、框架格栅、挡板
	S01	楼梯、纵梁、楼梯板
	Y01	梯子等
SS	B001	结构元件、梁
	C001	结构元件、柱
	E01	机械设备支撑
	N01	连接件、板、弯头
	P01	檩
	R01	吊车轨道和桁架
	T01	塔、发射及电信设备
	W01	墙板
	Y01	其他
SY	Y01	专用器件

9.3.7 模块编码

模块的编码对象包括机械设备模块、管道模块、电气模块及结构模块。模块编码的一般格式为 PPP-XXXX-YY-ZZ,编码中包括区域定位码,设备类型码及序列码。如下例所示:APP-1226-KB-25,其中,1226 为区域定位码,KB 为设备类型代码,25 表示模块的编号为 25。需要说明的是“Down in the hole”模块中有一些是由多个独立设计、分别建造、现场安装的子模块组成的,而其子模块的编码与其自身的编码是独立的。

机械设备模块、管道模块、电气模块及组合模块(包含了多个的机械设备的模块)的设备类型代码参见附录一。

"Down in the hole"模块指的是那些直接吊装到其最终位置的模块。其中一些是由多个独立设计、分别建造、现场安装的子模块组成的,在编码时,子模块的编码与"Down in the hole"模块的编码是独立的。"Down in the hole"模块的设备类型代码如表 9-3-7 所示。

表 9-3-7 模块的设备类型代码

类型代码	描述或定义
CA	也叫 M 模块,是内部用混凝土浇筑的钢结构模块
CB	也叫 L 模块,是周围用混凝土浇筑的钢结构模块
CG	厂房结构模块,内部只含有结构元件
CH	厂房结构模块,内部既有结构元件,又有非结构元件。外部与机械设备配合
CS	楼梯模块
CX	房间模块

AP1000 系统及其编码,详见附录五。

复习思考题

1. AP1000 设备编码的一般格式是什么?
2. 仪表设备的编码由哪几种码组成?
3. 机械设备的编码由哪几种码组成?
4. 电气设备的编码对象包括哪些?
5. 仪表设备的设备类型代码包括哪些?

第十章　设备资格鉴定

10.1　设备鉴定总体概述

设备鉴定的目的就是要证明在假想的设计基准事故期间或之后所需设备能够完成其预期的安全功能，防止安全冗余通道的共模失效。

设备鉴定是一个持续性的过程，它始于核电厂的设计，直至设备的服役寿期终结。其包含环境鉴定与抗震鉴定两方面的内容。环境鉴定是验证设备在正常或事故环境条件下的性能；抗震鉴定是验证设备在地震条件下及地震后能正常地实现其安全功能的性能。

10.2　设备鉴定的范围

10.2.1　需要鉴定的设备、功能

需要鉴定的设备是在LOCA、HELB以及SSE地震工况下要求完成预定安全功能的能动机械设备与电气仪表设备。这些设备参与并完成下列功能之一：

1）直接或间接参与完成基本安全功能的：由保护系统触发的紧急停堆断路器、专设安全设施执行装置以及保证安全重要设备运行的冷却装置和动力系统等。

2）参与自动触发上述能动装置完成保护动作的：反应堆紧急停堆触发系统、专设安全设施触发系统以及其他安全重要设备运行的触发或控制系统等。

3）在事故工况或事故后工况参与监视电厂运行状态及其变化趋势，或安全重要设备的运行状态，如事故后监测仪表系统。

4）在事故工况或事故后参与操纵员手动控制完成安全功能的。

10.2.2　需要鉴定设备的清单

依据其特性、质量鉴定的要求和方法，这些设备分属下列几类：

1）能动机械设备（如电动或汽动泵、阀，风机）；

2）电气设备（电机、电动头、电磁阀、模拟量传感器、仪表开关、电子机柜、配电盘、安全壳电气贯穿件及其他电气部件等）；

3）上述部件的接口部件（垫片、接头、热缩管与支撑件等）；

4）消耗品（油脂、润滑剂、涂料等）。

10.2.3　设备鉴定分类

根据设备安装位置及其安全功能，设备鉴定分三类：

1）K1级鉴定设备：指安装在安全壳内，在事故期间或/和事故后要求完成预定安全功能的设备，要求抗SSE地震。

2）K2 级鉴定设备：指安装在安全壳内，在事故后无预定安全功能要求的设备，要求抗 SSE 地震。

3）K3 级鉴定设备：指安装在安全壳外，在事故后要求完成预定安全功能的设备，要求抗 SSE 地震。

K1、K2、K3 分类开始仅适用于电气仪表设备，现在广泛用于所有需要鉴定的设备或部件。

10.3　设备鉴定方法

（1）试验法

即把一个或一类能代表安装在现场设备的典型设备进行一系列的试验，这些试验的参数能模拟运行工况环境参数，能造成与运行中易于发生的一样失效。试验中常用的设备为地震台与 LOCA 试验回路。

（2）计算法

用这种方法验证某设备承受的载荷对其产生的影响是可以接受的。这种方法主要用于机械设备的鉴定。

（3）分析法

综合采用定性或定量推理方法证明设备执行其安全功能的能力。该法主要用于鉴定由于尺寸原因不可能采用试验法的设备。

（4）类推法

应用逻辑推理的方法证明要鉴定的设备与一已经通过鉴定的设备类似。

（5）经验反馈法

即根据某物项在常规工业中的表现记录来推断使用于核电厂中的相似物项执行其安全功能的能力。一般可用该法对设备进行抗震鉴定，因为有大量地震方面的记录。

（6）混合法

主要是混合使用试验法与分析法。可用于这类设备：其中某些部件需用试验法，而另一些部件需用分析法。

10.4　设备鉴定的原则

1）对于已经安装在其他电厂上的设备，所有在建造、运行阶段所经受的工况考验（如：台架试验、周期性试验、运行与维修）均可作为该设备正常和异常工况的鉴定。

2）对于以前已安装的设备，鉴定仅限于事故工况。

3）如果相同的设备已经过事故工况鉴定，则该鉴定应包络新电厂厂址的要求。

4）如果该设备是一个全新的设备，则应对所有四种工况进行鉴定。

10.5　设备鉴定过程

设备鉴定过程由 3 个阶段组成。一是设计输入（Design inputs）；二是设备鉴定的建立

(Establishing EQ)——通过试验和分析对设备进行鉴定;三是设备制造,安装和维修期间的设备鉴定维护(Preserving EQ)。

10.5.1 设计输入(Design inputs)

在设备鉴定过程的设计输入阶段,需要规定设备需经鉴定的系列初因事件,必须保持安全功能和运行时间的设备,以及服务条件。

下述设计输入阶段就是要明确设备的鉴定要求。为了成功进行设备鉴定,应确定电厂特定的下述信息:

1) 电厂有鉴定要求的设备;创建包括设备功能和工作时间的清单;

2) 要验证的设备安全功能及性能要求;

3) 正常、异常与事故情况下的环境条件;

4) 正常、异常与事故情况下的运行条件。

10.5.1.1 验证设备安全功能及性能要求

通过分析设备所处系统的安全功能,以及该设备在支持这些安全功能中所起的作用。可以准确定义出该设备的安全功能要求。典型的设备安全功能要求有:保持压力边界的完整性;保持开、关;提供信号、指示、电气隔离、过滤、冷却等。

设备的性能要求由两部分组成。首先是要求设备的特定性能,如保持绝缘电阻超过10^6 Ω,测量精度为±10%;其次是要求性能的起始作用时间与持续时间,如在LOCA发生后1 h开始作用并保持功能30 d。后者和设备安装位置一起决定了鉴定设备的环境条件。

10.5.1.2 确定环境条件

环境条件是设备在事故工况下承受的压力、温度、湿度、化学腐蚀、辐照剂量,这些因素与设备的安装位置和设备完成安全功能所需持续时间有关。

10.5.1.3 输出数据

对每一鉴定设备而言,需要输出以下数据:

(1) 鉴定总结报告(QSR)

要说明设备的鉴定资格。

(2) 鉴定维护单(QPS)

在设备寿期内,强调鉴定资格维护要点。

(3) 资格鉴定文件

收集所有用于鉴定证明的参考文件(包括QSR和QPS)。

(4) 进行全面的资格鉴定评价

证明所有要求的设备系统ID号都会得到鉴定。

10.5.1.4 设备鉴定报告

对核安全级设备来说,设备鉴定报告是及其重要的文件,因为:

1) 设备投入运行前,作为设备审查的主要文件,也是FSAR审查的重要支持文件;

2) 也是设备投入运行后备查的依据性文件,尤其是作为设备维修、改进替代的依据文件,更是PSR审查的依据文件。

鉴定报告可以是鉴定试验报告、分析报告、评价报告,视不同鉴定方法而定,采购规范中需要求供应方提供鉴定报告。鉴定报告至少要求：

1）已鉴定设备的材料标识；

2）确定鉴定方法和鉴定大纲的文件编号；

3）进行鉴定的机构名称；

4）各个鉴定阶段的记录与结果；

5）鉴定期间可能发生的事件（不满意的结果，设备故障）记录，以及随后采取措施的明确报告（维修说明、对样机所做变更的性质、重新开始试验的条件、补充试验的进行等）；

6）宣布设备符合鉴定的规格书或提出不符合项的要点。

10.5.1.5　设计输入阶段归纳

在设备鉴定的设计输入阶段，规定了设备必须经过鉴定的一系列的假想初因事件，必须保持功能的设备，设备的安全功能，运行时间和服务条件。

1）弄清假想事件；

2）详细确定服务工况；

3）确定要求的安全功能；

4）创建包括功能和执行任务时间的设备清单。

10.5.2　建立设备鉴定程序(Establishing EQ)

在建立设备的鉴定程序前，需要回答以下问题：

（1）我们需要做什么？

要求的功能：基于事故分析，并通过运行程序来进行确认。列出要进行资格评定的功能清单。

（2）哪些设备满足这个需要？它们的功能如何？

事故期间要求的机电设备及其相关的基本功能。列出需要进行资格鉴定的机电设备清单。

（3）什么时候需要它们？持续时间多长？

运行工况，任务持续时间。事件或事故运行类别以及相关标准。

（4）这些设备经受着什么？

环境条件和载荷。如失水事故（LOCA），蒸汽管道破裂（SLB），地震等。

设备鉴定步骤：

1）第一步，老化分析：划分老化机理，对寿命进行鉴定；

2）第二步，环境试验：温度/湿度应力试验；

3）第三步，抗震试验：模拟地震试验；

4）第四步，EMC 试验：电磁干扰与敏感性试验。

10.5.3　设备鉴定的维护(Preserving EQ)

设备鉴定的维护包括所有确保制造加工、安装和维修设备保持鉴定合格状态直至其退役的活动。

10.5.3.1　制造加工

基本工具：

1）参考文件：提供鉴定设备的准确描述，包括加工工艺；

2）变更跟踪：根据它们对鉴定资格的潜在影响。

长期关心：

1）制造商提供合格设备的能力：进行长期评价；

2）设备报废（或制造商）：为了预计这样的风险，建立组织机构和方法。

10.5.3.2 安装

基本工具：安装（组装）程序，基于制造商的规格书并考虑鉴定维护单（QPS）。

10.5.3.3 维修

基本工具：

1）设备鉴定维护文件（EQPF），基于鉴定维护单（QPS）：维护程序参考文件；

2）备件类：对安全重要的，调整购买过程和贮存规定；

3）设备的明确划分；

4）当鉴定设备工作时尤其要注意；

5）维修人员培训；

6）不符合项处理；

7）运行经验反馈。

10.5.3.4 经验反馈（Feedback）

核电厂运行过程中可能遇到下述有关设备鉴定的问题：

1）制造厂可能对鉴定设备的设计、制造、材料等进行了不太显著但可能影响鉴定合格状态的改动；

2）电厂环境条件的改变可能造成或多或少的老化；

3）新的数据表明某些设备的安装无限制条件。

这些内外部信息都应该及时反馈到相关部门进行分析处理，从而提出相应的纠正行动。图10-5-1给出了运行电厂设备鉴定流程。

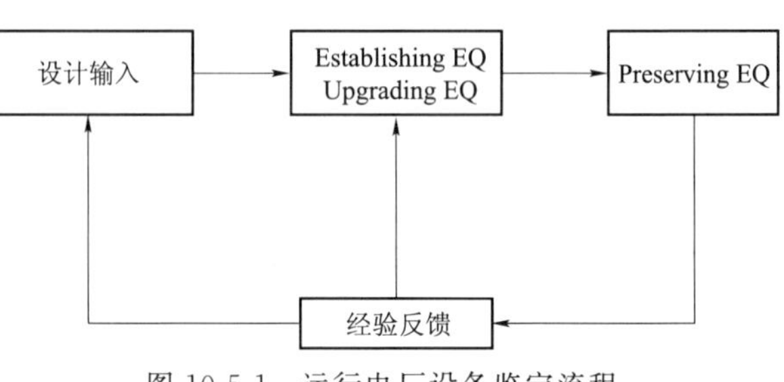

图10-5-1 运行电厂设备鉴定流程

10.6 AP1000设备资格鉴定

安全相关设备资格鉴定的目的是要证明在设计基准事件期间或随着设计基准事件（DBE）的发生设备能够完成其设计的安全相关功能。设计基准事件是由设计基准事故（DBA）和安全停堆地震事件组成。

要提供的安全相关机械设备分能动设备和非能动设备。安全相关机械设备分为抗震Ⅰ级。能动设备作为其安全相关功能的部分完成一种机械运动，资格鉴定是基于设计、试验和关键子部件的分析。非能动设备安全相关的唯一功能就是结构的完整性。

所有能动和非能动机械设备都将通过安全相关非金属部件的对假想的环境一个审查，

通过 ASME 分析，核查结构完整性来进行环境资格评价。抗震Ⅰ级机械设备将通过试验和 ASME 法规分析来进行抗震资格评定。安全相关阀门的可使用性将通过试验来验证。抗震Ⅱ级机械设备以保持结构完整性来进行抗震资格鉴定。

没有定义为非能动的抗震Ⅰ级机械设备按照 ASME 第Ⅲ部第一节的标准来进行分析。额外的法规和标准将根据情况用于专用设备的资格鉴定。

复习思考题

1. 设备鉴定的目的是什么？
2. 需要鉴定设备包括哪些？
3. 设备鉴定的原则是什么？
4. 设备鉴定过程分几个阶段？分别是什么？
5. 设备鉴定步骤包括哪些？

第十一章 AP1000关键设备制造及分析

全球首个AP1000项目能否顺利建成并发电运行，其设备的制造非常关键，尤其是反应堆一回路的关键设备压力容器、蒸汽发生器、主泵、堆内构件等。由于AP1000电厂的设计理念跟二代反应堆有很大的不同，因此，在反应堆结构布置、关键设备的设计及制造方面都具有一定的特点。本章将主要集中在AP1000几大关键设备的制造技术领域，做较为详细的阐述和分析。

11.1 AP1000关键设备设计

AP1000是按满足美国核管会（U. S NRC）确定论的安全标准和概率风险标准来设计的。U. S NRC在2005年12月30日授予西屋电气公司（WEC）AP1000标准核电厂设计一个设计证书。AP1000是按照先进轻水反应堆用户要求文件（ALWR URD Rev. 8）设计。在美国电力研究院（EPRI）报告“AP1000与ALWR URD一致性评价”（EPRI报告1007741，2003-02）中，对一致性进行了成文。

西屋AP1000是一个非能动的反应堆热功率为3 415 MW压水反应堆。AP1000设计包括先进的非能动安全特点，大量的电厂简化来加强电厂的安全，建造，运行和维修。电厂设计寿命为60年，为了满足电厂的设计寿命，电厂系统，结构和部件的设计包括了下面的考虑：

1）材料的选择适合服务条件；

2）运行60年的疲劳评价；

3）验明维修和检查活动。

AP1000的主回路由两个传热回路组成，每条回路由一条热段、两条冷段、一台蒸汽发生器和直接安装在蒸汽发生器上的两台主泵组成。这消除了主泵和蒸汽发生器之间主管道。

11.1.1 系统热工参数

1）Plant operating life，设计运行寿命：60 a；

2）Nuclear steam supply system power，核蒸汽供应系统功率：3 415 MW；

3）Core power，堆芯功率：3 400 MW；

4）Reactor operating pressure，反应堆运行压力：2 250 psia (15.51 MPa abs)；

5）Hot leg temperature①，热段温度：610 ℉ (321.1 ℃)；

6）Steam generator design pressure，蒸汽发生器设计压力：1 200 psia (8.27 MPa abs)；

7）Main feedwater temperature②，主给水温度：440 ℉ (226.7 ℃)。

注：① 最佳估算情况，无传热管阻塞；② 标准AP1000的额定给水温度，需要NI、CI供货商合作来确定。

11.1.2　重要结构参数

11.1.2.1　堆芯

Number of fuel assemblies，燃料组件数目：157；

Active fuel length，燃料棒活性长度：168 in (4.27 m)；

Fuel assembly array，燃料组件排列；17×17；

Number of control assemblies，控制组件数目：53；

Number of gray rod assemblies，灰棒组件数目：16；

Average linear power，平均线功率：5.707 kW/ft (18.725 kW/m)；

Heat flux hot channel factor，FQ热流密度热通道因子：2.60。

11.1.2.2　反应堆压力容器

Vessel inside diameter，反应堆压力容器内径：159 in (4.039 m)；

Number of hot leg nozzles，热段接管数：2；

Inside diameter，热段接管内径：31.0 in (787.4 mm)；

Number of cold leg nozzles，冷段接管数：4；

Inside diameter，冷段接管内径：22.0 in (558.8 mm)；

Number of safety injection nozzles，安注接管数：2。

11.1.2.3　蒸汽发生器

Type，类型：Vertical U-tube, recirculation design；垂直U形管，再循环设计；

Model，型号：Δ-125；

Number，数目：2；

Heat transfer area/steam generator，传热面积/蒸汽发生器：123 540 ft^2 (11 477.5 m^2)；

Number of tubes/steam generator，传热管数：10 025；

Tube material，传热管材：I690TT。

11.1.2.4　主泵

Type，类型：大型屏蔽泵；

Number，数目：4台/机组。

11.2　机械技术要求

该部分包括了当选择用于AP1000核岛的任何材料时要考虑的基本方面和标准。由供货商负责设备材料的选择。

在AP1000核岛供货中，使用通用法规、规范、导则和标准要求。本节只介绍材料专用要求。

11.2.1　材料选择方法

11.2.1.1　技术方法

该部分规定了不会发生材料性能破坏或性能下降，选择最适合材料的一系列要求。该部分没有按照规范或标准规定特殊材料。

对一个专用部件，供货商按其所属系统，在电厂中的位置，或其他缘由(如：它的制造)选择恰当的材料来满足其要求。

11.2.1.2 材料选择和资格评定

通常，使用的材料是那些在工业中已经得到验证并符合适用标准规格的材料。因此，避免了使用新材料或专门为电厂研发材料。

最好从在役 PWR 电厂经过验证了的材料中选择要使用的材料，验证材料(Proven materials)就是那些在现有 PWR 中成功使用至少几年的材料，即具有同样的额定成分，连续的生产步骤(如：热处理，生产和安装)，同样的运行条件(例如：应力水平，水化学，放射性环境或温度)的那些材料。

如果一种新材料被选中，将要向业主提供一份使用它正当理由的报告供审查批准。在该正当理由报告中将要包括使用新材料的优点和缺点。对新材料或新的生产工艺，将要引入一个验证程序，该程序要求全面的正当理由报告。理由将涉及峰值应力、应变、局部水化学、腐蚀试验结果、预计的辐照、温度环境、相应的专门应用。

允许非供货商规定的满足规范和标准的替代性材料，就核的需要而论，一致性控制将证明替代性材料将至少具有等价的化学和机械性能，试验和检查证书，并和原规定材料一样的特性。

替代性材料将要满足额外的要求，经受额外的试验，或具有额外的证书，至少跟原材料同样的质量。化学成分，拉伸试验，冲击试验，无损检验偏差将要经过业主或供货商的评估和批准。

11.2.2 通用要求

通用要求包括但不限于一般性要求、电厂设计要求、制造要求、检验和试验要求。AP1000 核岛材料符合 ALWR URD,Rev.8 的适用要求。

11.2.3 专用要求

专用要求覆盖了作为 AP1000 核岛部件和结构一部分的材料。下面专用要求符合 ALWR URD,Rev.8 的适用章节。

1) 金属材料的工艺要求；

2) 金属材料跟环境相关的要求；

3) 非金属材料要求；

4) 电器、仪控系统中使用的材料；

5) 热绝缘要求；

6) 涂漆和涂层；

7) 有机材料；

8) 减少火灾风险的材料选择；

9) 混凝土材料；

10) 复合材料。

11.2.4 材料规格书

选择的材料要符合AP1000核岛供货中使用的法规、规范、导则和标准的通用要求。除了通常适用于常规部件的，由材料工业规范和标准确定和规定的要求外，供货商可能会要求额外的适用于PWR材料的要求。这些额外要求可能会对理化特性、生产工序的限制、检验更多的次数或严格的条件规定更多的限制。部件规格书将定性并定量规定这些要求，并提供成文的选择理由；以及与核应用的所有要求相一致的理由。

供货商将向制造商提供相应的材料规格书，规格书具有所有的材料必须达到的满足交货条件的要求。如：屈服与拉伸强度、韧性、检验技术、验收标准和证书要求。

11.2.5 焊接材料

(1) 铁素体钢的焊接

铁素体钢的焊接强度和韧性将和母材一致。

(2) 焊接消耗品

焊接消耗品将要满足ASME(SFA)或美国焊接协会(AWS)规格书的要求，或根据情况，采用等效规范或非规范要求来制造。

11.3 反应堆压力容器

11.3.1 制造商

反应堆压力容器锻件由中国第一重型机械集团公司(中国一重，CHFI)负责制造供应，而加工在韩国斗山重工业集团(DOOSAN)进行。

11.3.1.1 中国第一重型集团有限公司(中国一重，CHFI)

中国一重，其前身为第一重型机器厂，始建于1954年，1993年经国家批准以第一重型机器厂为核心企业组建中国第一重型机械集团，1995年实行国家计划单列，是中央直接管理的涉及国家安全和国民经济命脉的国有重要骨干企业之一。

中国一重经过五十多年的不断建设，形成了完整的产品和工艺研发、设计的强大综合技术创新体系，具备了炼钢、铸造、锻造、焊接、热处理、机械加工、装配、检测计量和包装发运等配套齐全的先进生产装备和能力。可提供优质钢水20万t/a，一次提供钢水量为700 t、最大铸件500 t、最大钢锭300 t。是我国最大的铸锻钢生产基地，生产技术装备的精度和制造能力达到国际先进水平，并拥有重型装备出海组装发运基地和码头。

中国一重是国内最早开发生产核能设备的企业。产品包括核能压力容器，以及主管道、蒸汽发生器、稳压器、主泵等大型锻件；还有亚临界汽轮机缸体、超临界缸体、亚临界汽轮机(600 MW及600 MW以下)高中压转子、中压主轴、超纯转子、高低压联合转子、低压转子、叶轮等。中国一重参加了国内快中子增殖反应堆压力容器的研发工作，并承担了核岛主要设备的制造任务。

中国一重在核电一回路主体设备大型锻件国内市场占有率超过90%，已经提供了巴基斯坦恰希玛C1和C2项目、秦山二期项目一回路主设备的锻件。同时，中国一重正承担着辽宁红沿河项目和CPR1000核岛主设备的锻件和主泵不锈钢泵壳、韩国斗山重工西屋公司AP1000机组1号和2号压力容器和蒸汽发生器锻件，以及在制的秦山二期扩建项目4号机组反应堆压力容器和稳压器、红沿河项目1号机组反应堆压力容器、中广核CPR1000核岛主设备项目1号和2号反应堆压力容器生产重任。

11.3.1.2 韩国斗山重工业集团(DOOSAN)

韩国斗山重工业集团(DOOSAN)目前是韩国第9大财团，是一家享誉全球、很有竞争力的跨国公司。公司成于1896年，至今已有一百一十多年的发展历史。公司业务涉及重工业、服务业、消费品等多领域。斗山对世界经济环境的快速适应性促使它成为不同行业的领导者，从最尖端的技术到快速消费品，都拥有世界级的质量和技术。

成立于1896年的斗山集团原本是一家民营企业，最早以“宗家府”泡菜起家。在其110年的发展历史上历经多次困境与挫折，但总是在困境中积极变革并愈挫愈勇，其核心业务也几经变迁。1997年东南亚金融危机后斗山集团开始了大的战略调整，斗山集团决定从原来投资的OB啤酒、可口可乐、雀巢等领域转移，集中资金用于并购更具发展潜力的产业。

斗山集团2001年收购韩国重工业，2003年收购高丽产业开发，2005年收购大宇综合机械株式会社成立斗山工程机械有限公司(DOOSAN Infracore)。这一系列并购使得2004年斗山集团的销售额中，斗山重工业、斗山工程机械有限公司(DOOSAN Infracore)、斗山产业开发、斗山发动机和DOOSAN Mecatec等工业技术产业占到83%，酒类、食品、服装、出版杂志等快速消费品产业占到15%，服务业占到2%。

11.3.2 压力容器结构

内径4.04 m，157组燃料组件；环形锻件，无纵向焊缝，活性区无焊缝；改进型材质，确保使用60年；W-CE TYPE堆芯围板替代径向反射层；顶置式堆芯仪表套管；2个堆芯注入管嘴，4个冷段管嘴，2个热段管嘴；整个起吊高度29 m。

压力容器由带半球形下封头的圆筒段和半球形一体化顶盖组成。一体化顶盖可以拆卸，与圆筒段通过法兰连接。圆筒段由两部分筒体组成：上筒体和下筒体。过渡环用来连接下筒体和半球形下封头。上筒体、下筒体、过渡环和下封头由低合金碳钢制造，并堆焊奥氏体不锈钢。上筒体与下筒体、下筒体与过渡环、过渡环与下封头均采用焊接连接。

一体化顶盖和法兰均由一件整体的低合金碳钢锻件加工而来，并在内表面堆焊了奥氏体不锈钢。一体化顶盖和压力容器本体(包括上筒体、下筒体、下封头)通过螺栓连接。压力容器本体和一体化顶盖法兰连接处设置了两道金属O形密封环，用于防止放射性冷却剂外泄。同时还设置有两道泄漏连接管线来收集通过O形环的泄漏。一道在内外密封圈之间，另一道在第二道密封圈的外侧。这两个接管在接入反应堆冷却剂疏水箱之前合并成一条管线。在电厂正常运行期间，泄漏阀处于在线状态(或开启)，这样通过第一道密封圈的泄漏被引至反应堆冷却剂疏水箱。

压力容器支撑堆内构件。在上筒体的上部加工出凸肩。吊篮通过上部凸肩悬挂并被压紧在凸肩上。压紧弹簧安置于在吊篮的上表面。上支撑板安置在压紧弹簧的上表面。由于一体化顶盖的安装，压紧弹簧被压紧，从而限制了上部和下部堆内构件的任何轴向运动。

在一体化顶盖上设置有69个贯穿件，作为控制棒驱动机构的移动通道。另外，一体化顶盖上还有8个贯穿件用来作为堆芯内中子注量率测量和堆芯出口温度测量仪表的通道。

压力容器由4个支撑块支撑，4个支撑块与4个进口接管一一对应。这些支撑块坐落在支撑结构上的钢垫块上，支撑结构与混凝土基础相连。压力容器由于温度变化而产生的膨胀和收缩由支撑块和钢垫块表面之间的滑动来补偿。

压力容器有4个进口接管，2个出口接管，进口接管的水平位置高于出口接管。这样布置使得主泵的维修可以在不需要堆芯卸料的情况下进行。

压力容器下封头上没有贯穿件，这就消除了由于压力容器泄漏而引起LOCA事故导致使堆芯裸露的可能性。

压力容器是高压容器边界，用于支撑和密闭反应堆堆芯。压力容器是圆柱形的带有一个半球形底封头和一个可去除的带法兰半球形一体化顶盖。容器在环形区无焊缝，运行和换料期间可能会被润湿的表面都用了奥氏体不锈钢堆焊。AP1000压力容器设计承受压力17.24 MPa(abs)(2 500 psia)，温度343.3 ℃(650 ℉)，60年。在堆芯上部下面没有反应堆压力容器贯穿件。反应堆压力容器结构如图11-3-1所示。

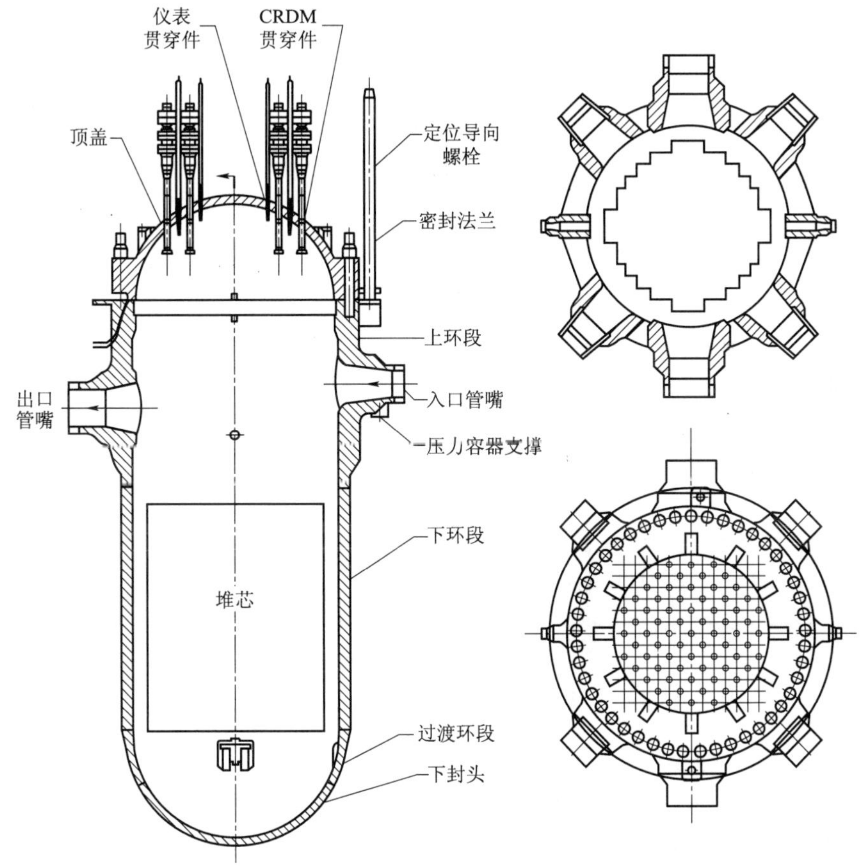

图11-3-1　反应堆压力容器结构

压力容器的设计、制造、安装和试验的质量要求按照10 CFR 50、50.55 a和通用设计准则1建立的要求。压力容器的设计、制造按照ASME，第Ⅲ卷第1分册NB、1级要求执行。反应堆压力容器材料规格如表11-3-1所示。

表 11-3-1 反应堆压力容器材料规格

部件(Component)	材料(Material)	类型(Class, Grade, or Type)
Head plates (other than core region) 端板(堆芯区外)	SA-533 or SA-508	Type B Cl. 1 or Gr. 3 Cl. 1
Shell courses	SA-508	Gr. 3 Cl. 1
Shell, flange, inlet nozzle, outlet nozzle and DVI nozzle forgings 筒体,法兰,进口管嘴,出口管嘴和 DVI 管嘴锻件	SA-508	Gr. 3 Cl. 1
Nozzle safe ends 管嘴安全端	SA-182	F316LN
Appurtenances to the control rod drive mechanism 控制棒驱动机构附件	SB-166	N06690
Instrumentation tube appurtenances, upper head 仪表管附件,一体化顶盖	SB-166, SB-167 or SA-182, SA312, SA376	N06690 or F316LN, TP316LN
Closure studs, nuts and washers 主螺栓,螺母和垫片	SA-540	GR B24, Cl. 3
Core support pads 堆芯支撑柱	SA-508 or SFA 5. 14	Gr. 3 Cl. 1 or ERNiCrFe-7
Monitor tubes and vent pipe 堆测接管和放气管	SA-312 or SA-182 or SB-167	TP316LN or F316LN or N06690
Cladding, buttering, and welds 堆焊,预堆边焊	SFA 5. 4, 5. 9, 5. 11, and 5. 14	308 L, 309 L, ENiCrFe-7, or ERNiCrFe-7
Pressure boundary welds 压力边界焊	Low alloy steel	SFA 5. 5, 5. 23, 5. 28
O-rings O 形环	Inconel X750, Inconel 600 lining and silver lining	—
Surveillance capsule holders 辐照样品监督盒架	SA-479 (bar stock) SA-240 (plate)	Type 304 Type 304

11. 3. 3 反应堆压力容器设计基准

反应堆压力容器设计需要考虑以下基准:

1) 压力容器提供一个高度完整的压力边界,以包容反应堆冷却剂、产自堆芯的热量和燃料裂变产物。压力容器是主要的反应堆冷却剂压力边界和防止裂变产物释放的第二道屏障;

2) 支撑堆内构件和堆芯,并使堆芯处于可被冷却的结构之内;

3) RV 和 RVIs 形成冷却剂在堆内的流道,引导主冷却剂流经堆芯;

4) 压力容器为堆内构件提供安装位置和定位;

5) 压力容器为控制棒驱动机构和堆内仪表组件提供支撑和定位;

6) 压力容器为一体化堆顶结构提供支撑和定位;

7）压力容器在换料期间为换料腔和堆坑之间提供有效的密封；

8）压力容器支撑和定位主冷却剂管道；

9）压力容器为直接安注管线提供支撑；

10）假想的堆芯熔化事故期间，压力容器作为一个热交换器，与压力容器外表面的水进行换热，以导出堆芯热量。

表 11-3-2 给出了反应堆压力容器性能参数。

表 11-3-2　反应堆压力容器性能参数

堆芯和压力容器热工水力参数最佳估值(无蒸汽发生器传热管堵管)		数　值
反应堆功率/MW		3 400
设计寿命/a		60
压力容器分级	安全	Class A
	地震	I
	规范	ASME Ⅲ-1
最佳压力容器流量/(kg/s)		15 170
最佳堆芯流量/(kg/s)		14 276
冷却剂压力/MPa		15.517
压力容器/堆芯进口温度/℃		280.7
压力容器平均温度/℃		300.9
压力容器出口温度/℃		321.1
平均堆芯出口温度/℃		323.3
总的堆芯旁路流量(占总流量的百分比/%)		5.9

11.3.4　设备描述

(1) 压力容器

是由圆筒体部分、过渡环段、半球形底封头和半球形一体化顶盖构成。圆筒体部分分成上筒体和下筒体，过渡环段连接下筒体和半球形底封头。上下筒体、过渡环段及半球形底封头由 SA-508 低合金钢制成，内表面堆焊奥氏体不锈钢。上、下筒体锻件、过渡环段、半球形底封头间采用单或多道埋弧焊及手工电弧焊焊接相连。

(2) 顶盖

顶盖为半球形一体化结构，由顶盖法兰和顶盖壳体整体锻造而成，用顶盖主螺栓连接到压力容器上，顶盖内腔面敷焊奥氏体不锈钢。一体化顶盖共有 78 个贯穿件，其中 69 个为控制棒驱动机构通道，每个控制棒驱动机构被定位并焊到对应的顶盖贯穿件上。另有 8 个贯穿件为堆芯内核测仪表通道，还有 1 个排气管。顶盖吊耳沿着圆顶部分的外围被焊接到顶盖的外表面。吊耳可支撑和定位顶盖。

(3) 顶盖密封

压力容器法兰和顶盖法兰间通过两道 O 形同心密封圈密封。两个泄漏监测接管用来监测这两道 O 形密封圈的泄漏，一个接管在内、外 O 形密封圈之间，另一个接管在外侧 O

形密封圈外面。这两个泄漏监测接管都装有一个隔离阀。这些管道在进入冷却剂疏水箱之前先进入一个联箱。

(4) 上筒体

上筒体内侧加工有悬挂堆芯吊篮的凸肩。堆芯吊篮法兰由这个凸缘支撑。吊篮法兰上表面有一个巨大的周向压紧弹簧,导向管支撑板法兰位于压紧弹簧之上。反应堆顶盖安装紧固后,压紧弹簧被压缩,以抑制上部堆内构件和下堆芯支撑组件的轴向位移。

在上筒体顶部并沿着外围的是一个环形截面。现场装配时,环段被焊到换料腔不锈钢密封衬套上。在换料期间,该环段在压力容器和混凝土结构的接触面处提供一个有效的水密封。

(5) 过渡环段

过渡环段内壁上有 4 个堆芯支撑块,作为过渡环段的一部分与过渡环段整体锻造而成,堆芯支撑块加工成轴向 U 形槽。当堆芯吊篮放进压力容器后,堆芯吊篮底部的键与过渡环段内壁的 U 形键槽相配合,以限制堆芯吊篮的径向位移。在将堆内构件装进压力容器之前,将导向螺栓装进上筒体。由于导向管螺栓和堆芯支撑块之间的相对位置已确定,当下部堆内构件沿导向螺栓下落时,下部堆内构件底部的键按照相对的圆周位置进入堆芯支撑块。

(6) 冷却剂进、出口管

压力容器进、出口接管和安注管位于上部筒体。这些接管作为上筒体的一部分被锻造或者与压力容器筒体锻件进行"嵌入"式焊接而成。4 个进口接管、2 个出口接管和 2 个压力容器安注接管都在工厂里焊有不锈钢安全端,有助于不锈钢反应堆冷却剂管道系统的现场焊接。压力容器上的冷却剂接管处可支撑冷却剂系统管道,冷却剂管道的负荷通过接管处作用到压力容器支撑块上。

压力容器的进口管嘴和出口管嘴在顶盖法兰和堆芯顶部之间的两个不同水平面上。进口管嘴位置高于出口接管,且进、出口管嘴不在同一个垂直平面内。进、出口管嘴的这种位置设计,是为了使压力容器出口区域有合适的横向流速并有利于反应堆冷却系统设备的布置。由于进口管嘴在出口管嘴的上方,在半闭环路运行状态下,不用堆芯解体就可以拆卸主泵。

(7) 底封头

底封头上没有贯穿件,这消除了由于压力容器破损而造成的冷却剂丧失事故的可能性,避免了堆芯裸露。

(8) 压力容器支撑

压力容器由支撑块支撑。支撑块与相应压力容器 4 个进口接管中的每一个加工成整体。支撑块被搁在一个支撑结构顶部的钢基础上,该支撑结构附属于混凝土基础墙,由空冷钢盒结构组成。钢盒由空气冷却,控制在 93.3 ℃ (200 ℉)的混凝土设计温度之下。为了减少从管嘴到混凝土的热传递,冷空气垂直穿过钢盒,热空气在顶部排出。

垂直和水平载荷从压力容器管嘴衬垫经钢盒顶部的"底托",传递到钢盒上。支撑块与"底托"之间的滑动面可适应压力容器的热胀冷缩。

(9) 压力容器隔热层

压力容器隔热层可减小一回路的热损失,类似于当前压水堆使用的非安全相关的反射隔热层。AP1000 压力容器隔热层可以提高超设计基准事故下压力容器的抗应变强度。在超设计基准事故的事件下，压力容器外表面与隔热层间充满水。通过压力容器外表面水的沸腾，实现堆内热量的导出。

反应堆压力容器隔热层有两个重要的非安全相关功能：

1）减少正常运行期间反应堆压力容器的热损失。

2）促进严重事故后反应堆压力容器的热量导出。

隔热层和压力容器之间有一个最小不小于 5.08 cm(2 in)的间隙。压力容器隔热层的底部是一个有助于热量排出的流体通道。当热量排出时，支撑隔热层的构架可以承受严重事故时的冲击载荷。夹持隔热层的紧固件也可以承受这些载荷。

在隔热层底部是非能动的进水口组件。正常运行期间，进水口组件是常闭的，以防止空气循环流经隔热层，减少额外的热损失。在严重事故期间允许水的进入，通过压力容器外表面水的沸腾导出堆芯热量。

在隔热层的下半段是 4 个蒸汽排放管，在隔热层圆周方向均匀分布。蒸汽排放管从压力容器与隔热层间的环形空间延伸进堆坑周围的混凝土，然后向上转，出口通到安全壳大气中。每个蒸汽排放管的出口都用罩子罩着，在隔热环形空间充满水时，这些盖子将被水/蒸汽冲开，但当正常运行时，这些盖子保持在一个合适的位置。

压力容器隔热层通常不需要大范围的维修，隔热层运动部件的周期性检查可以在停堆换料期间进行。

AP1000 压力容器隔热层可提高严重事故后压力容器内的保持力。在超设计基准事故下，堆坑内充满水，压力容器隔热层使堆芯热量通过压力容器外表面的水沸腾而排出。在压力容器外部充满水并且堆芯热量被水和所产生的蒸汽经过压力容器壁导出期间，隔热层及其支撑部件可承受阶跃的冲击压差。

11.3.5　制造、加工特殊工艺要求

反应堆压力容器为 AP1000 A 级设备。压力容器的设计和制造符合 ASME 规范第Ⅲ卷 1 级部件的要求[15]。

筒体段，法兰、接管和半球形封头由锻件制成。反应堆压力容器部件通过焊接连接，焊接方式采用单丝或多丝埋弧焊和手工电弧焊。

禁止使用严重敏化的不锈钢作为压力边界材料，通过材料选择或者组装方法的优化来消除它。

在反应堆压力容器中不锈钢和镍-铬-铁合金相连接的地方，为了防止裂纹，其最后连接的焊道均采用镍-铬-铁合金焊缝金属。

在顶盖和容器下封头中的全焊透焊缝周围留有一定空间以便在役检查时能容易接近。不锈钢堆焊层表面取样以证明堆焊材料化学成分符合要求。

通过对低合金钢(SA-508，3 级)堆焊进行工艺评定，以防止在堆焊层下产生裂纹。

确定低合金钢材料压力边界的焊缝的最低预热温度要求。此预热温度(204.44～260.00 ℃)一直保持到低温后热处理、中间焊后热处理或者整体焊后热处理。

反应堆压力容器就位后进行永久压力容器换料水池底部密封环现场焊接，使用不锈钢焊材连接密封环和压力容器密封凸台，按照 ASME 规范要求规定该焊缝最低预热温度要求。

11.3.6 检验要求

（1）超声波检验

除了按照ASME规范第Ⅲ卷无损检测要求外，反应堆压力容器上铁素体材料压力边界全焊透焊缝在制造过程中进行超声波检测[15]。这个检测在焊接完成和中间热处理后、但在最终焊后热处理之前进行。

除了按ASME规范的要求进行超声波直探头检测外，制造时还对板材的一个主加工表面进行100%斜探头检测以检测直探头无法探测的缺陷。

水压试验后，压力容器上铁素体材料压力边界全焊透焊缝以及接管与安全端焊缝进行超声波检测。这些检测是ASME规范第Ⅲ卷无损检测要求之外的附加要求。

（2）液体渗透检验

控制棒驱动机构管座和上部仪表管座的部分焊透焊缝在根部焊道焊接后进行液体渗透检测，此要求为ASME规范要求之外的附加要求。堆芯支撑块连接焊缝在第一层焊接结束以及每焊接0.5 in(12.7 mm)进行液体渗透检测。水压试验后，堆焊层表面和其他容器及封头内表面进行液体渗透检测。

（3）磁粉检验

下列的磁粉检验要求为ASME规范第Ⅲ卷中的磁粉检测要求之外的附加要求。所有材料和焊缝的磁粉检测按下列要求进行：

1）最终焊后热处理前，只可以使用圆棒电极磁化法、线圈磁化法或直接接触法进行检测。

2）最终焊后热处理后，只可以使用磁轭法进行检测。

用磁粉检测方法对下列表面和焊缝进行检测。验收标准符合ASME规范第Ⅲ卷的要求。

（4）表面检查

1）水压试验后容器和封头外表面进行的磁粉检测。

2）最终加工或轧制后，对主螺栓外表面以及主螺母所有的表面进行磁粉检测。使用连续的周向磁化和纵向磁化技术。

3）通过加速冷却来提高性能的碳钢和低合金钢产品内表面进行磁粉检测。在加工成形和加工后及堆焊前进行磁粉检测。

（5）焊缝检查

连接顶盖吊耳和反应堆压力容器以及换料密封凸台和反应堆压力容器的焊缝进行磁粉检测，在第一层焊接结束，以及每焊接0.5 in(12.7 mm)进行磁粉检测。所有的承压边界焊缝在清根后进行磁粉检测。

11.3.7 AP1000反应堆压力容器比较

AP1000反应堆压力容器的设计特性和额定参数与已获设计证书的AP600和西屋公司典型两环路电厂反应堆压力容器的额定参数比较如表11-3-3所示，参考两环路电厂的代表数据是Waterford-3号机组的数据。

表 11-3-3 AP1000 电厂反应堆压力容器与类似电厂反应堆压力容器额定参数比较

系统-部件	AP1000	AP600	参考两回路电厂
容器内径	159 in (4 038.6 mm)	157 in (3 987.8 mm)	172 in (4 368.8 mm)
结构	锻造环	锻造环	焊接钣
热段管嘴数	2	2	2
内径	31.0 in (787.4 mm)	31.0 in (787.4 mm)	42 in (1 066.8 mm)
冷段管嘴数	4	4	4
内径	22.0 in (558.8 mm)	22.0 in (558.8 mm)	30 in (762.0 mm)
安注管嘴数	2	2	0
每环路估算流量	150 000 gpm (34 068.71 m^3/h)	102 000 gpm (23 166.72 m^3/h)	198 000 gpm (44 970.69 m^3/h)

11.4 蒸汽发生器

11.4.1 蒸汽发生器的结构

AP1000 蒸汽发生器为立式壳体、U 形传热管的蒸发器，带有汽水分离装置，图 11-4-1 给出了蒸汽发生器的结构。

在一次侧，反应堆冷却剂通过热段入口管嘴进入一次侧水室。一次侧水室的下部是椭圆的，通过一段圆柱筒体与管板进行连接。这样的布置特性，相对于较早设计的球形一次侧水室，更易于采用机器人装置对所有的传热管进行检查、更换和修理。一块竖直的水室隔板将封头分为进口和出口水室。

反应堆冷却剂进入倒置的 U 形传热管，在传热管中流动的过程中将热量传递给二次侧，然后返回到一次侧水室。冷却剂经过两个冷段管嘴离开蒸汽发生器，而主泵直接与这两个管嘴相连接。

一个非能动余热导出管嘴连接在 1 环路蒸汽发生器下封头冷段水室的底部。在应急情况下非能动堆芯冷却系统热交换器通过此管嘴提供循环流，用于冷却 SG 一次侧。蒸汽发生器下封头水室通过另一根管嘴与化学和容积控制系统连接，化学和容积控制系统通过此管嘴向主系统提供净化流和补水。

11.4.2 蒸汽发生器工作原理

蒸汽发生器水室设有疏排装置，可以排空下封头。为了减少放射性腐蚀产物在下封头内表面积聚并提高这些表面的去污能力，水室内表面采用机械加工方法或者电解法加工成光滑表面。相对于早期设计，一次侧水室人孔的设置更易于人员进入水室内部。

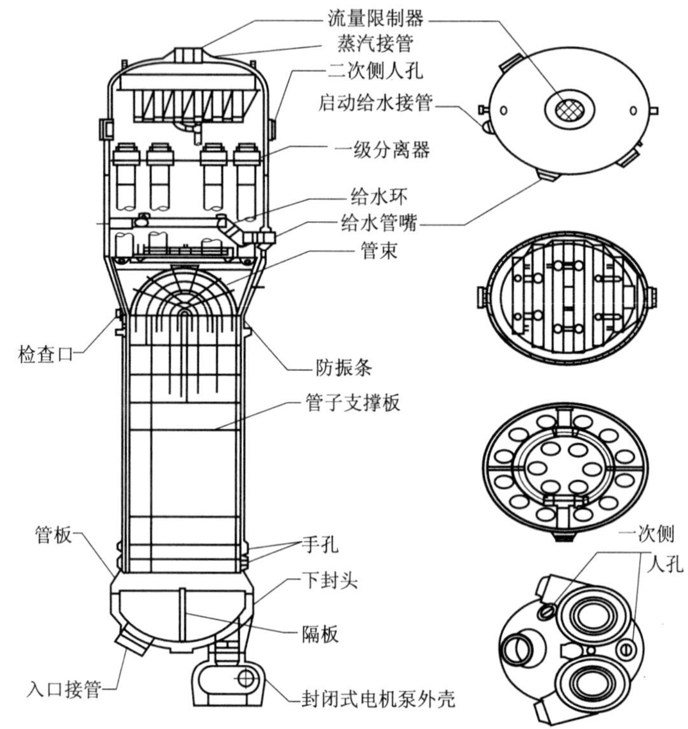

图 11-4-1 蒸汽发生器结构图

传热管材料为因科镍690,传热管支撑板材料为耐腐蚀的405型不锈钢。

蒸汽在壳侧产生,向上流动,经蒸汽发生器顶部的出口管嘴离开。给水经高于U形传热管顶部一定高度的给水管嘴进入蒸汽发生器,然后进入给水环管,并通过连接在给水环管顶部的J形接管离开给水环管向下流动,并与从汽水分离器分离出的饱和水混合。然后此混合流量一起进入围筒和壳体之间的下降段环腔。

启动给水管嘴的高度低于主给水管嘴,启动给水经过设置在低于主给水环管位置的一根管道引入蒸汽发生器,并通过与主给水环管独立的给水喷淋系统将启动给水注入蒸汽发生器。

水在流经U形管束的过程中从一次测吸热转变为汽水混合物。汽水混合物经管束区域继续向上流动,并经旋叶式汽水分离器去除蒸汽中的大部分水分。蒸汽继续上升,进入二级分离器(干燥器),并进行进一步脱水,以提高蒸汽品质到设计要求的最小干度。干饱和蒸汽经出口管嘴离开蒸汽发生器,在出口管嘴处设置有流量限制器,以防止主蒸汽管线破裂时蒸汽流量过度释放而造成的过度冷却。

从蒸汽中分离出的水与进入的给水混合,流经蒸汽发生器进行再循环。

蒸汽发生器是核电厂中比较特殊的也非常重要的热交换器,其功能是将一回路水的热量传递给二回路给水,使其被加热并变为蒸汽。AP1000的蒸汽发生器为Δ-125型立式U形管自然循环式蒸汽发生器,每个机组两台。其传热管的数量为10 025,换热面积为11 477 m^2,传热管的材料为Inconel 690-TT,传热管外/内径为17.48 mm/15.4 mm,管束排列为三角形,管板上的传热管采用全深度液压膨胀,采用三叶状孔(梅花孔)支撑板,改进了防振条工艺，采用椭圆形的一次侧下腔室，便于机器人工具进出和维护保养。

换热过程：一回路冷却剂（加热介质）从蒸汽发生器底部，即球形封头一侧入口进入水室，自管板进入U形管内并沿传热管上升至U形管束顶部，再沿U形管流至球形封头的出口水室引出，通过一回路管道再去循环。二回路的给水从上部汽水分离段一侧给水口进入蒸汽发生器，经环管分配使给水沿筒体周边分布，再经管束围板与筒体间通道由上而下流至蒸汽发生器下部蒸发段，并沿管束围板与管板之间的通道进入管束区，经流量分配挡板分配流量后，在自然循环的作用下沿管束中心部位管间上升同时吸收管内热介质（冷却剂）传来的热量而成为汽水混合物，当汽水混合物到达汽水分离段，其中一部分变成蒸汽，离开水面后，进入一次汽水分离器，在大部分液滴被分离后，蒸汽进入二次汽水分离器进一步除去水分而成为饱和蒸汽，由顶部蒸汽出口进入二回路管道供汽轮机做功。另一部分未汽化的水，会同汽水分离器分离出的凝结水与给水一起经筒体和管束围板（套筒）之间的空间下降到蒸汽发生器下部重新被加热和进行再循环。

在AP1000中使用Δ-125型蒸汽发生器，蒸汽发生器设计包括管板全长度液压胀管，三角形排列的镍-铬-铁690合金热处理传热管，和10%的堵管裕量。

11.4.3 设计描述

蒸汽发生器按以下要求设计：

1）采用成熟设计的Δ-125型蒸汽发生器。蒸汽发生器使用经热处理的镍-铬-铁690合金管和带清洗措施的汽水分离器区域游渣收集器；

2）水室封头设计与两台反应堆冷却剂泵直接连接；

3）水室封头的设计为检查、堵管、规套及管嘴堵件更换操作提供了人员和自动机械的可达性。

AP1000蒸汽发生器是一个垂直壳体和U形管的蒸汽发生器其包括完整的汽水分离设备。除了下封头的结构，蒸汽发生器的设计模型Δ-125，与升级的Δ-75模型非常相似。

在一次侧，反应堆冷却剂通过热段接管流入一次侧腔室。一次侧腔室的下面是由椭圆形过渡到圆柱形结构，并与管板紧密配合。这种布置使得机器人设备能更容易接近所有传热管，包括那些在外围的管束。与先前的一次侧球形腔室设计相比这些特征加强了检查、更换和维修的能力。通过一个从封头底部到管板的垂直隔板，封头被分为进和出两个腔室。

反应堆冷却剂流入倒U形管，在流动过程中把热量传递给二次侧，然后回到一次侧腔室的冷段接管。流体通过两个与反应堆冷却剂泵直接连接的冷段接管流出蒸汽发生器。一个整体性好的690合金被焊在底部带有镍铬合金堆焊的传热管上。

一个非能动余热去除接管连接在回路1蒸汽发生器的下封头底部冷段接管部分。在紧急情况下，这个接管提供再循环流体通过非能动余热交换器来冷却一次侧。蒸汽发生器下封头的一个独立的接管被连接到化学和容积控制系统。这个接管提供净化的流体和补充流体从化学容积控制系统到反应堆冷却剂。

AP1000蒸汽发生器下封头提供了一个排水沟。为了减少放射性污染物沉淀在下封头表面和加强净化这些表面，下封头的堆焊层应机加工或电动抛光至光滑表面。相比先前蒸汽发生器模型一次侧人孔能更方便地进入一次侧腔室。

蒸汽发生器通过割掉下封头被替换，AP1000蒸汽发生器下封头的结构通过两种方式方便了蒸汽发生器的替换。且能完全没有障碍的在其周围装备切割设备。下封头有足够的长度来保证焊后热处理并减小对管板的影响。

传热管由合金690制造。传热管在弯管时经历过加热处理。传热管被定位胀，焊接和在管板全部长度上的液压胀。全深度液压胀被选用是因为它能减少二次侧水进入传热管管板的缝隙。传热管胀接到管板上的方法是由其残余应力和传热管退化的敏感性来决定的。通过严格控制胀管前传热管与管孔的清洁度来限制残余应力（和胀接的传热管退化的敏感性）。

传热管的支撑为铁素体不锈钢支承板。支承板管孔被钻成几何形状适合流体沿着传热管流动和适合传热管与支承板接触的孔。抗振条安装在管束的U形弯头部分用来减少过分振动的可能。

蒸汽在壳体侧产生，并向上流动，通过最上面的出口管流出。给水通过水平高度比U形管顶部高的给水接管进入蒸汽发生器。给水进入一个通过热套管连接的给水环，从连接在给水环顶部的接管离开。这个接管由合金构成，在预期化学成分的二次侧水流经该接管时该合金非常抗腐蚀。流出接管后，给水与由汽水分离器分离的饱和水混合。然后流体进入套筒与壳体之间的下降管。

流体的不稳定和水的冲击现象在设计中非常被重视。水位的不稳定能引起密度波的不稳定，密度波能影响蒸汽发生器的性能。在下降管和上升管中导致负衰减的压力损失使AP1000蒸汽发生器的密度波不稳定被有效的避开。

蒸汽发生器气泡破裂水锤在早期的压水堆蒸汽发生器中发生，该压水堆蒸汽发生器设计了底部有排放孔的给水环。通过改进给水传递系统设计和操作，阻止和缓解了与给水管线相关的水锤。AP1000蒸汽发生器和给水系统合并的设计特点消除了蒸汽发生器中水锤的情况。这个蒸汽发生器特点包括引入给水通过给水分配环从管束的上面和正常水位的下面进入蒸汽发生器。这个顶部的给水分配环帮助减少了水汽在给水环中形成的可能。这个能减少水锤给水管的潜在情况。给水系统设计特点阻止和减轻了水对蒸汽发生器入口的给水管的水锤包括短暂的，水平或向下倾斜的。

这些特征能够减少导致水锤事件的汽袋的可能。

通过在蒸汽发生器内的一个向上弯的弯管提升了给水环相对于给水接管的高度，使其减少了层化和带状化。提升的给水环允许更冷更密的给水在升到给水环之前先充满接管和弯管，这样减小了流体分层的可能。

通过使用独立的启动给水接管，水锤、分层、带状威胁的可能被额外的减小。这个启动给水接管高度与主给水接管相同和主给水接管沿圆周方向转动一个角度。启动给水接管的喷雾系统独立于主给水环被用来引进启动给水到蒸汽发生器。启动给水接管的布置包括与主给水线同样的功能能减少水锤的潜在威胁。启动给水接管被用来引进水到二次侧蒸汽发生器。

在套筒的底部，水通过最下面支承板被指引到管束的中央。这个再循环装置减小了低速区引起的淤泥沉积的可能。

当水通过管束时，水转变成水汽混合体。随后，这个水汽混合体从管束上升进入上筒体部分，汽水分离器去除蒸汽中的水分。这些蒸汽继续到达二级分离器或干燥器，蒸汽中的水被进一步的去除从而到达最小99.75%的设计要求。水从蒸汽混合体中分离流入给水再流入蒸汽发生器。安装在内部的一级分离器上升管之间的淤泥收集器为从管板和支承板上去除淤泥提供了最佳环境。这些干的、饱和蒸汽从安装有蒸汽限流器的出口管中流出蒸汽发生器。表 11-4-1 给出了蒸汽发生器参数，表 11-4-2 给出了蒸汽发生器系统性能参数。

表 11-4-1 蒸汽发生器参数

Parameter	参 数	参数值
Type	类型	Vertical U-tube Feedring-type 垂直 U 形管供环
Design Life	设计寿命	60 a
Safety Classification	安全分级(一次侧压力边界,壳侧)	AP1000 Class A,AP1000 Class B
Seismic	抗震分类	Category I
Code	规范等级	ASME Ⅲ-1
Design pressure	设计压力(反应堆冷却剂侧)	2 485 psig (17.13 MPa gauge)
Design pressure	设计压力(蒸汽侧)	1 185 psig (8.17 MPa gauge)
Design pressure	设计压力(一次侧到二次侧)	1 600 psi (11.03 MPa abs)
Design temperature	设计温度(反应堆冷却剂侧)	650 ℉ (343.3 ℃)
Design temperature	设计温度(蒸汽侧)	600 ℉ (315.6 ℃)
Total heat transfer surface area	总传热表面积	123 538 ft^2(11 477 m^2)
Number of tubes per steam generator	每台蒸汽发生器传热管数目	10 025
Tube outer diameter	传热管外径	0.688 in (17.48 mm)
Tube wall thickness	传热管壁厚	0.040 in (1.02 mm)
Tube pitch (triangular)	传热管间距(三角形排列)	0.980 in (24.89 mm)
Steam flow	蒸汽流量	7.49×10^6 lb/h・台(943.7 kg/s・台)
Moisture carryover-design goal	湿气传输——设计目标	0.10 %
Design fouling factor	设计污垢系数	1.1E-04 h-F-ft^2/Btu (5.26E-09 h-C-m^2/J)
Overall length	总长度	884 in (22 454 mm)
Upper shell inside diameter	上部壳体内径	210 in (5 334 mm)
Lower shell inside diameter	下部壳体内径	165 in (4 191 mm)
Tubesheet thickness	管板厚度	31 in (787 mm)

表 11-4-2 蒸汽发生器系统性能参数

Parameter	参 数	值 Value[1]	值 Value[2]
Steam flow	每台蒸汽发生器蒸汽流量	7.49×10^6 lb/h (944.35 kg/s)	7.49×10^6 lb/h (943.72 kg/s)
Total steam flow	总的蒸汽流量	14.99×10^6 lb/h (1 888.70 kg/s)	14.98×10^6 lb/h (1 887.44 kg/s)
Feedwater temperature	给水温度	440 ℉ (226.7 ℃)	440 ℉ (226.7 ℃)

续表

Parameter	参　数	值 Value[1)]	值 Value[2)]
Steam outlet pressure at the outlet of the steam generator flow restrictor (thermal design flow)	蒸汽发生器流量限制器出口的蒸汽出口压力(热工设计流量)	814 psia (56.12 bar)	796 psia (54.88 bar)
Steam outlet temperature at the outlet of the steam generator flow restrictor (thermal design flow)	蒸汽发生器流量限制器出口的蒸汽出口温度(热工设计流量)	520.2 ℉ (271.2 ℃)	517.6 ℉ (269.78 ℃)
Design pressure (secondary side)	二次侧设计压力		1 200 psia (82.74 bar)
Design temperature (secondary side)	二次侧设计温度		600 ℉ (315.5 ℃)
Blowdown flow of per steam generator	每台蒸汽发生器的下泄名义流量		9.3 gpm (2.11 m^3/h)
Maximum	最大流量		93 gpm (21.1 m^3/h)
Maximum intermittent (single steam generator)	单台蒸汽发生器最大间歇流量		280 gpm (63.6 m^3/h)
Rated safety valve capacity at 10-percent overpressure per steam generator	每台蒸汽发生器10%超压下的额定安全阀容量		8.34×10^6 lb/h (1 050.8 kg/s)
Power-operated relief valve relief capacity Minimum capacity at 100 psia (6.89 bar) per steam generator	动力超作泄压阀下泄容量每台蒸汽发生器在6.89 bar的最小容量		7.0×10^4 lb/h (8.818 kg/s)
Estimated maximum capacity at 1 200 psia (82.74 bar) per steam generator	每台蒸汽发生器在82.74 bar下的最大估算容量		1.02×10^6 lb/h (128.52 kg/s)

注:1) 1.0-percent steam generator tube plugging case　蒸汽发生器堵管0%的情况;

2) 10-percent steam generator tube plugging case　蒸汽发生器堵管10%的情况。

11.4.4　蒸汽发生器压力边界材料

蒸汽发生器压力边界材料的选择和构成是根据ASME标准第Ⅱ、Ⅲ卷的要求。工业范围的腐蚀试验和先进规范发展程序都证明了选择经过热处理的690合金,一种镍-铬-铁合金(ASME SB-163)来作为蒸汽发生器换热管是正确的。下封头隔板也是690合金(ASME SB-168)。反应堆冷却剂下封头、管嘴、人孔内表面堆焊奥氏体不锈钢。管板一次侧堆焊一层镍铬铁合金(ASME SFA-5.14)。然后,传热管与管板堆焊层通过密封焊焊接。这些熔化焊应符合ASME标准第Ⅲ和Ⅸ卷。每束传热管在管板钻孔深度上进行液压胀前应对这些焊缝进行渗透检测和检漏试验。蒸汽发生器部件材料见表11-4-3。蒸汽发生器及其子组件的安全及抗震分级见表11-4-4。

表 11-4-3 蒸汽发生器部件材料

Component	部　件	材　料	Class, Grade, or Type
Pressure plates	压板	SA-533	GR B, CL 1 or CL 2
Pressure forgings (including nozzles and tube sheet)	压锻(包括管嘴和管板)	SA-508	Gr 3 CL 2
Nozzle safe ends	接管安全端	SA-336	F316LN
Channel heads	封头	SA-508	Gr 3 CL 2
Tubes	传热管	SB-163	UNS N06690
Cladding, buttering, and welds	堆焊,打底焊,焊接	SFA 5.4, 5.9, 5.11, and 5.14	308 L, 309 L, ENiCrFe-7, or ERNiCrFe-7/7 A
Pressure boundary welds	压力边界焊接	Low alloy steel	SFA 5.5, 5.23, 5.28
Manway studs/nuts	人孔螺栓/螺母	SA-193, SA-194	Gr B7

表 11-4-4 蒸汽发生器及其子组件的安全及抗震分级

序　号	主要的组件或部件	AP1000设备分级	ANS安全分级	抗震设计分级
1	一次侧压力边界	A	SC-1	Ⅰ类
2	U形管到管板的焊接	A	SC-1	Ⅰ类
3	一次侧封头格板	B	SC-2	Ⅰ类
4	二次侧压力边界	B	SC-2	Ⅰ类
5	管束支撑组件	C	SC-3	Ⅰ类
6	供水接头	B	SC-2	Ⅰ类
7	水取样管嘴	B	SC-2	Ⅰ类
8	蒸汽取样接头	B	SC-2	Ⅰ类
9	蒸汽出口接管	B	SC-2	Ⅰ类
10	限流文丘利管	B	SC-2	Ⅰ类
11	一、二次侧分离器组件和支撑	E	NNS	Ⅱ类
12	供水环压力边界接口	B	SC-2	Ⅰ类
13	供水分布环组件及支撑(除压力边界接口)	C	SC-3	Ⅰ类
14	管嘴堵板及支撑部件	C	SC-3	Ⅰ类
15	提升吊耳	E	NNS	N/A
16	管防冲击装置	E	NNS	N/A
17	AVB组件	E	NNS	N/A
18	所有其他组件	E	NNS	N/A

不同形式的镍-铬-铁合金被用于高流速的地方,否则会导致腐蚀。这些包括给水环上的接管,启动给水的喷淋的部分。

11.4.5 制造要求

11.4.5.1 制造

(1) 壳体

所有蒸汽发生器壳体部件(过渡锥形段、底封头、管板、进口管嘴、出口管嘴、吊耳、非能动热交换器管嘴、主启动给水管嘴、二次侧人孔以及椭圆形封头)都将是锻件。椭圆形封头将带有一个整体锻造蒸汽出口管嘴。过渡锥形段将有小的一端朝下,大的一端朝上,以环形焊来减少应力区,该区不适用ASME第Ⅺ卷在役检查要求[16]。

(2) 底封头

所有如管板与底封头、隔板与管板的接合部或底封头都被设计成不受切口影响。在交货前所有暴露的底封头堆焊以及隔板表面都将被电抛光来减小未来的辐射暴露,下面底封头表面除外:

1) 管板一次侧表面;

2) 排放管孔表面;

3) 机械表面;

4) 一次侧人孔的密封垫槽表面;

5) 人孔垫衬套;

6) 管嘴堵板接头下面的进出口管嘴。

在开工前,抛光程序要提交业主审查和批准,通过抛光,去除表面上的焊弧或表面斑渍。

(3) 管板

为了达到理想的二次侧裂隙深度,管板一次侧表面将机加工平整度在0.010 in(0.25 mm)范围内,二次侧表面平整度在0.005 in(0.13 mm)范围内,二次侧表面平行于一次侧表面在0.015 in(0.38 mm)范围内。

(4) 传热管

蒸汽发生器传热管外径为0.688 in(17.48 mm),名义壁厚为0.040 in(1.02 mm),最小U形弯曲半径为3.25 in(82.55 mm)。

11.4.5.2 堆焊

所有一次侧堆焊表面将通过焊接堆积并机加工平滑。管板名义加工后的堆焊层厚度为0.26 in(6.60 mm),机加工的最小堆焊层厚度为0.20 in(5.20 mm),最大125 Ra的表面抛光。底封头、一次侧管嘴、一次侧人孔的内表面将有0.23 in(5.84 mm)的名义加工后的堆焊层厚度,0.15 in(3.81 mm)的最小堆焊层厚度,在电抛光前有最大25 Ra的表面抛光。当保持在上面的最小值时,实际的设计厚度足以满足返工和未来的修理要求的局部偏差。

在蒸汽发生器出口管嘴上的镍-铬-铁堆焊表面将通过焊接堆焊,并机加工到0.20 in(5.20 mm)的最小最后厚度。表面将通过直探头法100%的UT检查。

所有接近一次侧堆焊层的表面将通过直探头法100%的UT检查。堆焊层厚度将按照提交审查、批准的程序来进行测量。

11.4.6 水压试验

除了水压试验压力按照“Material Specification for Thermally Treated Alloy UNSN06690

(Alloy 690) Tubing for AP1000"的规定:传热管在安装前,将要按照 ASME 第二卷 SB-163 的要求进行水压试验,有泄漏的传热管都将不被采用。

供货商将按照 ASME 第三卷分卷 NB 完成蒸汽发生期一、二次侧车间水压试验,按要求的水压试验压力,最少保压 10 min。然后压力下降到设计压力,并至少保压 4 h,同时检查一、二次侧的泄漏,在水压试验前,没有业主的书面批准,不能有堵管。

水压试验压力将在金属和水温高到足以保证金属至少在它的韧脆转变温度 60 ℉(33 ℃) 的以上,试验温度绝不能低于 28.4 ℉(15.6 ℃),一次侧水压试验温度将不超过 250 ℉(121.1 ℃),二次侧水压试验温度将不超过 180 ℉(82.2 ℃)。

11.4.7　AP1000 蒸汽发生器与其他蒸汽发生器比较

AP1000 蒸汽发生器的设计特性和额定参数与已获设计证书的 AP600 和西屋公司典型两环路电厂蒸汽发生器的额定参数比较如表 11-4-5 所示,参考两环路电厂的代表数据是 Waterford-3 号机组的数据。

表 11-4-5　AP1000 电厂蒸汽发生器与类似电厂蒸汽发生器的设计特性和额定参数比较

系统-部件	AP1000	AP600	参考两回路电厂
型式	立式 U 形管 自然循环式	立式 U 形管 自然循环式	立式 U 形管 自然循环式
型号	Δ-125	Δ-75	—
数量	2	2	2
每台传热面积	123 538 ft^2 (11 477.06 m^2)	75 180 ft^2 (6 984.45 m^2)	103 574 ft^2 (9 622.34 m^2)
每台传热管数	10 025	6 307	9 300
传热管材料	I 690 TT	I 690 TT	I 600 TT
独立的启动给水管嘴	有	有	无

11.5　主　泵

11.5.1　制造商

由于 AP1000 主泵采用带高惯量飞轮的大功率屏蔽泵,属于投标商西屋公司(WEC)及其分包商 EMD 首次研制和采用的原型泵,国内更没有相关经验。

美国西屋公司为 AP1000 提供的反应堆冷却剂泵是由 EMD 公司生产的屏蔽泵。到目前为止,还没有做过样机。

美国在早期商用核反应堆和军事设施中使用过无飞轮的屏蔽泵,已有 1 500 台核领域应用的经验,其中 100 台屏蔽泵的尺寸和重量是 AP1000 主泵的 80%～90%,电机功率为 3 000 hp(AP1 000 电机功率为 7 000 hp)。因此,可以认为 EMD 以往无飞轮的大型屏蔽泵的技术是成熟、可信的。

过去使用的屏蔽泵没有采用飞轮结构，在 AP600 设计过程中进行过飞轮性能试验。在此基础上，EMD 公司已完成了 AP1000 屏蔽泵的初步设计。并首次在屏蔽泵中采用飞轮结构。

AP1000 主泵设计是在 AP600 基础上进行放大。对首台产品泵将按原型泵进行试验。

首次采用大型高压变频装置；西屋向中国供货仍采用其现有设计，屏蔽泵电机用 60 Hz 电源。

AP1000 西屋首次采用主泵直接悬吊在蒸汽发生器下，即整个泵组无支承直接倒挂焊接在蒸汽发生器的下封头上。

11.5.2 屏蔽泵简介

(1) 电厂用屏蔽泵的基本要求

屏蔽泵又称无填料泵，泵的叶轮和电机转子连成一体，并装在同一只密封壳体内，因此，消除了冷却剂外漏的可能性。

反应堆冷却剂泵是压水堆核电厂的关键设备之一，也是反应堆冷却剂系统中唯一的回转机械设备。屏蔽泵的最大特点是：机组结构紧凑、内部构件高度集成，外部支持系统少，完全无泄漏。对它的基本要求是：

1) 能够长期在无人维护条件下安全可靠地工作；

2) 便于维修，辅助系统简单；

3) 主泵转动组件应能提供足够转动惯量，以便在全厂断电情况下，利用主泵惰转，提供足够流量，使反应堆堆芯得到适当冷却；

4) 过流零部件表面材料要求采用奥氏体不锈钢，或其他同等耐腐蚀材料；

5) 带放射性的冷却剂泄漏要少。

(2) 屏蔽泵存在的问题

而选用屏蔽存在以下方面的问题：

1) 效率低，一般泵组效率只有 50%～70%。如果再装飞轮，液体的阻力将使泵组效率进一步降低，对于大容量核电机组来说，显然不够经济。

2) 屏蔽电机大部分零部件使用耐腐蚀材料制造，造价昂贵，难度较高；

3) 维修不方便。

屏蔽泵组由于屏蔽套的原因，电机效率非常低，屏蔽泵效率达到 60%已经是世界先进水平。在要求完全无泄漏、空间狭窄、无法提供太多支持系统、运行简单可靠等非常苛刻的条件下，而机组效率、经济性因素等不是主要指标时，屏蔽泵有其独特的优势，例如：舰船、特种化工、军用核动力等。

因为屏蔽泵内部构件高度集成，机组及零部件的可靠性要求高，对材料、制造、检验、试验等要求严格，因此造价比较昂贵，机组效率又低，经济性不具有优势。

11.5.3 主泵设计

AP1000 主泵按照以下要求来进行设计：

(1) 采用成熟设计的全密封泵；

(2) 两台反应堆冷却剂泵直接连接到蒸汽发生器水室封头，电机位于水室封头之下，简化了环路管系而且避免小失水事故期间的燃料裸露；

(3) 每台反应堆冷却剂泵具有足够的内部转动惯量，来提供惯性流量下降，以避免在丧失反应堆冷却剂流量事故后出现偏离泡核沸腾；

(4) 每台反应堆冷却剂泵的叶轮及扩散叶片进行了磨削和抛光，使放射性杂质的沉积最少而效率最大；

(5) 反应堆冷却剂泵的设计使得泵在失去所有冷却水直到高轴承水温引发安全相关的主泵脱扣时而不会损坏。这个自动保护是为了防止反应堆冷却剂泵始终在失去冷却剂水的条件下工作。

表 11-5-1 给出了 AP1000 主泵设计参数。

表 11-5-1 AP1000 主泵设计参数

Parameter	参 数	参数值
Design life	寿命	60 a
Design pressure	设计压力	2 485 psig (17.13 MPa gauge)
Design temperature	设计温度	650 ℉ (343.3 ℃)
Pressure boundary classification: safety, seismic, code	压力边界等级划分:安全等级,抗震等级,规范等级	AP1000 Class A, Category I, ASME Ⅲ-1
Overall height	总高度	21 ft 11.5 in (6.69 m)
Component cooling water flow	部件冷却水流量	600 gpm (136.3 m^3/h)
Maximum continuous component cooling water inlet temperature	最大设备冷却水进口温度	95 ℉ (35.0 ℃)
Total weight motor and casing, dry, nominal	电机以及壳干燥时的额定总重量	197 900 lb (89 730 kg)
Pump	泵	
Design flow	设计流量	78 750 gal/min (17 886 m^3/h)
Developed head	扬程	365 ft (111.3 m)
Pump discharge nozzle, inside diameter	泵排出接管内径	22 in (55.9 cm)
Pump suction nozzle, inside diameter	泵吸入接管内径	26 in (66.0 cm)
Speed (synchronous)	速率(同步)	1 800 r/min
Motor	电机	
Type	类型	Squirrel cage induction
Motor rating (@ hot design point)	电机额定功率	7 300 bhp (5 450 kW)
Voltage	电压	6 900 V
Phase	相数	3
Frequency	频率	60 Hz
Insulation class	绝缘等级	Class H or N
Current	电流	

续表

Parameter	参　数	参数值
Starting	启动	Variable amp
Nominal input, cold reactor coolant	额定输入,冷态反应堆冷却剂	Variable amp
Motor/pump rotor minimum required moment of inertia	电机/泵转子最小要求的转动惯量	Sufficient to provide required coastdown curve [≈23 000 lb・ft^2(931 kg・m^2)] 足以提供要求的惰转曲线

11.5.4 技术特点

AP1000采用全密封式的反应堆冷却剂屏蔽电动泵(以下简称为主泵,见图3.2.3),其功能是输送反应堆冷却剂,完成在堆芯、冷却剂环路和蒸汽发生器之间的循环。主泵具有转动惯性大、可靠性高、维护保养要求低的特点。主泵是一台立式、单级离心泵,叶轮直接连接在电机转子转轴上。电机的定子和转子均密闭在耐腐蚀的屏蔽套中,并承受一回路系统压力。定子和转子之间的一回路冷却剂提供冷却功能,电机轴承也由一回路冷却剂冷却。一回路冷却剂由叶轮驱动。位于转子转轴下部的辅助叶轮驱动冷却剂在定子屏蔽套和转子屏蔽套之间流动。冷却剂冷却定子和转子,并润滑轴承。冷却剂在电机上部进入外部热交换器,将热量传递给设备冷却水系统。冷却剂接着进入电机底部进行循环流动。定子外表面也可以通过定子冷却套中设备冷却水的流动来进行冷却。

每台蒸汽发生器各有2台主泵,主泵直接与蒸汽发生器的下封头连接。这种结构设计取消了主泵与蒸汽发生器之间的冷却剂管道,降低了环路的压降,简化了蒸汽发生器、泵和管道支承系统。

主泵没有轴密封装置,因而消除了因轴密封失效导致失水事故的可能性,从而大大提高了安全性,也减少了泵的维修工作量。

主泵电机设置上下两个钨合金飞轮,以提高泵的转动惯量,延长惰走时间,从而增加失去电源之后堆芯的热工裕量。

主泵装有3个轴承,两个径向轴承和一个双向推力轴承,都在电机一侧,轴承采用水润滑方式。

主泵启动时采用变频调速控制装置,降低冷态工况时的电机功率,从而最大限度地缩小电机尺寸。

泵的电机采用自排气设计,气体直接向上排入泵壳内。

11.5.5 结构

(1) 水力部件

主泵的水力部件包括泵壳、叶轮和导叶,用于提供冷却剂流通的通道。

(2) 轴承

主泵装有3个轴承,两个径向轴承和一个双向推力轴承,都在电机一侧,轴承采用水润滑方式。

在泵启停过程中和正常运行时,通过一回路冷却剂冷却轴承以保证轴承的寿命。

(3) 屏蔽套

为将电机的定子绕组和转子与一回路冷却剂介质完全隔绝开来,设置两个屏蔽套,即定子屏蔽套和转子屏蔽套。屏蔽套材料采用耐腐蚀材料制成。

(4) 飞轮

AP1000 主泵屏蔽电机设置上下两个飞轮,以增加主泵的转动惯量,获得更长的惯性惰转时间。上部飞轮组件采用施加预应力的热套装方法,用外套环将 12 块扇形钨合金固定在不锈钢轮毂上,其外部包有屏蔽套以防止应力腐蚀,最后将飞轮固定在屏蔽泵的主轴上。下飞轮组件采用与推力轴承组合的结构。

(5) 定子绕组及冷却

由于屏蔽电机的损耗高,发热严重,定子屏蔽套使定子成为一个封闭区域,造成定子铁芯和绕组的冷却只能靠导热方式散热。由此可见,AP1000 屏蔽电机的冷却措施及温升控制是保证主泵正常运行的关键。作为解决措施,一方面 AP1000 屏蔽电机绕组采用较高的绝缘等级,另一方面,通过有效的冷却来降低电机各部分的温度。

除了通过迷宫式密封阻隔泵壳内的高温冷却剂和电机腔内的低温冷却剂进行热交换外,电机冷却功能由两个冷却回路来实现,即:

外置热交换器冷却回路。通过外置热交换器来冷却屏蔽电机腔内的反应堆冷却剂水。

流经电机定子冷却套的设备冷却水回路,以此来冷却电机定子绕组,保证绕组绝缘的性能和寿命。

(6) 变频调速控制装置

主泵启动时采用变频调速控制装置,降低冷态工况时的电机功率,从而最大限度地缩小电机尺寸。

总之,主泵是高惯性,高可靠性,低维修的密封泵。主泵使得反应堆冷却剂循环通过堆芯、回路管道和蒸汽发生器。通过使用变频器控制减少了电机在冷的冷却剂工况期间的功率要求来缩小电机的尺寸大小。两台主泵直接安装在每台蒸汽发生器通道头上。主泵无泄漏,消除了潜在的密封丧失 LOCA。主泵使用了一个飞轮来增加主泵的转动惯量,增加的惯性提供了一个较慢的惰转流量,来改进电力丧失后的堆芯热工裕量。

图 11-5-1 给出了反应堆冷却剂泵结构图。

11.5.6 主泵的材料选择

与反应堆冷却剂和冷却水相接触的材料(除了轴承材料)采用奥氏体不锈钢、镍-铬-铁合金或耐腐蚀性能相当的材料。表 11-5-2 给出了反应堆冷却剂泵初选材料。

表 11-5-2 反应堆冷却剂泵初选材料

Component	部 件	材 料	类别、级别或型号
Casing	泵壳	SA351(奥氏体不锈钢)	CF8A
Impeller	叶轮	A351	CF8
Shaft	泵轴	A336(压力与高温部件用合金钢锻件)	F6

续表

Component	部　件	材　料	类别、级别或型号
Flywheel	飞轮	WHA (Tungsten heavy alloy)	ASTM B777 Class 4
Stator assembly main flange and shell	定子组件主法兰和壳体	SA508	Class 1
Stator assembly lower shell, stator cap, and stator closure	定子组件下部壳体，定子帽和定子罩	SA182	F304

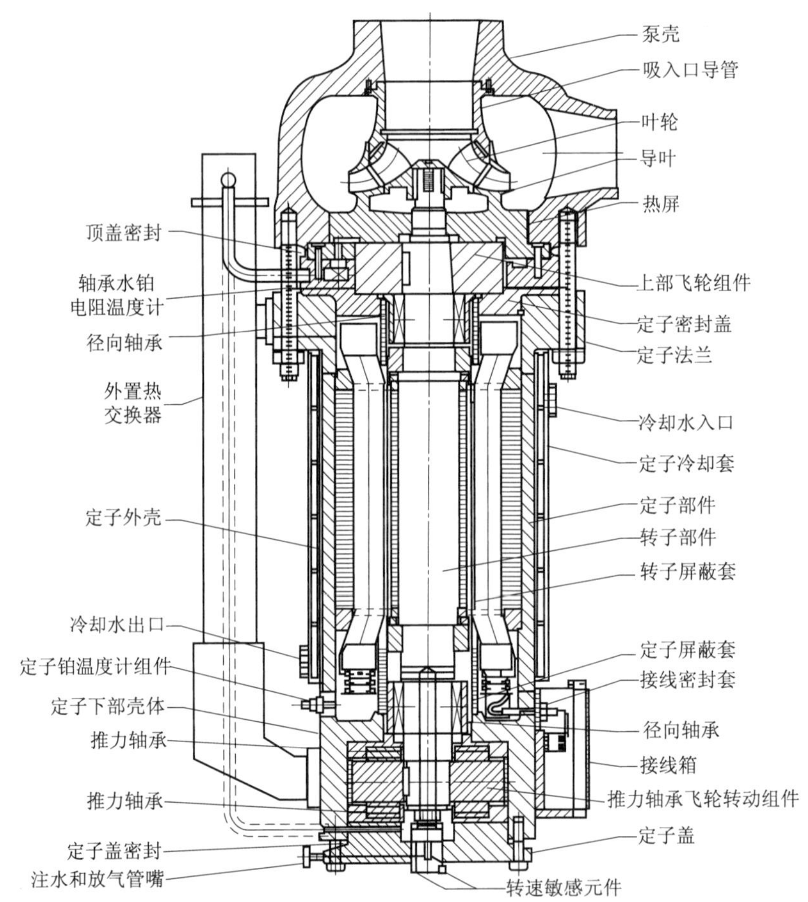

图 11-5-1　反应堆冷却剂泵结构

11.5.7　主泵设计验证

由于AP1000主泵没有样机，所以第一台泵按原型泵的要求进行试验。因此，针对第一台泵的试验，一方面是对这台泵自身性能的测试；另一方面也是对AP1000主泵设计的验证[17]。

(1) 第一台泵需要进行的试验

应用于核电厂的主泵不仅结构复杂，而且工作条件苛刻，技术要求严格。为了保证主泵长期可靠运行，都要求三门的第一台泵不仅要在全尺寸主泵回路上进行长期的考验运行，而且要模拟核电厂实际条件，进行规定的异常工况试验。如冷却水断失试验等。

西屋提供了首台泵组的试验大纲，提出最少500 h在额定电厂温度和压力下的试验，这些实验内容包括：

1）无载荷轴向推力试验；

2）无载荷饱和试验；

3）轴向载荷推力试验；

4）水压性能试验；

5）倒转可操作性试验；

6）回路加热试验；

7）甩负荷试验；

8）降电压启动试验；

9）温升与热绝缘电阻试验；

10）电平衡试验；

11）外部冷却水丧失试验；

12）惰转试验；

13）试验后的解体检查；

14）各个飞轮在125％速率下的超速试验。

（2）后续泵需要进行的试验

后续产品只进行50 h在额定电厂温度和压力下的出厂验收试验，试验的具体内容包括：

1）水压性能试验；

2）回路加热试验；

3）温升与热绝缘电阻试验；

4）电平衡试验；

5）惰转试验；

6）各个飞轮在125％速率下的超速试验。

11.5.8　AP1000选择屏蔽泵的原因

美国西屋公司为AP1000提供的反应堆冷却剂泵是由EMD公司生产的屏蔽泵。迄今为止，还没有做过样机。

美国在早期商用核反应堆和军事设施中使用过无飞轮的屏蔽泵，已有1 500台核领域应用的经验，其中100台屏蔽泵的尺寸和重量是AP1000主泵的80％～90％，电机功率为3 000 hp(AP1000电机功率为7 000 hp)。因此，可以认为EMD公司以往无飞轮的大型屏蔽泵的技术是成熟、可信的。

为了取消密封注入系统和连续提供密封水注入对功率的需要，避免冷却剂通过泵密封流失，AP1000非能动设计要求使用屏蔽泵。除了不需要轴封外，还要求少维修或根本就不用维修。

过去使用的屏蔽泵没有采用飞轮结构，在AP600设计过程中进行过飞轮性能试验。在此基础上，EMD公司已完成了 AP1000 屏蔽泵的初步设计。并首次在屏蔽泵中采用飞轮结构。

AP1000 主泵设计是在 AP600 基础上进行放大，对首台产品泵将按原型泵进行试验。

首次采用大型高压变频装置；西屋向中国供货仍采用其现有设计，屏蔽泵电机用 60 Hz 电源。

AP1000 西屋首次采用主泵直接悬吊在蒸汽发生器下——即整个泵组无支承直接倒挂焊接在蒸汽发生器的下封头上。

11.5.9 AP1000 主泵制造存在的问题分析

11.5.9.1 AP1000 主泵设计带来的问题

AP1000 屏蔽泵组电机功率在成熟技术的基础上增加了一倍多(从 3 000 hp 增加到 7 000 hp)；在结构上增加了飞轮，对泵的外型尺寸以及部件结构尺寸进行了调整，使得泵的总重量发生了变化；在泵的布置上也做了根本的改变，采用倒装悬吊在蒸汽发生器底部；在运行上采用大型高压变频装置。

尽管西屋在屏蔽泵的设计和使用上具有丰富的经验，但由于 AP1000 主泵在设计，布置和运行方式方面的重大变化，对泵能否按时完成制造加工，以及未来能否安全稳定运行都产生了不确定性，给电厂的成功建成和运行带来了潜在的风险。

由于 AP1000 没有原型泵，因此，作为一个成熟产品所应该完成的相关试验都还没有进行过。尽管有带飞轮的 AP600 的试验结果，但毕竟 AP1000 在 AP600 结构尺寸和布置方式上都发生了变化。因此，没有充足的理由证明 AP1000 的现有主泵设计完全没有问题；并能够满足 AP1000 反应堆的性能要求。而现在只是首台泵按照原型泵进行试验，这将有可能由于设计原因造成首台泵性能不能完全满足设计要求，而必须进行适当的修改，而工程进度又不允许。

11.5.9.2 增加飞轮带来的问题

飞轮的主要功用是增加转轴部件的转动惯量，在断电事故时，维持反应堆冷却剂系统内必要的惯性流量，随后依靠自然循环，进一步带走反应堆衰变热量，以确保堆芯安全。

飞轮装在电机内。当发生断电事故时，飞轮是关系反应堆安全的重要因素，它的破坏将带来严重后果。因此，对飞轮的制造和检查都有严格的要求。

屏蔽泵的高惯量飞轮在水中高速旋转，并且上下表面作为推力轴承的双向推力盘。飞轮在水中高速旋转摩擦发热的导出、扇形钨块重金属和包壳热套结构的热膨胀变形匹配及高速旋转离心力、作为推力盘的表面等离子堆焊硬化处理、LOCA 和地震等事故工况下的完整性(防止产生飞射物)等，都需要通过制造工艺模拟、超速试验模拟、动态分析以及疲劳寿命评估等来验证。AP600/AP1000 飞轮的设计工况：

电机内部循环水温度：　　$\leqslant$74 ℃；
飞轮运行压力：　　158.2 kg/cm^2；
设计最高转速：　　$\leqslant$2 250 rpm；
额定转速：　　1 800 r/min；
AP600/AP1000 飞轮的惯量：　　～3 140/16 500 lb·ft^2。

（1）飞轮的设计

1）结构设计特点：飞轮要满足泵组惯量的要求，这决定了其结构的特殊性：外壳为高强度的不锈钢材料，而内部为高密度材料，同时飞轮还要作为立式电机的推力头，承受来自转子推力瓦的双向推力。飞轮处在高温、高压、高转速下运行。

飞轮的材料由贫铀合金（DU）改为钨合金（钨 98%，镍＜2%，铬作黏结材料，改变材料的主要原因为：采购更方便（制造 DU 需要许可证，供应方在减少，本地化容易实现）、比重接近、与外壳包覆材料（403SST）更好的热胀相容性、更好的热传导系数。

此外，部件间配合公差选择、加工、焊接、表面硬化等均有很高的要求。

2）飞轮设计机械负荷：飞轮的额定转速为 1 800 r/min，最高转速为 2 250 r/min（1.25 倍额定转速）。除离心力外，由于泵的内部水压力，有额外力加于飞轮上；另外有轴瓦作用于其上面的应力；还有飞轮与轴、飞轮各部件间的热套应力。设计规范规定在额定转速下，由于离心力，热套应力及其他应力组合的总应力，不超过材料屈服强度的 1/3。

在 2 250 r/min 超速情况下，以上应力不超过材料屈服应力的 2/3。AP1000 飞轮设计的材料应力标准选自 ASME 标准。

3）飞轮的设计其他要求：在飞轮破碎的情况下，最大碎块以最大能量冲击泵组的压力边界，亦不能对压力边界造成损破。压力边界最薄弱点为热屏的法兰位置，在最大冲击情况下，其强度仍有一定的裕度，确保飞裂碎片完全控制在压力边界之内。

（2）AP600 飞轮试验验证

除 AP1000 的飞轮尺寸比 AP600 的大一些外，它们的设计要求基本相同。据 EMD 介绍，AP600 飞轮的性能已进行过全面的分析、验证。AP600 飞轮的将贫铀材料塞入不锈钢套中，外面通过焊接。飞轮上、下轴瓦承载面需进行表面硬化处理。

AP600 的飞轮试验是与轴承的性能、参数试验结合在一起的，模拟了实物飞轮的环境及空载、负载下的工况，试验内容及结果如下：

在负载情况下全速范围内试验无明显振动。测量出轴承损耗比预期的要大，但调整推力瓦块的推力证明：轴向推力对轴承损耗的影响是极小的，速度对损耗的影响最大。动平衡切割处及焊接面对损耗的增加也是主要因素，试图在焊接及平衡切割处装光滑的外罩以减小损耗，结果测出损耗更大，将塞住轴上径向孔的塞子拔掉，损耗的变化也极小。试验还表明，正、反转损耗变化是极小的。

将飞轮外圆的导轴瓦块去掉，改以在轴上加上间隙为 12.7 mm 的圆环为导轴承，试验转速至 1 761 r/min，证明轴承损耗大幅度减小，这个试验导致了飞轮外圆为导轴承面的结构的取消。

飞轮超速至 2 000 r/min，即 113%额定转速，这主要是由于试验设施的限制。EMD 确信其飞轮设计是没有问题的，但最终要做实物飞轮做验证试验、高速平衡、125%的超速试验及惯量测量。EMD 提供了飞轮的设计结构图，下一步将做进一步分析与校核。

（3）AP1000 飞轮的设计与试验验证

AP1000 飞轮设计借鉴了 AP600 飞轮试验已获得的经验。AP1000 将飞轮内部的高密度材料改为重金属扇形钨块，由于冶炼技术的限制，每块扇形的钨塞入物在径向方向分了两块，钨与外壳采用热套过盈配合，这也防止了高速状态下塞入物之间的滑动而可能引起的不平衡。外壳焊接后，飞轮上、下表面进行硬化处理。热处理是在较低温度下进行的，但处理温度略高于飞轮周围的水温。

目前 AP1000 飞轮的结构方案完全确定，正在根据材料的供应情况进行组件设计和制造设计，需要做进一步的设计分析和试验验证。

11.5.9.3 变频器问题

西屋 AP1000 屏蔽泵是按照 60 Hz 设计的，而中国的电网是 50 Hz。因此，泵除了在启动时要用变频装置外，还要在正常运行条件下继续使用变频器，将 50 Hz 变到 60 Hz。

变频器在美国只用于启动主泵，泵启动之后就被旁路掉了，在中国则要持续运行。而变频装置的主要功能元件为电子元器件，需要定期保养和维护，变压器和冷却等辅助系统也需要定期保养和维护。

变频装置长期使用寿命不高，影响寿命的主要因素为关键元器件、电容和辅助系统的泵阀等，需要维修和更换，增加了预防和日常维护的工作量，增加了维修、更换费用。

短期内要为中国市场开发 50 Hz AP1000 屏蔽泵非常困难。这并不是泵本身的问题，而是因为电厂设计、安全评审都是在 60 Hz 泵前提下完成的。改 50 Hz 会影响惰转特性、增大泵的尺寸、增加设备占用空间，对安全壳的结构和工程进度都会产生影响。

11.5.9.4 主泵的维修问题

尽管屏蔽泵与常规轴封泵比较，具有其本身的特点，减少了预防性维修的工作量；但要确保 60 年核电厂设计寿命，不发生任何故障，不需要类似解体检修的事情发生，这不是一件容易的事情。虽然从设计的角度上可以这么考虑，这样设想，但实际运行中，不管你如何管理得好，总有不可预见的事故发生，最后不得不进行解体维修。

AP1000 屏蔽主泵在结构上比以前使用过的屏蔽泵更为复杂，特别是增加了飞轮，可能产生的故障风险会更大。因此，必须考虑 AP1000 主泵的可维修性，并应引起足够重视。

西屋公司在厂房设计时，对屏蔽泵的检修运输通道有了一定的考虑，但从介绍的情况和提供的资料来看，还不够详细，给的几张泵移出运输图从时间上来看，也是从其他资料中拼凑出来，且可以发现现场的操作空间是非常狭小的，实际操作将会很困难。同时在他们的介绍中，这些检修专用设备和小车容器及去污设备等在提供泵时将不会考虑，需要将来检修时开发，这就要求西屋公司及 EMD 公司在厂房布置时，必须留足空间，为以后打下基础。将来设计制造这样的专用工具及设施（包括热厂房设施）也将是一笔不菲的费用。如果到时需请外国公司进行，则在费用上会更高，同时实施时间上需要要有前瞻性。

11.5.9.5 主泵设计验证

由于 AP1000 主泵没有样机，只是第一台泵按原型泵的要求进行试验。因此，针对第一台泵的试验，一方面是对这台泵自身性能的测试；另一方面也是对 AP1000 主泵设计的验证。

(1) 第一台泵需要进行的试验

应用于核电厂的主泵不仅结构复杂，而且工作条件苛刻，技术要求严格。为了保证主泵长期可靠运行，都要求三门的第一台泵不仅要在全尺寸主泵回路上进行长期的考验运行，而且要模拟核电厂实际条件，进行规定的异常工况试验。如冷却水断失试验等。

西屋提供了首台泵组的试验大纲，提出最少 500 h 在额定电厂温度和压力下的试验，这些实验内容包括：

1）无载荷轴向推力试验；

2）无载荷饱和试验；

3）轴向载荷推力试验；

4）水压性能试验；

5）倒转可操作性试验；

6）回路加热试验；

7）甩负荷试验；

8）降电压启动试验；

9）温升与热绝缘电阻试验；

10）电平衡试验；

11）外部冷却水丧失试验；

12）惰转试验；

13）试验后的解体检查；

14）各个飞轮 在125％ 速率下的超速试验。

（2）后续泵需要进行的试验

后续产品只进行50 h在额定电厂温度和压力下的出厂验收试验，试验的具体内容包括：

1）水压性能试验；

2）回路加热试验；

3）温升与热绝缘电阻试验；

4）电平衡试验；

5）惰转试验；

6）各个飞轮 在125％ 速率下的超速试验。

（3）可能存在的问题

由于AP1000没有生产原型泵，只是第一台泵按照原型要求进行相关试验，如果试验结果表明没有达到合同规定的性能指标，是否对设计进行修改。而这种修改，再重新生产相关部件和再试验，在工程进度上时间是非常紧迫的。

11.5.9.6　检验、试验及其问题

（1）部件的试验和检验

1）转子试验：① 带屏蔽套的转子进行高压炉水压试验；② 带屏蔽套的转子进行抽真空、哄干及喷氦检漏试验；③ 高速动平衡：1 800、2 250 rpm两次动平衡。

2）定子试验：① 定子屏蔽套水压试验，试验压力3 750 psi。所用工装即适合定子屏蔽套，也适合泵壳；② 定子屏蔽套和接线盒的检漏试验；③ 定子夹套的水静压试验。

3）飞轮试验；① 上飞轮、下飞轮制造模拟试验；② 超速试验。

（2）型式试验

首台500 h，冷态、升温、热态、降温水力性能、电气性能、热瞬态、冷却水断失、热备用、惰转、启停和稳态运行试验。

AP1000不做1∶1推力轴承考核试验，对圆周速度没有限制，信心建立在经验基础上。根据计算选取水膜厚度，已做过很多试验。

(3) 出厂试验

第二台开始每台 50 h 冷、热态性能试验。

(4) EMD 现有的试验台架

EMD 公司有 10 个水力试验回路,1 个水力模型试验台,9 个为高温高压的试验回路,以满足不同工程项目要求的水力试验,管路内径为 2～37 in。最大试验台架试验电源能力为 10 000 kVA,试验台架可以满足 AP1000 主泵试验要求和能力。

(5) AP1000 主泵试验需要关注的问题

EMD 已有的试验回路能够满足 AP1000 主泵试验要求,但由于与美国政府的产品试验安排有冲突,不一定能够用在 AP1000 上。EMD 准备为 AP1000 主泵设计建造新的试验台架。台架建设需要约两年半时间,而第一台主泵的试验在主合同生效后三年半,尽管有一年的余量,但必须关注试验台架的按时建设和进度,一旦台架不能按时投入使用,将成为主泵生产的关键路径,影响主泵的生产进度。

11.5.9.7 主泵的生产进度问题

EMD 提供了首台主泵产品的进度计划,试验后离发运时间为 5 个月,用于处理试验中可能发现的问题,EMD 认为根据其以往的开发经验,5 个月的时间是足够的。

首台主泵产品在试验期间可能发生的问题主要集中在水力性能、轴承磨损、电机发热、及动、静摩擦现象等几个方面。

AP1000 主泵的水力部件的原型是 EMD 成熟产品 93 型轴封泵的水泵,EMD 有成熟的水力性能调整软件,通过对产品叶轮型线的测量,经过计算,给出修正意见。一般经过叶轮修型,在台架试验时,水力性能的偏差可控制在 2%以内。一旦在台架试验时发现水力性能偏差,也可用上述方法在较短的时间内进行修正,不会耽误多少时间。

轴承的问题可分为轴承发热和轴承磨损两种。对于轴承发热,主要有两个原因:一是性能不好,二是冷却润滑不好。对于轴承性能,EMD 轴承的性能不至于出现问题;但对于冷却条件,将依靠电机一次冷却水分配的流量保证。在台架试验中发生轴承发热问题,若仅需调整水路,不会耽误多少时间;若要调整辅叶轮,估计时间较长。但只要在技术设计阶段充分注意电机一次水路的分析计算,调整辅叶轮的可能性还是比较小的。对于轴承磨损,在台架试验的短期间内,基本不会发生,除非轴承冷却恶化到严重地步。

屏蔽电机的冷却条件相对普通电机要好,其主要损耗全集中在电机气隙腔,只要控制好一、二次冷却水的总流量,就不易发生电机发热问题。但一旦发生电机发热,问题往往发生在绕组或铁心短路,则比常规电机难处理,一般 5 个月较难完成。但这种情况不是设计本身的问题,而是制造质量的问题。

动、静部件相擦是最难处理的问题。这个问题的处理涉及各种径向不平衡力的分析计算和轴系刚度的调整,不是短期内可完成的。

AP1000 主泵的飞轮计划安排用于制造和试验验证的两个模拟验证件,飞轮的制造质量和超速特性等应该能够提前得到验证,不直接影响 5 个月的进度。但是飞轮装配到机组上的惰转特性、飞轮的冷却以及由飞轮带来的振动特性尚需在机组回路试验中验证,前述已经就冷却等问题进行了分析,如果出现问题,处理时间是比较长的。对于惰转特性,在空气中的计算分析较准确,且有长期使用经验验证和修正;但由于我们在水中的惰转特性经验数据不多,EMD 也介绍没有太多的屏蔽泵飞轮使用经验,计算的准确性尚无法判断,如果飞轮的惰转特性无法满足要求，飞轮的变更时间会远远大于5个月。

综上所述，对于首台带飞轮的大功率屏蔽泵，一旦试验出现比较大的问题，5个月的处理时间是不够的。因此，应该敦促EMD提前开展模拟制造和试验验证，在拿到订单后提前制造首台产品，提前进行机组的试验验证。

11.5.10　AP1000主泵比较分析

11.5.10.1　与其他电厂所用主泵关键参数比较

表11-5-3给出了国内几个电厂所用主泵和AP1000主泵的重要参数比较。从中可以发现AP1000主泵具有以下特点。

表11-5-3　AP1000主泵重要参数比较

参数 \ 主泵	AP1000主泵	秦山二期主泵	岭澳扩建主泵	田湾主泵
泵型号	立式、单级、离心式屏蔽泵(60 Hz)	100/50 Hz立式、单级、离心式轴封泵	100/50 Hz立式、单级，离心式轴封泵	立式、单级、离心式轴封泵(50 Hz)
电机型式	鼠笼式感应电动机	鼠笼式异步电动机	交流鼠笼式感应电动机 异步电动机	双速、立式、鼠笼型三相感应异步电动机
设计寿命/a	60	40	40	40
台数/台	4	2	3	4
外形尺寸(总高)/m	6.69	8.183	8.183	10.83
单泵重量/t	89.73	104	104	≈120
主泵机组总效率(额定工况)	61%	>79%	>79%	>76%
设计压力/MPa	17.23	17.23	17.23	17.64
总扬程/m	111.3	96	97.2	60.2
设计流量/m^3/h	17 886	24 290	23 790	22 000
热态消耗功率/kW	4 832	6 462	6 680	5 100
生产周期(原材料采购到完工交货)	59	58(扩建)	41	暂无
生产国家	美国	日本	法国	俄罗斯
技术先进性	新技术：1. 屏蔽泵增加飞轮；2. 在AP600的基础上放大结构尺寸；3. 采用变频器技术	成熟技术	成熟技术	成熟技术

从泵的类型上看，AP1000电厂采用的是屏蔽泵，而其他核电厂(秦山二期、岭澳扩建、

田湾)都采用离心式轴封泵。由于AP1000主泵没有轴密封装置,因而消除了因轴密封失效导致失水事故的可能性,从而大大提高了安全性,也减少了泵的维修工作量。另外,由于每台蒸汽发生器各有2台主泵,主泵直接与蒸汽发生器的下封头连接。这种结构设计取消了主泵与蒸汽发生器之间的冷却剂管道,降低了环路的压降,简化了蒸汽发生器、泵和管道支承系统。

从设计寿命上看,AP1000电厂主泵的设计寿命是60年,而其他电厂主泵的设计寿命只有40年。在外形尺寸(高度)上,AP1000电厂主泵最低,仅有6.69 m,而其他电厂主泵高度都超过了8 m;从单泵重量上来看,AP1000主泵约90 t,其他电厂主泵超过了100 t;从主泵扬程上来看,AP1000主泵扬程最高,达到了111 m。

AP1000电厂主泵跟别的电厂主泵相比也具有某些方面的缺点,一是主泵机组总效率(额定工况)低,仅有61%,而其他主泵都在76%以上。AP1000主泵主要是因为屏蔽泵组屏蔽套的原因,电机效率非常低,目前,屏蔽泵效率达到60%已经是世界先进水平。而且还因为屏蔽泵内部构件高度集成,机组及零部件的可靠性要求高,对材料、制造、检验、试验等要求严格,因此造价比较昂贵,经济性不具有优势。

二是AP1000主泵在使用时还需要使用变频器,西屋AP1000屏蔽泵是按照60 Hz设计的,而中国的电网是50 Hz。因此,泵除了在启动时要用变频装置外,还要在正常运行条件下继续使用变频器,将50 Hz变到60 Hz来维持主泵的正常工作。变频装置的主要功能元件为电子元器件,需要定期保养和维护,变压器和冷却等辅助系统也需要定期保养和维护。变频装置长期使用寿命不高,影响寿命的主要因素为关键元器件、电容和辅助系统的泵阀等,需要维修和更换,增加了预防和日常维护的工作量,增加了维修、更换费用。

归纳起来,AP1000电厂主泵跟其他电厂主泵相比,具备设计寿命长,不易泄漏,少维修;同时具备单泵重量最轻,外形尺寸高度低,扬程高,重量轻等优点,同时,也具有效率低,经济性不具备优势,主泵运行时还需要使用体积庞大的变频器,增加了日常维护的工作量等方面的问题。

11.5.10.2 与类似电厂主泵比较

AP1000主泵的设计特性和额定参数与已获设计证书的AP600和西屋公司典型两环路电厂主泵的额定参数比较如表11-5-4所示,参考两环路电厂的代表数据是Waterford-3号机组的数据。

表11-5-4 AP1000电厂主泵与类似电厂主泵额定参数比较

系统-部件	AP1000	AP600	参考两回路电厂
型式	屏蔽式	屏蔽式	轴密封式
数量	4	4	4
额定功率	7 300 hp/泵 (5 443.61 kW/泵)	≤3 500 hp/泵 (2 609.95 kW/泵)	9 700 hp/泵 (7 233.29 kW/泵)
每环路估算流量	150 000 gpm (34 068.71 m^3/h)	102 000 gpm (23 166.72 m^3/h)	198 000 gpm (44 970.69 m^3/h)

11.6 一体化堆顶组件

11.6.1 简介

一体化堆顶组件把几个分离的部件合并成一个组件来简化反应堆换料。其目的就是要通过合并跟反应堆压力容器一体化顶盖在换料停堆期间移动相关的操作，减少停堆时间和人员的放射性暴露。此外，一体化封头概念减少了在安全壳中要求的存放空间。

11.6.2 IHP 构成

一体化堆顶组件的外型尺寸是 144 in 外径、818 in 长，压力容器顶盖法兰外径是 188 in，有 4 个冷却风机，采用单螺栓拉伸机。

一体化堆顶组件是压力容器顶盖的一个组装部件，包括顶盖、控制棒驱动机构、控制棒定位指示器、控制棒驱动机构的冷却挡板、堆芯测量仪表、堆内仪表系统支撑结构、空气出口增压、顶盖通风管道、一体化堆顶组件的屏蔽罩、抗振支撑板、一体化堆顶组件吊耳、电缆、电缆连接器，以及附着在顶盖上的其他结构物。一体化堆顶组件主要构成部件包括：

1）罩盖组件和 CRDM 冷却系统；

2）提升系统；

3）CRDM 抗震支撑；

4）悬吊托架和电缆支撑结构；

5）电缆；

6）堆内仪表系统支撑结构。

11.6.3 IHP 特点

一体化堆顶组件将这些分开的部件与顶盖一起组成一个结构，在更换燃料时，可以作为一个单个的结构被拆除和移动到储存架上。

采用一体化堆顶组件可以缩短停堆周期、优化占用空间、便于电缆断开和连接、提高操作人员的安全性、减少人力要求。

11.7 堆内构件

11.7.1 组成

（1）上部堆内构件

上部堆内构件位于堆芯上部，由上部支撑板、支撑柱、上堆芯板、导向管组件和相应的附件组成，如图 11-7-1 所示。

支撑柱位于上部支撑板和上堆芯板之间，其上端和下端分别固定在上部支撑板和上堆芯板上，支撑柱在这两块板之间传递机械载荷。

仪表导向管组件内部设有固定式堆内探测器，在探测器安装过程中、探测器拆卸过程中

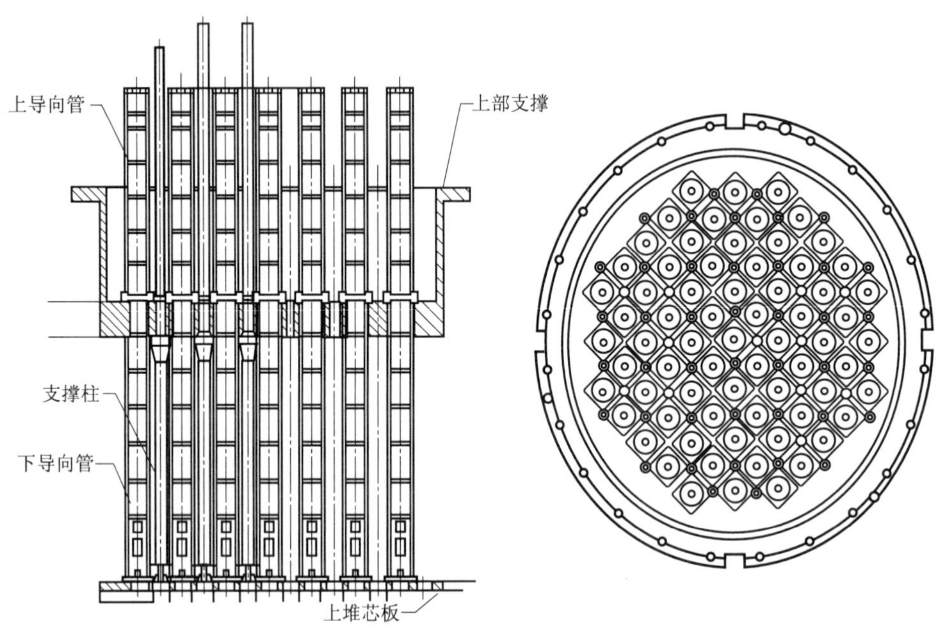

图 11-7-1　上部堆内构件结构

和反应堆功率运行时导向管组件均可以为探测器提供保护通道。

控制棒导向管组件为控制棒和控制棒驱动杆提供保护通道，并提供导向作用。控制棒导向管组件固定在堆芯上支撑板上，并通过销钉与上堆芯板连接，以便于更好的定位和支撑。

在吊篮和上部堆内构件之间设置有一个压紧弹簧，通过上封头的安装可以压缩压紧弹簧，对吊篮预加载荷。

竖直载荷，包括重力、地震加速度、水力载荷和燃料组件的预加载荷，经过上堆芯板、支撑柱、上部支撑板，最后传递给压力容器顶盖。径向载荷，包括冷却剂径向流动、地震加速度和一些可能的振动，通过支撑柱分配给上部支撑板和上堆芯板。上部支撑板具有足够的刚性，以减少变形。

(2) 下部堆内构件

下部堆内构件的主要材料为 300 系列的奥氏体不锈钢。下部堆内构件和吊篮一起悬挂在压力容器法兰的凸肩上，并由与压力容器内壁连接的径向支撑结构来限制其径向运动。径向支撑结构由堆芯吊篮组件下部的导向定位装置组成。这些导向定位装置与压力容器上的 U 形嵌入件相配合，用于限制堆芯吊篮下部的转动和或平移运动，但允许径向热膨胀和轴向位移。

堆芯围筒位于吊篮内部，堆芯下支撑板上部。围筒形成了堆芯的径向边界，用于引导冷却剂流过堆芯。通过对燃料组件与围筒之间的空腔尺寸的控制，可以控制通过堆芯的冷却剂流量。堆芯围筒作为圆形堆芯吊篮和方形燃料组件之间的过渡区域。

竖直向下的载荷，包括重力、预压的燃料组件、控制棒动态载荷、水力载荷和地震加速度等，由堆芯下支撑板来承担并通过吊篮壳体传递到吊篮的法兰上。地震加速度、冷却剂径向流动和振动等径向载荷由吊篮壳体来承载，通过吊篮壳体并利用下部径向支撑结构传递到压力容器的筒壁和法兰上。燃料组件造成的径向载荷通过堆芯下支撑板与吊篮筒体的直接连接和上部堆芯板的对中销传递到吊篮的筒体上。

在假想事故后发生堆内构件向下运动的情况下，二次支撑结构可以作为能量吸收器，限制作用在压力容器上的动态载荷。另外，二次支撑结构将竖直载荷均匀地传递给压力容器，限制吊篮的轴向位移，从而防止在吊篮断裂时控制棒从堆芯中抽出过多，造成反应堆严重的超临界事故。另外，二次支撑机构也可以用来防止在吊篮断裂时控制棒完全从堆芯抽出，从而导致在堆顶的控制棒无法正常插入堆芯。

下腔室涡流抑制板位于压力容器的下腔室内，用来限制冷却剂进入下腔室空间时产生的涡流。涡流抑制板由堆芯下支撑板的支撑柱来提供支撑。

在堆芯中心平面的高度处，在吊篮外壁设置了辐照监督套管，用于监督压力容器的辐照损伤发展情况。

下部堆内构件包括堆芯吊篮、堆芯下支撑板、二次堆芯支撑结构、涡流抑制板、堆芯围筒、辐照监督套管、径向支撑结构和相应的附件。反应堆运行期间，吊篮引导冷却剂从压力容器进口接管进入下降段，然后进入下腔室。冷却剂转向后向上流经堆芯下支撑板，然后进入堆芯区域。小部分的旁通流量不经过堆芯，用来冷却压力容器顶盖和堆芯围筒，如图11-7-2所示。

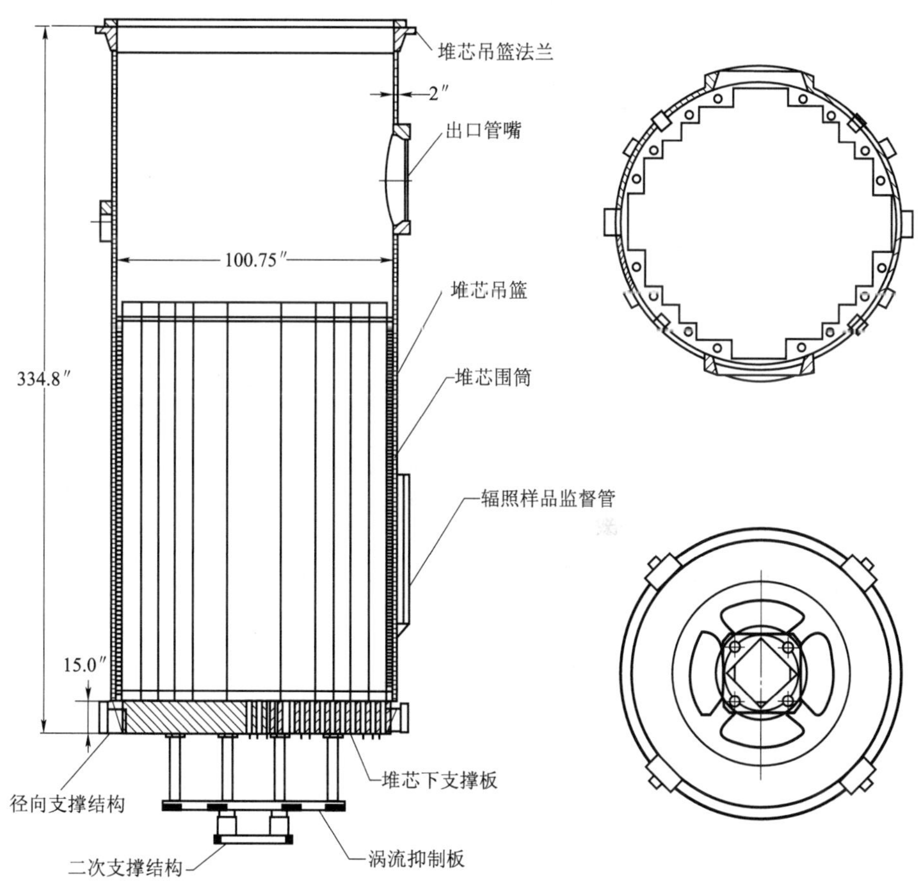

图11-7-2 下部堆内构件

11.7.2 堆内构件和堆芯支承材料

反应堆堆内构件用主要堆芯支承材料是 SA-182、SA-479 或者 SA-240 的 304,304L,304LN 和 304H 型不锈钢。按照 RG1.44 的要求,制造厂进行的这些材料的任何焊接都要求每一种焊接工艺按最大的碳含量和热输入进行焊接工艺评定。螺纹结构紧固件用材料是应变硬化的 316 型不锈钢,连接压力容器 U 镶块的螺栓用 UNS N07718 或者 N07750 材料。不用 304,304L,304LN 和 304H 型不锈钢制造其余堆内构件零件,包括径向键、镶块、燃料组件定位销(Stellite6 或者 156 或者低钴硬质合金层)的硬质堆焊层;定位销钉(316 型);压紧弹性环(403 型不锈钢(改进的));镶块(UNS N06690)和辐照试样弹簧(UNS N07750)。堆芯支承结构和螺纹结构紧固件材料在 ASME 规范第Ⅲ卷,附录Ⅰ(由规范案例 N-60 和 N-4 补充)中规定。

在 AP1000 堆内构件中限制使用铸造奥氏体不锈钢(CASS)。如果使用,则铸造奥氏体不锈钢应限制碳含量(低碳级别:L 级)和铁素体含量,并进行热老化影响的评估。

设计中考虑了 AP1000 反应堆堆内构件的估计峰值中子注量的影响。当前压水反应堆中发现的堆内构件辐照促进应力腐蚀开裂敏感性或辐照肿胀问题在堆内构件材料可靠性大纲中已经加以叙述。AP1000 反应堆堆内构件的材料选择将考虑此大纲中所得的信息。AP1000 反应堆堆内构件不使用镍-铬-铁 600 合金。堆内构件材料如表 11-7-1 所示。

表 11-7-1 堆内构件材料

序号	Internal	堆内构件	材料
1	Structural Components	结构部件	• ASME SA-479,Type 304 (bar stock) • ASME SA-240,Type 304 (plate) • ASME SA-182,Type 304H (forging) • ASME SA-358,Type 304 (pipe) • ASME SA-213,Type 304 (tube) • ASME SA-249,Type 304 (tube) • Type 403 (forging-modified)
2	Fasteners	紧固件	• ASME SA-479,Type 316 (ASME Code Case N-60) • ASME SA-193,Grade B8M,Class 2 (bolting) • ASME SA-194,Grade 8 (nut)
3	Locking Devices	闭锁装置	ASME SA-479Type 304L (bar stock)

11.7.3 堆内构件安全、地震与规范分级

表 11-7-2 给出了堆内构件安全、地震与规范分级。

表 11-7-2 堆内构件安全、地震与规范分级

堆内构件分级类别(某些个别部件可能不同)	等级
安全	Class C
地震	Ⅰ
规范	ASME Ⅲ

11.7.4 堆内构件和堆芯支承部件的焊接

11.7.4.1 清洁和污染物防护的工艺规程

对于核蒸汽供应系统及部件的奥氏体不锈钢在制造、安装和试验过程中，按照已认可的将可能导致产生应力腐蚀开裂的污染物减到最小的方法进行保管、防护、贮存和清洁。这些工艺规程中规定了特殊的控制工艺。奥氏体不锈钢研磨操作中所使用的工具，如磨具或钢丝刷，不得含有铁素体碳钢或可能引起晶间腐蚀或应力腐蚀裂纹的其他材料。

这些工艺规程补充了采购的AP1000每个奥氏体不锈钢部件或系统(不论ASME规范分级)的设备规格书或采购订单的要求。工艺规程详细说明了这些要求并遵循ASME NQA-2。

反应堆冷却剂压力边界奥氏体不锈钢部件要符合RG. 1. 37“水冷核电厂流体系统和相关部件的清洁质保要求”的要求。

11.7.4.2 固溶热处理要求

所用奥氏体不锈钢在最终热处理状态下使用，并符合相应的ASME规范第Ⅱ卷材料技术条件对指定类型或级别的合金的要求。

11.7.4.3 材料试验大纲

奥氏体不锈钢材料若固溶处理后水淬，则简单形状的产品不需要进行腐蚀试验。简单形状定义为板材、薄板、棒材、管材以及锻件、配件和当水淬时没有阻碍快速冷却的不可达腔室的其他形状的产品。不可达腔室的特征是与淬火过程中水的进入有关，而不是在役检查所确定的部件可达性。

如果要求试验，则依据工艺规程，遵循ASTM A262 A或E法进行试验。

11.7.4.4 非稳定化奥氏体不锈钢晶间腐蚀的预防

如果非稳定化不锈钢被敏化，在存在某些物质，如氯化物和氧，以及应力条件下使用，非稳定化不锈钢可能遭受晶间腐蚀，在反应堆冷却剂系统内，依靠下述方法来实现消除或避免这些情况：

1) 控制一回路水化学以提供一个良好的环境；

2) 在最终热处理状态下使用材料，并禁止在800 ℉(426.67 ℃)～1 500 ℉(815.56 ℃)温度范围内的热处理；

3) 控制焊接方法和工艺以避免热影响区敏化；

4) 确认制造一回路压力边界内部件和反应堆堆内构件所使用的焊接工艺不会导致热影响区的敏化。

关于这些措施中的更多信息见以下各段落。

控制反应堆冷却剂水化学以避免有害元素侵入。特别是氧和氯化物的最大容许浓度分别为0.005 ppm和0.15 ppm。表11-7-3列出了推荐的反应堆冷却剂水化学技术条件。

表 11-7-3 反应堆冷却剂水化学技术条件

电导率	由硼酸和碱的浓度确定。预期范围:25 ℃时 1～40 μs/cm[1]
溶液 pH	由存在的硼酸和碱的浓度确定 25 ℃时预期值范围为在 4.2(高硼酸浓度)和 10.5(低硼酸浓度)之间 在正常运行温度下,数值将为 5.0 或更大
氧[2]	≤0.1 ppm
氯化物[3]	≤0.15 ppm
氟化物[3]	≤0.15 ppm
氢[4]	25～50 cm^3(STP)/kg H_2O
悬浮固体[5]	≤0.2 ppm
pH 控制剂(LiOH)[6]	按照燃料保证合同,锂和硼相互调整
硼酸	硼在 0～4 000 ppm 变化
二氧化硅[7]	≤1.0 ppm
铝[7]	≤0.05 ppm
钙[7]+镁	≤0.05 ppm
锰	≤0.025 ppm
锌[8]	≤0.04 ppm

注:1) 1 μs /cm=10^{-6} 西门子/厘米;

2) 在电厂运行超过 200 ℉(93.33 ℃)之前,反应堆冷却剂中氧的浓度通过联氨去除,必须控制在 0.1 ppm 以下。电厂在规定的冷却剂氢浓度下运行期间,残余氧的浓度不超过 0.005 ppm;

3) 不管系统温度如何,卤素的浓度必须维持在规定值以下;

4) 电厂在核功率超过 1 MW 下运行时,必须在反应堆冷却剂中保持氢的浓度。正常运行范围应为 30～40 cm^3 (STP)H_2/kg H_2O;

5) 使用 0.45 μm 孔尺寸的过滤器过滤来确定固体浓度;

6) 在升温超过 150 ℉(65.56 ℃)之前,进行启动试验,必须建立规定的锂浓度。在没有硼酸的情况下进行冷水压试验和热功能试验时,必须保证氢氧化锂在反应堆冷却剂中的浓度,以抑制卤素应力腐蚀开裂;

7) 在反应堆冷却剂技术规范书的表格中包括了这些限值,作为检测冷却剂纯度的推荐标准。最好用目前的数据库进行判断,来确定冷却剂纯度在所示物质的限值以内,以减少杂质在燃料包壳中的沉积,这些杂质沉积会影响包壳的抗腐蚀性和导热性能;

8) 技术规格书要求在电厂运行期间注入锌元素时,锌的浓度应保持不高于 0.04 ppm 或按换料安全分析的规定。

在相应的工艺技术条件中规定了在制造、运输和贮存过程中的预防措施以防止氯化物进入系统。使用超压氢来排除运行过程中氧的存在。

试验室试验和运行经验都已证明这些控制的有效性。在早期西屋压水反应堆中,长期与反应堆冷却剂环境接触的严重敏化不锈钢并未造成任何晶间腐蚀的迹象。参考文献[18] WCAP-7477 说明了试验室的试验结果和反应堆运行经验。自参考文献[4]发布后更进一步的确认了以前的结论:严重敏化的不锈钢在西屋压水堆冷却剂环境中没有产生任何晶间腐蚀迹象。

尽管压水堆冷却剂水侵蚀敏化不锈钢没有晶间腐蚀迹象,但反应堆冷却剂系统部件避免采用敏化不锈钢仍是好的冶金学方法。

因此,采取禁止使用敏化不锈钢的措施以防止部件在制作过程中发生敏化。用于反应堆冷却剂压力边界的锻造奥氏体不锈钢，在下列条件之一下使用：

1）固溶退火和水淬；

2）固溶退火和冷却时经过敏化温度区间不超过 5 min。

西屋公司通过对锻造材料进行腐蚀试验，以验证这些措施会防止敏化。

焊接部件的热影响区必然会经过敏化温度区间[800～1 500 ℉(426.67～815.56 ℃)]。然而，通过控制焊接参数和焊接工艺，可以避免严重敏化(连续的铬的碳化物在晶界析出，使邻近区域贫铬)。最重要的是热输入和经过碳化物析出范围的冷却速率。西屋公司已通过大量焊件的腐蚀试验证实了这点。

奥氏体压力边界焊接件的热输入控制如下：

1）限制最大层间温度至 350 ℉(176.67 ℃)；

2）对焊接工艺规程进行认可；

3）要求工艺评定。

11.7.4.5 暴露于敏化温度的非稳定化奥氏体不锈钢的复试

如果在制作过程中，钢不慎暴露于敏化温度范围，材料可根据工艺规程，按照 ASTM A262 进行晶间腐蚀试验，以验证该材料对晶间腐蚀不敏感。下述情况下不要求进行试验：

1）铁素体含量不小于 5%的焊缝金属或铸造金属；

2）材料的碳含量不大于 0.03%；

3）材料经过特殊加工，规定如下：

① 适当控制加工过程以获得均匀产品；

② 有足够的服役经验和/或试验数据来证明加工过程不会导致增加晶间腐蚀敏感性。

如果该材料没有验证对晶间腐蚀不敏感，则对该材料重新固溶退火处理和水淬或拒收。

11.7.4.6 焊接的控制

下面段落论述了 RG.1.31，“不锈钢焊缝金属铁素体含量的控制”。阐述了奥氏体不锈钢焊接所采用的方法以及对这些方法的验证。

控制奥氏体不锈钢焊接以减小焊缝中出现微裂纹或热裂纹。

已经有很多文件证明 δ 铁素体是降低不锈钢焊缝对热裂纹敏感性的机理之一。材料会产生热裂纹倾向的最小 δ 铁素体含量介于 0%～3%。

下面段落讨论了用于按照 ASME 规范第Ⅲ卷 1 级、2 级部件和堆芯支承的设计、制作或标记的不锈钢部件接头的焊接工艺。δ 铁素体控制适用于上述的焊接要求，除非不使用填充金属或 δ 铁素体控制不适用，如电子束焊、全自动钨极气体保护焊、爆炸焊、使用全奥氏体焊接材料的焊接。

制作和安装技术条件要求按照 ASME 规范第Ⅲ卷进行焊接工艺评定和焊工评定。用于焊接工艺评定试验和生产过程的奥氏体不锈钢焊接材料应包括 δ 铁素体含量的测定。

焊接材料的未稀释焊缝熔敷金属必须含有至少 5%的 δ 铁素体。(当量铁素体数可以代替 δ 铁素体百分数。)铁素体含量是通过采用 ASME 规范第Ⅲ卷相应的焊缝金属组成图经化学分析和计算确定的，或使用标定的磁性测量仪来确定。

当对要应用的新的焊接工艺进行评定时，包括原材料的焊接修补，按照 ASME 第Ⅲ卷和第Ⅸ卷的要求进行。

破坏性试验和无损试验的试验结果记录在工艺评定记录中，ASME 规范第Ⅲ卷要求的信息也要记录在工艺评定记录中。

用于奥氏体不锈钢材料和部件的制作和安装焊缝的焊接材料满足 ASME 规范第Ⅲ卷的要求。对于使用的奥氏体不锈钢焊接材料，如 308，308L，309，309L，316 或 316L 应符合 ASME 焊缝金属分析 A-8 的要求。

钨极气体保护焊(GTAW)、等离子弧焊(PAW)用奥氏体不锈钢焊缝填充金属以及钨极气体保护焊(GTAW)、等离子弧焊(PAW)或熔化极气体保护焊(GMAW)用的焊接材料，包括熔化嵌条，应根据 ASME 第Ⅲ卷 NB-2432.1(c)或 NB-2432.1(d)使用磁性测量仪在熔敷金属上测量铁素体含量，或者根据 NB-2432 采用化学分析的方法，对填充金属或未经稀释的焊缝熔敷金属进行化学分析测定铁素含量。对低钼含量的焊接材料，允许的铁素体含量为 5 FN～20 FN，对高钼含量的焊接材料，如含钼 2.0%～3.0%的 316/316 L 型焊接材料，允许的铁素体含量为 5 FN～16 FN。

手工电弧焊(SMAW)、埋弧焊(SAW)或电渣堆焊(ESW)用奥氏体不锈钢焊缝填充金属及除了钨极气体保护焊(GTAW)、等离子弧焊(PAW)或熔化极气体保护焊(GMAW)用的以外的其他焊接材料应根据 ASME 第Ⅲ卷 NB-2432.1(c)或 NB-2432.1(d)使用磁性测量仪在熔敷金属上测量铁素体含量或根据 NB-2432 采用化学分析的方法，参照图 NB-2433.1-1，对未经稀释的焊缝熔敷金属进行化学分析测定铁素含量。对低钼含量的焊接材料，允许的铁素体含量为 5 FN～20 FN，对高钼含量的焊接材料，如含钼 2.0%～3.0%的 316/316L 型焊接材料，允许的铁素体含量为 5 FN～16 FN。

焊接材料使用产品焊接所采用的焊接输入能量进行试验。

焊接工艺使用认可的炉号和批号焊接材料的组合。焊接质保大纲包括对相应炉号和批号焊接材料的识别和控制。根据认可的包括材料审查、评定记录和焊接参数的检验规程，对焊缝制作进行监测。焊接系统还要进行下列检测：

1) 质保监查，包括测量仪器和仪表的标定；

2) 焊接材料的标识；

3) 焊工和工艺评定；

4) 认可的焊接和热处理规程的有效性和应用；

5) 材料，焊接参数和检验要求的符合性文件证明。

按照 ASME 规范第Ⅲ卷，用无损检测方法对制作和安装焊缝进行检测。

为验证这些控制的可靠性，西屋公司已经编制了 δ 铁素体检验大纲，见参考文献[19]WCAP-8324-A。该大纲已经认可为一个验证西屋假设的有效方法并认为是符合 NRC 中期报告关于 RG.1.31 的可接受的替代方法。1974 年 12 月 30 日接收了管理人员的验收信和专题报告评估。参考文献[20]WCAP-8693 中总结了支持参考文献[20]所阐述的假设的大纲结果。

11.7.4.7 奥氏体不锈钢的冷作控制

冷加工奥氏体不锈钢的使用仅限于在已证明无替代材料，并且这些冷加工材料在类似应用中成功使用的小零件，包括销和紧固件。压力边界应用中的奥氏体不锈钢冷加工控制是通过限定奥氏体不锈钢原材料的硬度和在制作过程中通过弯曲，冷成形，矫直或其他相似操作来控制硬度而实现的。与反应堆冷却剂接触的材料的磨削采用程序进行控制。磨削表面依次用更细粒度的磨粒进行打磨以去除大部分的被冷加工的材料。

11.7.5 管状制品和配件的无损检测

锻造无缝管状制品和配件的无损检测符合ASME规范第Ⅲ卷，NG-2500。验收标准符合ASME规范第Ⅲ卷，NG-5300的要求。

11.8 控制棒驱动机构

11.8.1 功能

控制棒驱动机构的主要作用是在堆芯中以特定的速度插入和抽出53组控制棒组件和16组灰棒控制组件，以控制堆芯平均温度。在启动和停堆过程中，则用于控制反应性的变化。控制棒驱动机构如图11-8-1所示。

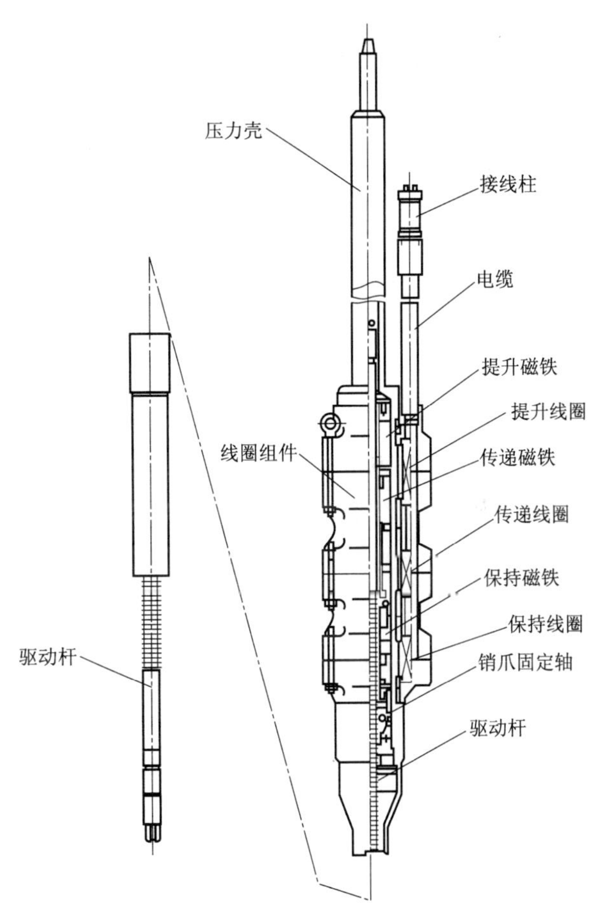

图11-8-1 控制棒驱动机构

11.8.2 组成

控制棒驱动机构由承压壳体、线圈组件、钩爪组件和驱动杆组件组成。

控制棒驱动机构采用磁力提升的钩爪组件来控制驱动杆的运动。钩爪组件的动作受保持线圈、传递线圈和提升线圈的得失电次序控制，而3个线圈的控制脉冲由程序自动控制，从而最终实现了对控制棒运动的控制。

控制棒驱动机构的承压壳体采用一体化结构。驱动杆行程壳体位于耐压壳体的上部，在控制棒从堆芯抽出的过程中为驱动杆提供向上移动的空间。驱动杆行程壳体为一体化结构，与一体化封头一起为控制棒驱动机构提供抗震支撑。钩爪壳体包容钩爪组件，位于承压壳体下部。

线圈组件包括线圈壳体、电缆、接线柱和3个工作线圈：保持线圈、传递线圈和提升线圈。线圈组件为一独立结构，安装在驱动机构外部，并可以沿钩爪壳体外部滑动。线圈组件坐落在钩爪壳体的基座上，但没有机械连接。对工作线圈进行供电可引起磁铁和钩爪组件内的钩爪动作。

钩爪组件包括导向管、保持磁铁、传递磁铁和两套钩爪:保持钩爪、传递钩爪。钩爪与驱动杆上的沟槽相配合。提升磁铁可以使传递钩爪以每步 15.9 mm 的距离向上或向下移动,从而提升或下插控制棒驱动杆。当准备迈向下一步时,传递钩爪脱开,保持钩爪抓紧驱动杆组件。

驱动杆组件包括接头、驱动杆、脱扣按钮、脱扣杆和锁紧钮。驱动轴从一个沟槽到下一个沟槽的节距为 15.9 mm,在抓紧或移动驱动轴期间,此沟槽与钩爪相配合。接头固定在驱动轴上,用来连接控制棒驱动机构下部的棒束控制组件。脱扣按钮、脱扣杆和锁紧钮将接头与棒束控制组件可靠锁紧,并可以远距离脱开驱动杆。

与冷却剂直接接触的控制棒驱动机构部件是采用耐冷却剂腐蚀的金属材料制造的。采用的 3 种材料为:不锈钢、因科镍合金和在一定程度上受限使用的钴基合金。控制棒驱动机构已经使用这些材料成功运行了多年。

控制棒的位置通过环绕在驱动杆行程壳体周围的棒位指示器来测量。棒位指示器上安装有 48 个独立的测量线圈,当控制棒组件运动时,驱动杆穿过线圈中心,测量线圈通过电磁感应测量出控制棒的位置。

11.8.3 设计参数

(1) 燃料组件设计参数

燃料组件设计	17×17
燃料组件数量	157
每个燃料组件中燃料棒数量	264
燃料棒总量	41 448
包壳材料	ZIRLO
导向管材料	ZIRLO
包壳厚度/mm	0.57
燃料棒外径/mm	9.50
燃料芯块长度/mm	12.6
燃料组件长度/m	4.80
活性区燃料棒长度/m	4.27
导向管	24
导向管内径/mm	11.23(上部)
	10.08(下部)
导向管外径/mm	12.24
仪表导管	1
仪表导管内径/mm	11.23
仪表导管外径/mm	12.24
定位格架数量	
上、下格架	2
中间格架	8
中间搅浑格架	4

保护格架	1
(2) 棒束控制组件设计参数	
吸收体材料	Ag-In-Cd
包壳材料	304 不锈钢
包壳厚度/mm	0.47
控制棒外径/mm	9.68
组件数量	53
每个组件中控制棒数量	24
(3) 灰棒控制组件设计参数	
吸收体材料	纯 Ag 或 Ag-In-Cd
包壳材料	304 不锈钢
包壳厚度/mm	0.47
控制棒外径/mm	9.68
组件数量	16
每个组件中控制棒数量	24 个纯银棒或 12 个 Ag-In-Cd 和 12 个 304 不锈钢棒
(4) 堆内构件设计参数	
(5) 下部堆内构件	
高度/m	9.83
重量/kg	94 120
(6) 上部堆内构件	
高度/m	4.44
重量/kg	53 070
控制棒导向管数量	69
支撑柱数量	42
吊篮外径/m	3.51
压力容器设计参数	
压力容器本体重量/kg	327 000
压力容器总重量/kg (包括压力容器本体、一体化顶盖、螺栓、垫圈等)	408 000
一体化顶盖重量/kg	65 800
长度/m	13.88
内径/m	4.04
进口接管数量/根	4
出口接管数量/根	2
直接注入接管数量/根	2
进口接管内径/mm	560
出口接管内径/mm	790
螺栓数量	45
螺栓直径/mm	180

(7) 控制棒驱动机构设计参数

承压壳体长度/m	6.65
驱动杆长度/m	7.01
提升能力/kg	181
控制棒行程/m	4.24
步长/mm	15.9
驱动机构步进速度/(步/min)	最小 8,最大 72
热负荷/kW	12
一体化封头高度/m	19.8
一体化封头直径/m	4.14

(8) 控制棒驱动机构性能参数

控制棒驱动机构性能参数如表 11-8-1 所示。

表 11-8-1 控制棒驱动机构性能参数

Paramete	参 数	参 数 值
Design life	设计寿命	60 a
Classification (pressure housing) Safety Seismic Code	分级(承压壳) 安全等级 抗震分类 规范等级	AP1000 Class A Category Ⅰ ASME Ⅲ-1
Design steps (latch assembly) (pressure housing)	设计步数(夹持组件) (承压壳)	6 million steps 18 million steps
Step length, in.	步长	(0.625 ± 0.015) in[(15.9 ± 0.38)mm]
Stepping speed-maximum up or down, in/min	步进速度——最大或最小	45 in/min(114.3 cm/min)
Stepping travel (cold conditions), in	步进(冷态)	166.75 in(423.5 cm)
Driveline weight-maximum including drive rod, lb	驱动管重量——包括驱动棒最大为	400 lb (181.4 kg)
Holding time	夹持时间	不确定
Trip delay, msec	停堆延迟	<150 ms
Rod drop time (to top of dashpot)	落棒时间	2.47 s[1)]
Design temperature for parts in contact with reactor coolant, ℉	核反应堆冷却剂接触部分的设计温度	650 ℉(343.3 ℃)
Design pressure for parts in contact with reactor coolant, psia	核反应堆冷却剂接触部分的设计压力	2 500 psia(17.24 MPa)

注:1) 落棒时间 2.47 s 是设计限值,包含了对 SSE 和 LOCA 情况的考虑。对冷却剂完全丧失,落棒时间限值是 2.09 s。控制棒和驱动系统结构材料。

11.8.4　材料选择

11.8.4.1　材料技术条件

与反应堆冷却剂接触的控制棒驱动机构和控制棒驱动线的零件是由抗冷却剂腐蚀作用的金属制造的。仅使用 3 类金属材料：不锈钢、镍-铬-铁合金以及少量的钴基合金。这些材料已具有在相似的控制棒驱动机构中多年成功运行的经验。对于不锈钢材料，只使用奥氏体和马氏体不锈钢。在以低钴或者超低钴合金代替钴基合金销、棒和硬质堆焊层的情况下，替代材料是经评定和试验鉴定合格的材料[5]。

承压材料符合 ASME 规范第Ⅲ卷的要求。表 11-8-2 列出了控制棒驱动机构中反应堆冷却剂承压边界的部分材料技术条件。这些零件用奥氏体不锈钢(316，316 L，316 LN 和 304，304 L，304 LN)制造。镍-铬-铁合金(690 合金)被用作反应堆压力容器封头贯穿件。对于压力边界部件，奥氏体不锈钢不得在某些热处理状态下使用，因为这种热处理状态会由于压水堆冷却剂化学和温度环境而对应力腐蚀产生敏感性或加速腐蚀。由不锈钢制成的压力边界零件和部件，其规定最小屈服强度不大于 90 000 psi(620.528 MPa)。

表 11-8-2　控制棒驱动机构材料技术条件

部　件	材　料	类别、级别或型号
耐压壳	SA-336	F304，F304L，F304LN， F316，F316L，F316LN
控制棒行程套管	SA-336	F304，F304L，F304LN， F316，F316L，F316LN

材料选择的部分原因是基于对控制棒驱动机构和控制棒所规定的工作循环。所规定的材料使部件在满功率下最少 300 次快速落棒以及驱动杆挠性接头组件拆卸次数在 60 次下不遭受不利的影响，如过多的磨损和咬合。控制棒驱动机构和控制棒组件材料的选择应考虑其具有可接受的性能。也就是说，设计目标是达到 9×10^6 步跃循环的设计寿命。运行中的检验或变化指出更换和修整的必要性。对于控制棒驱动机构和驱动杆中未被检测的磨损，其最坏的结果是控制棒组件跌落或是在紧急停堆时控制棒不能落棒。这两种事件在安全分析中加以说明。压力边界部件不会发生因步跃循环而产生明显磨损。

内部钩爪组件零件采用热处理过的马氏体和奥氏体不锈钢制造。热处理是避免产生应力腐蚀开裂。用不锈钢制造的部件和零件，其规定最小屈服强度不大于 90 000 psi(620.528 MPa)。磁性部件浸没在反应堆冷却剂中，是由 410 型不锈钢制造。除销和弹簧外的非磁性部件采用 304 型不锈钢制造。钴合金或鉴定合格的替代材料用于制造钩爪、连杆和连接销。弹簧用镍-铬-铁合金(750 合金)制造。用不锈钢制造的钩爪齿面可采用堆焊相应的硬质材料以提高耐磨性。选择硬质镀铬用于支承和磨损表面。

驱动杆组件同样浸没在反应堆冷却剂中，并使用 410 型不锈钢驱动杆。驱动杆挠性接头用 403 型不锈钢加工而成。除弹簧用镍-铬-铁合金制造以及锁紧钮用钴合金棒料或鉴定合格的替代材料制造外，其他零件用 304 型不锈钢制造。

棒束控制组件和灰棒控制组件中的吸收棒是封闭在含有吸收材料的不锈钢管(包壳)

内。灰棒控制组件中的其他棒件由类似于吸收棒不锈钢包壳的材料制造。不锈钢包壳将反应堆冷却剂与吸收材料以及其他管内材料相隔离。吸收棒和其他棒件的外表面镀铬以提高对因步跃运动和棒的振动而导致磨损的耐磨性。棒束控制组件和灰棒控制组件中的棒件，其头部与连接柄相连，而连接柄与控制棒驱动机构的驱动杆连接。中心轴用316型不锈钢制造。

磁轭线圈的磁轭壳体暴露在安全壳大气中并要求是磁性材料。经过试验和评估，低碳铸钢和球墨铸铁是合格材料。成品磁轭使用化学镀镍以提高抗均匀腐蚀性。

线圈是用双倍玻璃绝缘铜线绕在合成线轴上。线圈真空浸渍硅树脂漆。线圈外径紧包云母片。这样做的结果是绝缘性很好的线圈能够承受392 ℉(200 ℃)的运行温度。

11.8.4.2 其他材料

对用于制作钩爪组件中钩爪、连杆和连接销的钴基合金，还没有发现应力腐蚀开裂。在钩爪组件使用硬质堆焊材料的情况下，采用相当于Stellite-6的钴基合金或合格的低钴或超低钴替代材料。通过磨损和腐蚀试验来评定用于硬质堆焊层或替代原先用钴合金的低钴或超低钴合金。腐蚀试验评定合金在反应堆冷却剂中的耐腐蚀性。考虑应用的低钴或无钴耐磨合金应包括那些在工业计划中开发和评定的合金。

控制棒驱动机构中的弹簧件用镍-铬-铁合金(750合金)制造，按航空材料标准AMS 5698和AMS 5699及对禁用材料的附加限制来定购。运行经验表明用这种材料制造的弹簧在压水堆一回路水环境中不会产生应力腐蚀开裂。750合金不适用于控制棒驱动机构螺栓件。按照标准AMS 5698，弹簧用金属丝是从热加工过的金属丝或者棒冷拉而成。金属丝要进行沉淀硬化热处理，工艺为加热到(1 350±25) ℉[(732±14) ℃]，保温(16±0.5) h，然后空冷。

控制棒驱动机构钩爪组件将使用沉淀硬化不锈钢。按照AMS 5664E的要求，沉淀硬化不锈钢将加热到(1 400±15) ℉[(760±8) ℃]，保温(10±0.5) h，炉冷到(1 200±15) ℉[(649±8) ℃]，在此温度保温20 h达到完全沉淀的热处理时间，然后冷却。

11.8.5 控制棒驱动系统的试验和验证

控制棒驱动系统在运行前要经过大量的试验。这些试验可分为5类：

1) 部件的原型试验；
2) 控制棒驱动系统的原型试验；
3) 制造完成后和安装之前部件的产品试验；
4) 现场预运行和初始启动试验；
5) 定期在役试验。

复习思考题

1. AP1000反应堆运行设计寿命是多少？
2. AP1000反应堆堆芯燃料组件的数目有多少？
3. AP1000主泵类型有哪些？每台机组有多少台主泵？

4. 反应堆压力容器由哪几部分组成？分别采用何种材料？
5. AP1000 蒸汽发生器的主要设计要求是什么？
6. 主泵的水力部件包括哪些？
7. AP1000 主泵为什么要使用变频器？
8. AP1000 选择屏蔽泵的原因有哪些？
9. 堆内构件安全、地震与规范分级有哪些？
10. 控制棒驱动系统在运行前要经过哪些方面的试验？

第十二章　AP1000 设备模块化

12.1　简　介

AP1000 在建造中大量采用模块化建造技术。模块化建造已作为 AP1000 电厂详细设计的组成部分，它直接带来了工期的缩短，同时潜在节省了后续机组的投资。

AP1000 电厂模块分两类，分别是结构模块和设备模块，数量分别为：结构模块 119 个，机械设备模块 65 个，共有 184 个模块。

模块化施工是一种先进的施工方法，其特点就是依靠当今发达的先进技术，将土建、安装、调试等工序进行深度交叉，从而缩短工期。模块化施工的先进性在于它大量地采用了平行作业的方式，许多工序可以在现场以外的地方同时进行，互不干扰，最终采用集中安装的方式，从而大大地缩短了工期。从理念上讲，模块化施工方式是对传统施工方式的优化，但是，模块化施工是有前提条件的，它很大程度上依赖于发达的制造技术、加工技术与信息技术；还需要拥有了相当规模能力的运输吊装设备，才能满足大型模块安全便捷的运输与安装；同时，还需要拥有相当水平的现场加工本领与管理体系以及相当高的施工管理信息化水平，才能实现大量模块精密的对接，才能满足各道平行作业有条不紊的同步进行。

目前，国内已投产核电机组还都没有采用过 AP1000 核电厂这种大型的模块化施工方式，只是采用了小规模的管道预制、钢筋笼预制等手段的局部或小模块施工，对工期缩短还不明显，但随着我国核电设备制造水平和施工管理水平的不断提高，以及国外大型吊车设备的引进，在国内核电厂建设中，将会吸收国外的先进技术和经验，朝着模块化建造的方向迈进。

12.2　AP1000 模块构成

12.2.1　结构模块

结构模块由各种型钢焊接连接而成，制作较简单，尺寸和体积大小不一，安装就位后作为核岛建筑结构的一部分，结构模块分为以下几种：

1) CA 模块：注入混凝土的钢支架模块；CA 模块共有 24 个。

2) CB 模块：定位用的钢模板模块，将在其周围注入混凝土；CB 模块共有 37 个。

3) CH 模块：钢结构模块。置于某处而形成构筑物的一部分，同时还安装某些机械设备；CH 模块共有 33 个。

4) CS 模块：钢楼梯模块。CS 模块共有 25 个。

最大的大型结构模块是 CA20，其外形尺寸约为 20.5 m×14.2 m×20.7 m(长×宽×高)，由 32 个墙体子模块和 40 个楼板子模块组成，总重量达到了 776.9 t。CA20 共 72 个结构子模块，最大子模块的重量 37.3 t，尺寸为 3.6 m×2.5 m×21 m。

119 个结构模块共重约 3 000 t，其中 CA01、CA02、CA03、CA05 和 CA20 共 5 个模块

中含有双相钢，共计 461 t。CA01 有 47 个子模块，最大子模块的重量是 38.6 t，尺寸为 10 m×5.4 m×18.7 m。详细的结构模块见附录九中的表 1 AP1000 结构模块统计。

12.2.2 设备模块

设备模块由设备、管道、仪表、阀门、支架以及固定用的型钢等组合而成，制作较复杂，精度、质量要求也高，但尺寸和体积相对较小，安装就位后作为工艺系统的一部分，设备模块共 65 个，包括 KB、KQ、KU、KT、Q、R、W 共 7 种。

1）KB 模块：共 25 个；

2）KQ 模块：共 4 个；

3）KU 模块：共 8 个；

4）KT 模块：共 5 个；

5）Q 模块：共 9 个；

6）R 模块：共 13 个；

7）W 模块：共 1 个。

详细的设备模块见附录九中的表 2 AP1000 设备模块统计。

12.3 AP1000 模块化施工

小型结构模块和设备模块体积小、重量较轻，国内也有此方面成熟的制作、运输、吊装技术和经验，施工难度不大。AP1000 模块化施工[21]的难点在大型结构模块的施工，其重点在于模块的吊装和运输。

12.3.1 大型结构模块施工

12.3.1.1 大型结构模块

大型结构模块的体积和重量都比较大，每台机组有 12 个，结构和形状各不相同。图 12-3-1 和图 12-3-2 是其中两个典型的大型结构模块，模块一的尺寸为 25 m×29 m×26 m，规模相当于一座七层高的楼房，重量达 450 t；模块二的尺寸为 36 m×12 m×11 m，重量 155 t。

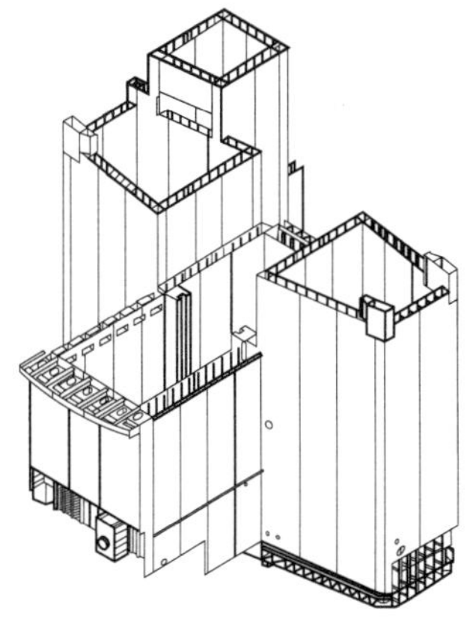

图 12-3-1 大型结构模块一

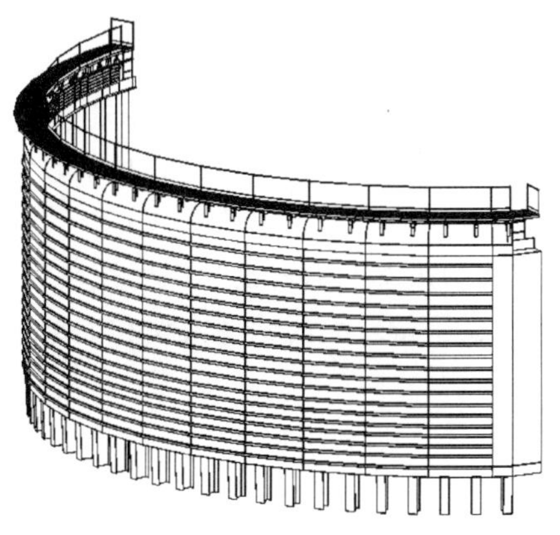

图 12-3-2 大型结构模块二

由于受运输条件的限制，大型结构模块只能先分割成几个便于运输的子模块，在制造厂内进行子模块的制作，制作完成、运输到现场组装区后再组装成大型结构模块。

12.3.1.2 大型结构模块施工

首先是大型结构模块的子模块在施工现场外的制造厂制作，然后是将子模块从制造厂运输到现场大型结构模块组装区，随后是将子模块在组装区组装成大型结构模块，再后来是将大型结构模块运输到施工区吊装点，最后是用特大型吊车吊装就位。施工方法示意如图12-3-3所示。

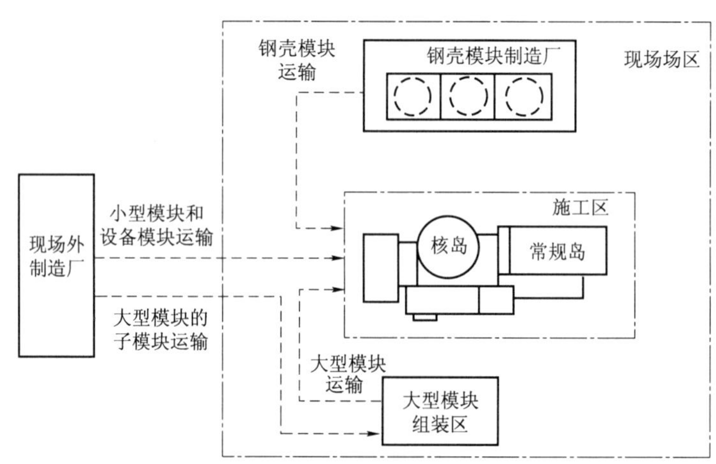

图 12-3-3 AP1000 模块化施工方法示意图

12.3.2 大型结构模块的吊装

为了满足 AP1000 重件设备的吊装需要，电厂在建设初期就从国外采购 2 000 t 级的特大型吊车，吊车采用美国 Lampson 公司生产的 LTL2600 吊车，该种吊车最大起重达到 2 340 t，主要由前履带、后履带（负载配重）、主臂、副臂、桅杆、主机连接架构成。动力系统由 10 套独立的动力装置组成，整台吊车由 3 个独立的操作室来控制。

LTL2600 吊车前履带重量 345.5 t，有效接地面积 73.56 m^2；后履带重量 303.2 t，有效接地面积 44.6 m^2；主臂最大长度 122 m，副臂最大长度 70 m。

LTL2600 吊车的优点是起重能力强，作业中保有较大的安全起重余量。但该吊车在结构操作、运输与拆装、地基与场地、维修保养方面存在很高的要求，通用性较差，运行成本也比较高。

特大型吊车的引进也为钢壳模块和大型结构模块的运输和吊装提供了方便，结构复杂、体积庞大、重量较大的钢壳模块和大型结构模块可以用 2 000 t 级的特大型吊车顺利地吊装就位。

图 12-3-4 是利用特大型吊车进行吊装作业的示意图。

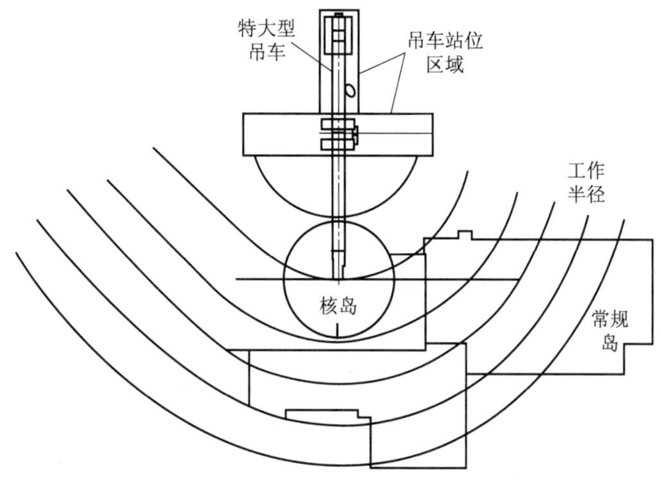

图 12-3-4 特大型吊车的基本工作方式和工作范围

12.3.3 大型结构模块的运输

12.3.3.1 特大型吊车带载行走

特大型吊车的底盘是履带式结构，具有一定的吊载着重物移动和行走的能力。如果结构模块制造厂距离现场吊装点较近，且满足吊车的行走要求，则可以采用此方式运输。

特大型吊车的工作过程就是前后履带车的不断移动(行走)过程，也就是说，特大型吊车具备吊载着重物行走的能力，因此完全可以用特大型吊车带载行走的方式运输大型模块。

这种运输方式不需要另外设计模块的运输底盘支架，也不需要过多考虑运输过程中模块的稳定性，相对比较简单、实用，而且充分利用采购的特大型吊车，免除了其他大型运输设备的投入，降低了运输成本。但此运输方式对运输道路的地基处理要求较高，对吊车的疲劳磨损也较大，因此尽量避免较长距离的运输。

12.3.3.2 特大型吊车的搬移

为避免长时间带载行走给吊车造成的较大磨损，可以考虑大吊车搬移的方式进行运输。可以通过几次吊装移动将模块运输到施工区吊装点。图 12-3-5 是利用大吊车搬移的方式进行运输的示意图。

特大型吊车在工作半径 50 m 时，额定载荷仍有 1 280 t，再加上前后履带车间的 40 m 长度，每次搬移距离理论上可以有 180 m。

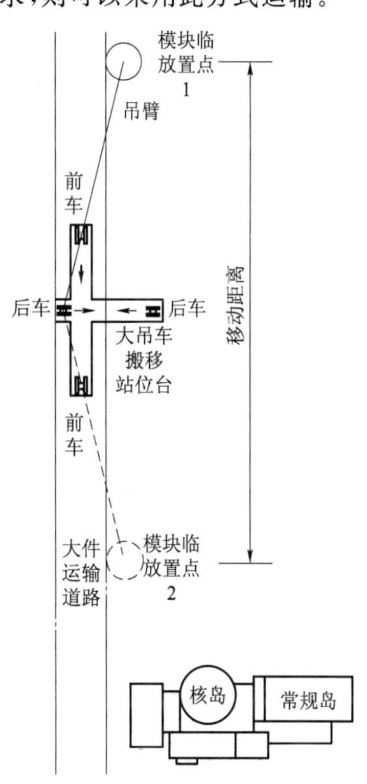

图 12-3-5 大吊车搬移运输的工作示意图

与吊车带载行走的运输方式相比，这种运输方式可以缩短吊车带载行走的距离，从而减少对吊车的疲劳磨损，但这种运输方式的不利点在于：

1）需要占用较大的运输场地和道路，以满足吊车的移动、回转和模块的临时放置。

2）需要设计模块的临时放置支架。

3）吊车需多次作回转运动、装卸配重块、空载行走，运输时间较长。

总之，模块化建造是采取在工厂制作设备模块和结构模块的子模块，然后再现场组装为大型结构模块的方式进行施工建造，该技术使建造活动处于容易控制的环境中，在制作车间即可进行检查，保证建造质量；并且平行进行的各个模块建造大量减少了现场的人员和施工活动，按模块进行混凝土施工、设备安装的建造方法可以与电厂的前期工程平行开展，这将缩短 AP1000 的建设周期，降低建设成本，提高电厂的经济性。

复习思考题

1. AP1000 电厂模块分几类？分别是什么，并各有多少？
2. AP1000 结构模块有哪几种？分别有多少？
3. AP1000 设备模块有哪几种？分别有多少？
4. AP1000 模块化施工的难点在哪里？
5. 大型吊车的构成是什么？

第十三章 AP1000 设备国产化

13.1 核电设备国产化简介

自 1985 年 3 月 20 日秦山一期核电厂浇灌第一罐混凝土以来，中国核电建设已经整整走过了 25 个年头。先后有秦山一期、大亚湾、秦山二期、岭澳一期、秦山三期、田湾 6 座核电厂，共 11 台机组投产运营，总装机容量为 908 万 kW，占全国总发电量的 2.7%。这些核电厂中，有自行设计、自行建造的我国第一座核电厂秦山一期；有完全由法国和加拿大引进的大亚湾和秦山三期；有基本与大亚湾相同，但采用一些国产设备的岭澳一期；也有借助于大亚湾的经验，自行设计和建造的秦山二期。这些核电厂中，除秦山三期是由加拿大引进的重水堆型的外，其他均是压水堆型。

关于核电设备的国产化率，据统计秦山二期为 55%；秦山二期扩建将达 70%；岭澳一期为 30%，在建的岭澳二期的 1 号机组力争达 50%，2 号机组将达 70%。而在建的辽宁红沿河核电厂一期工程 4 台百万千瓦级机组中，1 号和 2 号机组国产化率预计为 70%，3 号和 4 号机组国产化率为 80%，全部关键设备的国产化率将达到 85%。

特别是压力容器整体顶盖、蒸汽发生器下封头、锥形筒体等形状复杂的锻件由于要求整体锻造，技术难度相当大。因此，我国现阶段核电厂所采用的锻件相当一部分从日本制钢所(JSW)、法国克鲁索(Crusot)采购，国内企业尚不具备完整的生产制造能力，大型锻件供不应求。

我国的核电发展政策从过去 25 年适度发展调整为现在的积极发展，2006 年国务院通过了《核电中长期发展规划》，它的目标是到 2020 年核电装机到 4 000 万 kW，在建 1 800 万 kW 的发展目标。2006 年以来我们的实际发展速度已经超出了规划预期的目标，根据国家发展和改革委员会 2009 年 12 月发布的一份报告，2008 年，中国新核准 14 台百万千瓦级核电机组，核准在建的核电机组 24 个，总装机容量达 2 540 万 kW，是世界上核电在建规模最大的国家。预计到 2020 年中国核电装机容量将超过 7 000 万 kW。届时，我国的电力总装机约为 15 亿 kW，核电将占总电量的 7%。因此，随着国家大力发展核电，核电设备国产化的步伐大大加快，一些关键设备如压力容器、蒸汽发生器、主泵、控制棒驱动机构、堆内构件、主管道，以及核 1、2、3 级法门和泵正在逐步或全面走向国产化。

13.2 国产化现状分析

核电设备的国产化是我国核电事业发展的一大方向。目前，我国在核电设备的国产化方面主要面临以下 4 个方面的问题：第一是大型铸锻件的制造。一个电厂中大型铸锻件占设备的比重较大，而且价格昂贵，有些设备国外还不卖；而国内又没有生产过这么大的铸锻件(如：最大的钢锭重 400～500 t)。第二是主泵和核级泵。主泵是核电厂的心脏，截至目前，中国核电厂的主泵和核级泵还主要依赖进口。第三是核安全级阀门。阀门要求密封性能可靠，到目前，国内几大核电厂的主安全阀、释放阀、喷淋阀、隔离阀等依靠从国外进口。第四是焊接工艺。核设备对焊接工艺的要求高，必须对焊接人员在指定培训中心进行专门培训，核设备的焊接工艺也有待攻关。

13.2.1 铸锻件生产能力改善

为加快核电装备自主化进程，国家核电公司积极组织中国第一重型集团有限公司、中国第二重型机械集团公司、上海重型机器厂有限公司等单位研制核电设备大型锻件，开展各项科研攻关，同时大力协调西屋电气、斗山重工等国外企业，落实了 AP1000 前 2 台机组反应堆压力容器、蒸汽发生器部分锻件向中国一重订购。

中国一重是我国最大的以生产轧钢、冶金、锻压、电厂、石化等重型设备为主体的大型机械装备制造企业。近年来，随着我国核电建设迅猛发展，大型先进压水堆核电厂中的反应堆压力容器、蒸汽发生器及常规岛等关键设备都需要大型锻件。中国虽已从国外引进了先进的核电设计、制造技术，但却因为种种原因无法引进核电锻件的制造技术，甚至无法及时从国外采购锻件，导致中国的核电厂建设受到严重影响。

为改变核电等大型铸锻件受制于人的局面，中国一重从 2006 年率先承担了国内首台 AP1000 堆型核电厂所需锻件的研制工作，开始了真正实现大型先进压水堆核电厂国产化进程。

由于国外的技术封锁，中国一重对核电铸锻件等产品的研制几乎都是从原始创新开始的。从 2006 年至今，中国一重的研发人员凭借企业多年的技术积累，对核岛一回路核心设备和大型铸锻件生产开展攻关，并投资建设世界一流的铸锻钢基地。该基地建设预计 2010 年完工。届时，中国一重将年产钢水 50 万 t、年产锻件 24 万～25 万 t、年产锻铸钢件 6 万～7 万 t，其生产能力等级将会达到“7654”的世界一流制造目标，即一次性提供钢水 700 t、最大钢锭 600 t、最大铸件 500 t、最大锻件 400 t，使核心铸锻造技术 20 年不落后，吨位等级产量达到世界第一，从而彻底扭转我国高端大型铸锻件产品长期依赖进口的局面。

13.2.2 关键设备国产化取得进展

我国核电装备国产化工作在稳步向前推进。以三大动力和两大重型设备集团为代表的制造企业，通过技术改造、产业升级和新基地建设，制造能力和管理水平不断提高。目前已形成了核电主设备制造基地、大型铸锻件和反应堆压力容器制造基地、核级泵阀制造基地、核电仪控系统制造基地；而核电大型铸锻件、反应堆压力容器、蒸汽发生器、核级泵阀、控制棒驱动机构、主管道等核岛关键设备及汽轮机、发电机等常规岛关键设备基本可以立足国内自主制造。

2009 年 12 月，中国一重承担的第三代核电 AP1000 自主化依托项目三门核电厂 2 号机组蒸汽发生器管板锻件研制取得成功，在实现 AP1000 核岛反应堆压力容器锻件完全国产化的基础上，再次实现了蒸汽发生器锻件的完全国产化，一举攻克制约我国核电发展的重大技术难关，大幅提升了我国核电装备制造的整体水平和技术能力。

实现屏蔽主泵等第三代核电核心设备的自主化制造，从整体上提升我国核电装备制造能力和技术水平，是实现第三代核电自主化和批量化发展的关键。目前，我国开展的 AP1000 反应堆压力容器、蒸汽发生器大型锻件研制，主管道、安全壳钢板等关键设备和材料研制等相继取得了重大突破，主泵、爆破阀等关键设备的国产化工作也在稳步推进之中。

13.3　AP1000设备的国产化

13.3.1　A类设备的国产化

A1类设备属于供货商的供货范围，A1类设备的国产化是在分供货商和SNPTC间单个技术转让合同中提供。A1类设备国产化大纲仅限于主泵和爆破阀。西屋同意合作并支持SPX Process Equipment Copes-Vulcan进行爆破阀的国产化。爆破阀技术转让合同是在SNPTC和SPX Process Equipment Copes-Vulcan之间签订的，西屋是作为该合同的见证方。

按照EMD规定的制造进度和与其一致的技术与质量要求，根据当地供货商的制造及部件交货能力，16台主泵（供三门、海阳4台机组）将达到65%的部件国产化目标。

A2、A3类设备是业主的供货范围。对这些设备，三门和海阳的国产化是基于：

1）技术转让合同或分供货商和SNPTC间单个技术转让合同下规定的技术转让；

2）技术转让合同或分供货商和SNPTC间单个技术转让合同下规定或要求的技术支持服务；

3）附件1章节1.3.3中规定的供货商提供的资料和支持；

4）按附件1章节1.3.3中的规定要求的采购支持服务。

按照附件1章节1.3.3中的规定，A2和A3类关键设备包括：

1）Containment Vessel 安全壳；

2）Fuel Handling Equipment and Cranes 燃料搬运设备和环吊；

3）Refueling Machine 燃料机：

① Refueling Machine 换料机；

② Fuel Handling Machine 燃料起吊机，燃料抓取机；

③ New Fuel Jib Crane 新燃料悬臂吊；

④ New Fuel Elevator and Hoist 新燃料升降和起吊机构；

⑤ Fuel Transfer Conveyor 燃料输送机；

⑥ Containment Polar Crane 安全壳环吊；

⑦ Spent Fuel Shipping Cask Crane 乏燃料运输罐吊车。

4）Passive Residual Heat Removal Heat Exchanger (Passive Core Cooling System)余热去除热交换器（非能动的堆芯冷却系统）；

5）Steam Generators 蒸汽发生器；

6）Reactor Internals 堆内构件；

7）Reactor Vessel and Equipment 反应堆压力容器及设备；

8）Integrated Head Package 一体化堆顶包；

9）Control Rod Drive Mechanisms 控制棒驱动机构。

依托项目4台机组设备国产化比例平均将达到55%，每个机组的国产化比例分别为：30%、50%、60%和70%。主要设备的国产化比例如表13-3-1所示。

表 13-3-1 AP1000 自主化依托项目主要设备的国产化比例

主设备 \ 电厂	三门	海阳	三门	海阳	国产化厂家
	1号	2号	3号	4号	
蒸汽发生器	0	100%	100%	100%	哈尔滨锅炉厂有限责任公司，上海电气核电设备有限公司
反应堆压力容器	0	100%	100%	100%	中国第一重型机械集团公司、上海电气核电设备有限公司
堆内构件	0	100%	100%	100%	上海电气核电设备有限公司
控制棒驱动机构	0	0	100%	100%	上海电气核电设备有限公司
环行吊车	0	100%	100%	100%	大连重工·起重集团有限公司
燃料装卸料设备	0	100%	100%	100%	上海电气核电设备有限公司
主泵	10%	25%	40%	100%	哈尔滨电机厂有限责任公司＋沈阳鼓风机集团有限公司(泵)
其他容器和储罐	100%	100%	100%	100%	
主管道	100%	100%	100%	100%	中国第一重型机械集团公司、中国第二重型机械集团公司或中国船舶重工集团公司
其他核级泵	100%	100%	100%	100%	
爆破阀	0	0	0	100%	航天总公司研究所
其他核级阀门	0	0	100%	100%	

13.3.2 B类设备的国产化

对三门和海阳项目 4 台机组，B 类设备属于业主的供货范围。这些设备的国产化是基于：

1）按照 AP1000 核岛合同附件 1 章节 1.3.3 中的规定，由供货商提供资料；

2）如果要求的话，在技术转让合同或分供货商和 SNPTC 间单个技术转让合同下的技术支持服务；

3）如果要求的话，按照 AP1000 核岛合同附件 1 章节 1.3.3 中的规定的采购支持服务。

B类关键设备包括：

1）Fuel Transfer Tube 燃料疏运管；

2）Containment Polar Air Baffle 安全壳空气导流板；

3）Core Makeup Tanks (Passive Core Cooling System)堆芯补水箱；

4）Accumulator Tanks (Passive Core Cooling System) 安注箱；

5）Pressurizer 稳压器；

6）RCS Component Support 反应堆冷却剂系统部件支撑；

7）RCS Pipe 反应堆冷却剂系统管道；

8）Centrifugal Normal Residual Heat Removal Pumps 离心式正常余热排出泵；

9）Reactor Vessel Supports 反应堆压力容器支撑。

13.3.3　C 类设备的国产化

C 类设备是整个三门、海阳 4 台机组中业主供货范围内的非重要设备。对这些设备的国产化是基于：

1）按照 AP1000 核岛合同附件 1 章节 1.3.3 中的规定，由供货商提供资料；

2）如果要求的话，在技术转让合同或分供货商和 SNPTC 间单个技术转让合同下的技术支持服务；

3）如果要求的话，按照 AP1000 核岛合同附件 1 章节 1.3.3 中的规定的采购支持服务。

13.3.4　设备制造国产化难点分析

单从设备制造的角度来看，除了 AP1000 特有的屏蔽式主泵和爆破阀等极少量的设备外，主要设备与目前国内制造的 2.5 代设备相近，但国产化存在以下方面的制造难点。

（1）大锻件

重型锻件的结构、重量和质量有别于 2.5 代的大锻件，它必须满足 60 年寿命的要求。这里包括反应堆压力容器的一体化顶盖、法兰接管段；蒸汽发生器下封头，也包括蒸汽发生器的管板等。其中，反应堆压力容器的一体化顶盖与一体化下法兰接管段由于需要 350 t 左右的钢锭，目前全世界只有日本制钢可供货，国产化难度大。蒸汽发生器下封头型线复杂，需要对 3 根主管道（1 根热段管道，2 根冷段管道）与 2 个人孔对接焊提供冲压的翻边，需要更大的锻造能力、工装与经验。

（2）主泵

AP1000 的主泵是屏蔽泵，可以避免泄漏，具有很大的优点和吸引力，但与以往的轴封式主泵很不同。加工精度要求高、配件均是非商品级的，国产化难度大。国家核电技术有限公司与美国西屋联合体签署第三代核电自主化依托项目合同，沈阳鼓风机集团有限公司和哈尔滨电气集团公司共同承担 AP1000 核主泵国产化。

（3）主管道

核电厂主管道被认为是核电厂的“大动脉”，是压水堆核电厂的核一级关键设备之一。我国现阶段运行的 11 台核电机组均采用二代核电技术，其主管道使用不锈钢铸件，全部从国外采购。为大幅提高核电厂的核电指标、将核电厂的寿命延长到 60 年，AP1000 三代核电机组采用了超低碳控氮不锈钢整体锻造技术，4 in 及以上的管嘴就要求与主管一体锻造而成，而不允许焊接，材质要求高、加工制造难度大，堪称目前世界核电主管道制造难度之最。

锻件主管道在我国还是第一次，尚无经验可谈，有几家公司在试制攻关，最终中国第二重型机械集团公司（德阳）重型装备股份公司（二重集团）如愿以偿，拿到了我国首个 AP1000 机组主管道的订单。2010 年 1 月 11 日，二重集团与国家核电技术有限公司所属国核工程有限公司签订了三门核电厂 1 号机组、海阳核电厂 1 号机组国产化主管道采购合同。

（4）爆破阀

爆破阀是 AP1000 专有的设备，是 AP1000 的一个非常关键的安全设备，也是 AP1000 的一个特点，其中的驱动装置是通过炸药爆炸切断原来密闭的管道封板，以满足应急打开要求。

(5) 其他设备

包括堆内构件和控制棒驱动机构也有别于过去的设备，比如，堆内构件更多采用了焊接方式，需要一定的工艺试验和攻关；驱动机构与 60 年寿命相适应的材料、零件与加工工艺相适应；其他二、三核级阀门国内制造供货的经验也少，即使是在第五套后也还需要依赖进口。

复习思考题

1. AP1000 主要设备的国产化厂家包括哪些？
2. AP1000 核电厂设备制造国产化难点在哪些方面？
3. 全球首个 AP1000 核电项目国产化设备主要包括哪些？

附录一　A1 类主设备分解部件

表 1　反应堆压力容器分解部件

序　号	Component	部　件
1	One (1) lower head, which includes four (4) core support pads and one (1) flow skirt including eight (8) support lugs	一个圆柱形的下部筒体
2	One (1) cylindrical lower shell	1 个圆柱形下筒身段
3	One (1) cylindrical upper shell, including (4) external reactor vessel support pads (integral part of inlet nozzle forging)	一个圆柱形的上部筒体，包括反应堆压力容器支撑腿(入口接管整体锻件)
4	One (1) closure head which includes (12) support lugs for integrated head package (IHP), (3) closure head lifting lugs and (1) vent pipe. Included are the o-ring assemblies	一个顶盖，包括与一体化堆顶结构接口的 12 个支撑凸台、3 个顶盖吊耳、1 根放气管和 O 形环部件
5	A set of forty-five (45) closure studs and associated handling equipment	一套 45 密封螺栓以及相关的吊装设备
6	A set of forty-five (45) closure studs lifting eyes	一套 45 个关闭装置螺栓
7	A set of forty-five (45) closure nuts	一套 45 个关闭装置螺母
8	A set of forty-five (45) closure washers	一套 45 个关闭装置垫片
9	Forty-five (45) studs hole plugs including one (1) stud hole plug handling tool	45 个螺栓孔塞，包括一个螺栓孔塞吊装工具
10	A set (one each per set) of forty-five (45) top and bottom closure studs center-hole plugs including one (1) spanner for threading work	一套 45 个顶和底密封螺栓中心孔塞，包括　个加工螺纹的扳钳
11	Two (2) closure head and internals installation guide studs	2 个顶盖及内部安装导向螺栓
12	Irradiation surveillance samples and capsule assembly	辐照监督样品盒组件
13	Ultrasonic calibration blocks	超声标定块
14	One (1) set of weldment and base material archive samples	一套焊件和母材归档样品
15	Shipping skids, flange covers, and shipping containers for shipping closure head, vessel and attached equipment	装运封头、压力壳及其附属设备的运输滑橇、法兰盖以及运输容器
16	Reactor vessel lifting rig (for installation)	反应堆压力容器提升环(用于安装)
17	Testing material and residual test material	试验材料及剩余试验材料
18	Leak detection pipes (welded on RV with end plugs for hydrostatic testing)	泄漏检测管(焊接在压力容器上，带水压试验用的端塞)
19	DVI nozzle safe end[4]	DVI 接管安全端
20	Control Rod Drive Mechanism (CRDM) penetrations and adapters to RV head	到反应堆压力容器封头的控制棒驱动机构贯穿件
21	In-core instrumentation guide tube and guide tube penetrations and adapters to RV Head (including flaring shroud)	到反应堆压力容器封头的堆内仪表导向管贯穿件(包括口罩盖)

续表

序 号	Component	部 件
22	Inlet and outlet nozzle safe ends	进出口接管安全端
23	Safe end coupons	安全端见证件
24	Nozzle coupons	接管见证件
25	All dams and sealing plates for transportation	运输用的所有隔板和密封板
26	Buttering on RPV flange and machining of weld preparation for welding of the seal between RPV flange and reactor cavity liner	RPV 法兰堆焊和 RPV 法兰和反应堆钢衬里密封焊缝坡口加工
27	Lifting lugs on RPV head	反应堆压力容器封头吊耳
28	Protective barrier[6,7]	保护屏障
29	RV testing material and residual test material	反应堆压力容器试验材料和残余试验材料

表 2 蒸汽发生器分解部件

序 号	Component	部 件
1	Channel head assembly	底封头组件
2	Tube bundle and lower shell assembly	管束及下环段组件
3	Upper shell assembly	上环段组件
4	Primary moisture separator assembly	一级湿气分离组件
5	Secondary moisture separator assembly	二级湿气分离组件
6	Channel head integral support pad	底封头总体支撑爪
7	Shipping saddles and other shipping hardware (tie downs, cribbing, covers, lifting wire and upender)	运输滑动座架以及其他运输硬件
8	Secondary manway cover lifting/handling device	二次侧人孔盖吊装设备
9	Primary manway cover lifting/handling device	一次侧人孔盖吊装设备
10	Lifting trunnions	吊耳
11	Nozzle dams and integral bracket	管嘴堵板及整体牛腿
12	Protective covers for nozzles	接管的保护盖
13	Ultra-sonic calibration blocks	超声标定块
14	Calibration tubes	标定管
15	Drain plug	排放塞
16	Weldment and base material archive	焊件及母材的归档
17	Safe end for inlet, outlet and PXS nozzles[2]	进出口安全端及非能动堆芯冷却系统接头
18	Inspection hole and handhole covers	检查孔及手孔盖板
19	Assembly and disassembly tools for nozzle dams	管嘴堵板安装及拆卸工具
20	Weld coupons	焊接见证件
21	U-tube coupons	U 形管见证件

续表

序　号	Component	部　件
22	Weld between SG shell to RCP casing	在蒸汽发生器壳到泵壳之间的焊接
23	One inch weld sockets will be provided for the 12 instrumentation taps	用于12个测量仪表接头的1 in焊接插座
24	Secondary drain and blowdown nozzles	二次侧排放下泄接管
25	Internal lugs for connecting to the lateral and vertical supports	连接到侧面的内部吊耳和垂直支撑
26	Cover plates, bolting and sealing for secondary manway, handholes and inspection ports	盖板,螺栓及二次侧人孔密封,手孔,检修人孔
27	Testing material and residual test material	试验材料及剩余试验材料
28	Protective barrier	保护屏障

表3　反应堆冷却剂泵分解部件

序　号	Component	部　件
1	Integral induction motor	整体式感应电机
2	Stator flange and shell assembly	定子法兰与定子壳组件
3	Stator closure	定子密封
4	Stator end cap	定子端帽
5	Main flange studs and nuts	主法兰螺栓螺母
6	Stator end cap bolting	定子端帽螺栓
7	Canopy seals for main flange joint and stator end closure joint	用于主法兰连接与定子端密封连接的顶盖密封
8	Casing	泵壳
9	Suction adapter	吸入过渡段,导叶
10	Thermal barrier	热屏蔽法
11	Motor/pump shaft	电机/泵轴
12	Main impeller	主叶轮
13	Diffuser	扩散器
14	Two flywheels	飞轮
15	Bearings	轴承
16	Heat exchanger	热交换器
17	Heat exchanger support	热交换器支撑
18	Stator cooling jacket	定子冷却套
19	Pipe between heat exchanger and pump	热交换器与泵间管
20	Motor terminal box	电机终端盒
21	Low point drain nozzle	低点排放接头

续表

序 号	Component	部 件
22	Motor cooling water nozzles	电机冷却水接头
23	Bearing water RTDs (with thermowells)	轴承水电阻温度计
24	Stator RTDs (embedded in the stator windings)	埋在定子绕组中的定子电阻温度计
25	Speed sensors and keyphasor wells	转速传感器和主相位测量用孔
26	Machined surfaces for mounting sensors and accelerometers	安装传感器和加速器的机加工面
27	Disk and slug assembly attached to shaft for speed sensor	转速传感器轴上用盘和块组件
28	Speed sensor	速度传感器
29	Junction box for speed sensor	速度传感器接线盒
30	Five (5) vibration sensors and a keyphasor	5个振动传感器盒和一个主相位测量仪
31	Pump structure brackets and lugs	泵结构牛腿和吊耳
32	Shipping container and shipping frame with associated blocking and nozzle plugs or covers[1]	带相关阻塞、管嘴塞和盖子的运输容器、运输框
33	Connections and attachments for external instrumentation (supply includes both male and female connectors)	带有阴阳接头的外部仪表接头
34	Electric cables (including cable glands) for connection from the terminal box to the pump	终端盒到泵的连接电缆
35	Drain pipe connection with flange set and gasket	与法兰套和垫相连的排放管
36	Outlet nozzle coupon (site certification)	出口管嘴见证件(现场鉴定)
37	Connectors for signal outputs from instrumentation	仪表信号输出的连接器
38	Flanged connections for process piping	工艺管带法兰的接头
39	Transmitters or converters for speed and vibration measurement	用于速率、振动测量的传感器
40	Outlet nozzle	出口接管
41	Inlet nozzle	进口接管
42	Supports and all accessories for securing vibration sensors, other I&C systems with related fasteners	保证振动探测器以及其他跟夹紧装置相关的仪控系统安全的支撑和所有附件

表4 安全壳分解部件

序 号	Component	部 件
1	Steel cylindrical shells	圆柱形钢壳
2	Upper and lower domes	上下封头
3	Polar crane girders	环吊大梁

续表

序　号	Component	部　件
4	Penetration pipe sleeves	贯穿管套
5	Mechanical containment penetrations	机械安全壳贯穿件
6	Electrical containment penetrations	电气安全壳贯穿件
7	Two (2) personnel air locks (including quick acting valve) and indication lights	两个人员闸门(包括快速启动阀门)和指示灯
8	Two (2) equipment hatches and power operated guide frames/rails	两个设备闸门和电动导承框/轨道
9	Equipment hatch floor plate	设备闸门底板
10	Equipment hatch rails and trolley	设备舱口轨道及滑车
11	Stiffener rings (one for the external surface and one for the internal surface)	加强圈(外表面和内表面各一个)
12	U-plates for the air baffles on exterior surface of cylinder & domes	柱体和穹顶外表面空气导流板的U形板
13	PCS distribution weirs and attachments	PCS(水)分配围堰和配件
14	Divider plates and stiffeners	分流板和加强肋
15	Studs on the vessel outer surface (lower domes)	壳外表面上的螺栓(底封头)
16	Lifting rigs for each vessel subassembly	每个壳子组件提升环
17	Attachments for cable tray and walkway supports	电缆和走道支撑的配件
18	Attachment plates for seals & supports	密封及支撑附板
19	Pressure gauges at personnel locks	人员气闸压力表
20	Hoist for equipment hatch	设备舱口用吊机
21	Floor thresholds/bridges	门槛/吊桥
22	Airlock testing nozzles	气闸试验接管
23	Shop/field surface preparation and painting (including paint)	工厂/现场表面贯穿件和涂漆(包括涂漆)
24	Code nameplate	铭牌
25	Attachments to CV for the initial containment vessel leak rate testing (none required)	首次钢安全壳泄漏率试验配件(不需要)
26	Attachments to penetrations for the containment vessel leak rate testing and inservice inspection	钢安全壳泄漏率试验和服务监测的贯穿件配件
27	Grounding attachments	地脚螺栓
28	Requirements for site space and workshop for fabrication and assembly	现场空间要求以及制造及安装车间
29	Special tools for cleaning (if any)	清洁用的专用工具(如果有)
30	Weld coupons	焊接见证件

表5 其他A1类设备分解部件

序 号	Component	部 件
RV-Stud Tensioner System-1 Unit RV螺栓拉伸机系统——机组1		
1	Studs tensioner and associated handling equipment	螺栓拉伸机和相关操作工具
2	Studs handling equipment	螺栓操作工具
3	A set of forty-five (45) closure studs elongation measuring rods and measuring instrument	一套45个主螺栓的拉伸测量杆和测量仪表
4	One (1) set of go no-go gauges (one each per set) for the threaded closure studs holes in the vessel	一套(每套一个)用于压力容器上的顶盖主螺栓孔的通规和止规
5	One (1) bottom tap for the threaded closure studs holes	一个平底丝锥,用于主螺栓孔
6	Tensioner hoist(s)	螺栓拉伸机卷扬机
Refueling Machine 换料机		
1	Bridge crane rails	桥式吊车轨道
2	Complete bridge crane structure	整个桥式吊车结构
3	Complete trolley	整体滑车
4	Removable control console-standard double bay with one computer monitor	可取下的操作控制站——带电脑监测屏的标准双插件
5	Inner and outer mast with limit switch	带限位开关的内、外套筒
6	Gripper	抓具
7	Monorail hoist system	单轨电动葫芦系统
8	Seismic hold downs, cam followers and bumpers	抗震块、导向轮组件和缓冲器
9	Bridge and trolley cable handling systems	桥架和小车电缆悬挂式系统
10	Bridge AC servomotor drives, AC brushless servomotors, gearboxes and electric brakes	桥架AC伺服电动机驱动,AC无电刷伺服电动机,减速箱和电动制动器
11	Trolley servo drive, AC brushless servomotors, gearbox and electric brake	小车伺服系统驱动,AC无电刷伺服电动机,减速箱和电动制动器
12	Hoist servo drive, AC brushless servomotor, right angle drive gearbox, operating regenerative braking, redundant magnetic brake and emergency brake	起升机构伺服系统驱动,AC无电刷伺服电动机,直角驱动减速箱,运行制动器,冗余电磁制动器和紧急制动器
13	Dual rope hoist with equalizer	带平衡装置的双钢丝绳起升机构
14	Touch screen monitor with graphic operation and display mounted in control console	带图示操作和显示的触摸监测屏,安装在控制台上
15	Bridge, trolley, and hoist primary and redundant encoder positioning system with boundary protection	桥架、小车和起升机构的带边界保护的主要和冗余编码定位系统
16	Load cell (IC) with linkage	带有连接装置的载荷传感器
17	Gripper camera with inner mast mounting hardware	带有内套筒安装支架的抓具摄像机
18	Under-deck cameras (2) with mounting hardware	位于桥架/小车下平面带有安装支架的摄像机

续表

序　号	Component	部　件
19	Camera control unit	电视摄像机控制单元
20	Motion alarm	移动报警
21	Electrical cables and control cables	电缆及控制电缆
22	Gripper limit switches, electric reel, air reel, and new camera cable reel	抓具限位开关、电缆卷轴、气管卷轴和摄像机电缆卷轴
23	Pneumatic system	压缩空气系统
24	Required mast piping	要求的支撑管
25	Manual, semi-automatic, automatic and emergency modes of operation	手动的、半自动、全自动和紧急操作模式
26	Required software for operation	运行要求的软件
27	Mapping system (if any)	映象系统(如果要求的话)
28	Sipping device adapter	运输设备的适配器
29	Power supply system	功率供给系统
Fuel Handling Machine and Control System 燃料吊装机及其控制系统		
1	Bridge crane rails	桥式吊车轨道
2	Complete bridge crane structure	完整的桥式吊车结构
3	Complete trolley	完整的空中吊车
4	Removable control console-standard double bay with one computer monitor	可取下的控制站——带电脑监测屏的标准双插件
5	Inner and outer mast with limit switch	带限位开关的内、外套筒
6	Gripper	夹具
7	Monorail hoist system	单轨起吊系统
8	Seismic hold downs, cam followers, and bumpers	抗震块、导向轮组件和缓冲器
9	Bridge and trolley cable handling system	桥式吊车电缆搬运系统
10	Bridge AC servomotor drives, AC brushless servomotors, gearboxes and electric brakes	桥架AC伺服电动机驱动,AC无电刷伺服电动机,减速箱和电动制动器
11	Trolley servo drive, AC brushless servomotor, gearbox and electric brake	小车伺服系统驱动,AC无电刷伺服电动机,减速箱和电动制动器
12	Hoist servo drive, AC brushless servomotor, right angle drive gearbox, operating regenerative braking and emergency magnetic brake	起升机构伺服系统驱动,AC无电刷伺服电动机,直角驱动减速箱,运行制动器,冗余电磁制动器和紧急制动器
13	Dual rope hoist with equalizer	带平衡装置的双钢丝绳起升机构
14	Touch screen monitor with graphic operation and display mounted in control console	带图示操作和显示的触摸监测屏,安装在控制台上
15	Bridge, trolley, and hoist primary and redundant encoder positioning system with boundary protection	桥架、小车和起升机构的带边界保护的主要和冗余编码定位系统

续表

序　号	Component	部　件
16	Load cell (IC) with linkage	带有连接装置的载荷传感器
17	Gripper camera with inner mast mounting hardware	带有内套筒安装支架的抓具摄像机
18	Under-deck cameras (2) with mounting hardware	位于桥架/小车下平面带有安装支架的摄像机
19	Camera control unit	照相控制单元
20	Motion alarm	移动报警
21	Electrical cables	电缆
22	Gripper limit switches, electric reel, air reel, and new camera cable reel	抓具限位开关、电缆卷轴、气管卷轴和摄像机电缆卷轴
23	Pneumatic system	气动系统
24	Required mast piping	要求的支撑管
25	Manual, semi-automatic, automatic and emergency modes of operation	手动运行,半自动运行、自动及紧急运行模式
26	Required software for operation	要求用于运行的软件
27	Power supply system	电力供应系统
Fuel Transfer Conveyor 燃料输送机		
1	Conveyor car	传送机台式小车
2	Carriage	滑架
3	Carrier	运输机
4	Drive	驱动机构
5	Hydraulic power unit & upender (one for reactor, one for fuel building)	水力功率单元(一套用于反应堆,一套用于燃料厂房)
6	Pulley	滑车
7	Hoist, winch assembly	吊车,卷扬机组件
8	Rail	轨道
9	Bracket	托架
10	Control system (one for reactor, one for fuel building)	控制系统(一套用于反应堆,一套用于燃料厂房)
New Fuel Jib Crane 新燃料悬臂吊		
1	New fuel jib crane	新燃料悬臂吊车
2	Load limiter	载荷限制器
Rod Control Cluster Assembly Change Fixture 控制棒组件更换装置		
1	Carriage	滑架
2	Frame and track assembly	车架和轨道组件
3	Gripper and guide tube assembly	夹持与导向管组件
4	Drive mechanism assembly	传动机械组件

续表

序　号	Component	部　件
	Material Handling Load Cell Units 物料装卸载荷传感器单元	
1	Integral load cells are provided as part of the cask handling crane and polar crane	整体载荷传感器，作为容器吊车和环行吊车的一部分
	New Fuel Elevator And Hoist 新燃料升降机	
1	Track	导轨
2	Hoist，elevator winch assembly	滑车、电梯卷扬机组件
3	Carriage	滑架
4	Wire，rope	导线，绳
5	Sheave	滑车
6	Electrical control system	电控系统
	Polar Crane 环吊	
1	Runway rail and attachment hardware	导轨及附属硬件
2	Bridge	桥台
3	Bridge drive	桥式传输
4	Trolley	运输车
5	Main hoist[300 U. S. Tons (272. 2 metric tons)]	主滑车
6	Auxiliary hoist[25 U. S. Tons (22. 7 metric tons)]	辅助滑车
7	A special single-failure-proof (SFP) system	一个专门的单故障验证系统
8	An enclosed air-conditioned operator cab	一个密闭的带空调的操纵员间
9	A cable-suspended (pendant) control station	一个悬吊电缆的控制站
10	Electrical control system	电控系统
11	Power supply system	供电系统
	Spent Fuel Cask Handling Crane 乏燃料装桶吊	
1	Bridge	桥台
2	Bridge drive	桥式传输
3	Trolley	运输车
4	Main hoist [150 U. S. tons (135 metric tons)]	主滑车
5	A special single-failure-proof (SFP) system	一个专门的单故障验证系统
6	A radio remote control system	一个无线电遥控系统
7	A pushbutton control station	一个按钮控制站
8	Electrical control system	电控系统
9	Power supply system	供电系统
	Reactor Upper Internals 反应堆上部堆内构件	
1	One (1) upper core plate assembly including fuel assembly alignment pins	1个上部堆芯板组件，包括燃料组件对中销
2	Forty-two (42) upper support columns	42个上部支撑柱

续表

序 号	Component	部 件
3	Sixty-nine (69) upper and lower guide tube assemblies[1]	69 个上下导向管组件
4	One (1) upper support plate assembly	1 个上部支撑板组件
5	Upper-mounted in-core instrumentation guide tube support hardware	安装在堆芯仪表导向管中的上部支撑硬件
6	Clevis insert (2)	U 形环嵌入
Reactor Lower Internals[1] 反应堆下部堆内构件		
1	One (1) core barrel assembly, including core shroud alignment plates and two (2) direct vessel injection nozzle flow deflectors	一个堆芯屏蔽组件,包括堆芯屏蔽对中板和 2 个直接的壳体注入接头流量反射器
2	One (1) lower core support plate assembly including fuel assembly alignment pins and four radial support keys	一个下部堆芯支撑板组件,包括燃料组件对中销和 4 个径向支撑键
3	One (1) core shroud	一个堆芯屏蔽
4	Irradiation specimen holders to hold irradiation specimen capsules	辐照样品保持器
5	One (1) secondary core support assembly	一个二次堆芯支撑组件
6	One (1) vortex suppression assembly	一个涡流压制组件
7	Head and vessel alignment pins	封头及压力容器对中销
8	Four (4) pairs of reactor vessel clevis inserts	4 对反应堆压力容器 U 形环嵌入
9	One (1) internals hold-down spring and eyebolt	一个内部压紧弹簧和吊环螺栓
10	Head cooling spray nozzle	封头冷凝喷淋接管
11	Four (4) neutron panels	4 个中子控制板
12	Hold down spring with stainless steel eyebolt	带不锈钢吊环螺栓压紧弹簧
13	Base plate centering supports	中心支撑底板
14	Base plate centering targets	底板定标
Control Rod Drive Mechanisms (for each of 69)控制棒驱动机构		
1	One (1) ASME boiler and pressure vessel code class 1 pressure boundary consisting of one (1) latch housing (including head nozzle) and one (1) rod travel housing with seismic spike[1]	一个 ASME 锅炉和压力容器规范 1 级压力边界,包括一个钩爪壳体(包括顶盖贯穿件)和一个带抗震销钉杆的控制棒行程套管
2	One (1) latch assembly	一个钩爪部件
3	One (1) coil stack assembly consisting of coil housings, coils, lead tubes, cabling, and cable connectors (male and female)	一套由线圈外套,线圈,铅管,电缆和电缆接头组成的电磁驱动组件
4	One (1) drive rod assembly consisting of a coupling, springs and a drive rod	带一个联轴节、弹簧和一根驱动杆的一个驱动轴组件
5	Ultrasonic inspection calibration blocks	超声检查标定块

续表

序 号	Component	部 件
6	Shaft handling tool(2)	轴的搬运工具
7	Nozzle extension and funnel	接头的扩张与缩孔
8	Control rod drive shaft unlatching tool(2)	控制棒驱动轴的解锁工具
9	Button height measurement tool	按钮高度的测量工具
10	Rod travel housing eyebolt	棒行程套筒吊环螺栓
11	Weld coupon for canopy seal weld	顶盖密封焊焊接见证件
Passive RHR Heat Exchanger 非能动余热热交换器		
1	One (1) upper inlet head, including one (1) each of an inlet nozzle, vent connection, drain connection and access manway with cover	一个上部入口封头,每一个入口接头,通风接头和带盖入口人孔都包含一个
2	One (1) upper tubesheet	一个上管板
3	One (1) upper extended flange	一个上伸展法兰
4	One (1) upper support shell, including a mounting ring for connection to the IRWST wall	一个上支撑壳,包括一个连接到 IRWST 壁的安装环
5	One (1) lower outlet head, including one (1) each of an outlet nozzle, vent connection, drain connection and access manway with cover	一个下部出口封头,每一个出口接头,通风接头和带盖入口人孔都包含一个
6	One (1) lower tubesheet	一个下管板
7	One (1) lower extended flange	一个下部拉伸阀兰
8	One (1) lower support shell, including a mounting ring for connection to the IRWST wall	一个下支撑壳,包括一个连接到 IRWST 壁的安装环
9	One (1) tube bundle, including six hundred and eighty-nine (689) tubes and nine (9) tube bundle supports	一个管束,包含 689 根管,9 个管束支撑
10	One HX support structure, including one (1) main HX housing structure, three (3) lower supports, with one (1) lateral and two (2) upward constraints and one (1) upper support, with lateral constraint	一个热交换器支撑结构,包括一个主要热交换器外壳结构,三个底部支撑,一个侧向和两个上方约束和一个顶部支撑(侧向约束)
11	Two (2) sets of studs and nuts for connection between the housing and the upper and lower heads	用于壳体和上下封头之间连接的 2 套螺栓和螺母
12	Ultrasonic calibration blocks	超声标定块
13	Stud tensioner	螺栓拉伸机
14	Nozzle safe ends	管嘴安全端
15	Calibration tube	标定管

续表

序　号	Component	部　件
Reactor Vessel Integrated Head Package 反应堆压力容器一体化堆顶包		
1	Shroud assembly	屏蔽组件
2	Head and CRDM inspection doors	封头及 CRDM 检查门
3	CRDM cooling baffle	CRDM 冷却隔板
4	Reactor vessel head dome insulation support	反应堆压力容器绝缘支撑
5	In-core instrumentation guide tubes supports	堆内仪表导向管支撑
6	In-core instrumentation guide tube shield covers	堆内仪表导向管屏蔽盖
7	Head vent supports	封头通气孔支撑
8	Integral CRDM cooling airflow ducts	一体化 CRDM 冷却气流导管
9	Connector panel for electrical and instrumentation and control cables	电气和仪表连接板、控制电缆
10	Reactor vessel head dome insulation	反应堆压力容器封头绝缘
11	Seismic support plate (including penetrations for the CRDM seismic spike and ICI guide tubes)	抗震支承板(包括 CRDM 抗震销钉和 ICI 导向管贯穿件)
12	IHP lift rig assembly including lifting tripod, platform, ladder and manual hoists (used for lifting and inserting in-core instrumentation)	一体化堆顶吊装环组件,包括吊装三脚架、平台、梯子和手动升降机(用于吊装和插入到堆芯仪表中)
13	CRDM cooling system ducts	CRDM 冷却系统导管
14	Cooling air plenums and backdraft dampers	冷却空气膨胀空间及反逆转风门
15	Four (4) CRDM cooling fans and diffusers	4 个 CRDM 冷却扇和扩散器
16	Radial arm hoist(1)	悬臂起升机构
17	All connectors (bolts, nuts and washers) between the lifting structure of IHP and RPV closure head	在 IHP 吊装结构和 RPV 密封头之间的所有连接器(螺栓、螺母、垫片)
18	Cooling fans and the fasteners (bolts, nuts and washes) between cooling system and bases related bonding devices ; and related control system (include switch case, control case etc.), protection system, sensors, instrumentation of these fans, and connecting fitters, cables, power cables etc	冷却系统和连接设备支架间的冷却风机和紧固件(螺栓、螺母和垫圈);相关控制系统(包括开关盒、控制盒等),保护系统,这些风机的仪表和传感器,连接装配件,钢丝绳,电源电缆等
19	Integrated head package installation	一体化堆顶包设备
20	Screws for lifting device	吊装设备螺钉
Regenerative Variable Frequency Drive-RCP 变频器		
1	Integrated unit, prewired and assembled consisting of Input power cabinet, transformer cabinet, fuse/precharge/control cabinet, cell cabinet, output power cabinet, coolant cabinet, terminal boxes with 20% spares	由输入电气柜、变压器柜、熔丝/预充电/控制柜、电池柜、输出电气柜、冷却剂柜、终端箱(含 20%备件)预配和组装而成的整体单元

续表

序 号	Component	部 件
2	Power fuses on input to converter rectifier	转换整流器输入处熔丝
3	Protective features and circuits	保护部件及电路
4	Alarms and protective features on controller	控制器的报警和保护特性
5	Data Display with diagnostic message and parameter values including speed demand (%), input/output current (amperes), output frequency (hertz), input/output voltage, total 3-phase kW output, kilowatt hour meter and elapsed time running meter	含诊断信息和参数的数据显示器，参数包括：转速需求(%)、进/出口电流(A)，出口频率(Hz)、进/出口电压，总的三相功率输出，电表和已运行时间计量表
6	Fully-digital logic diagnostics and fault recording	全数字逻辑诊断和故障记录
7	Historic log capable of recording, storing, display and printing on demand	能够按需要记录、储存、显示和打印的历史记录表
8	User input/keyboard and software	用户输入/键盘和软件
9	Hard-wired communications for additional analog and digital inputs/outputs	附加的模拟和数字输入/输出用有线通信
10	Liquid cooled heat dissipation/cooling system	液体冷却热的扩散/冷却系统
11	Mechanical key interlocks on all doors	所有门上的机械键锁
12	Printed circuit boards	印制的电路板
13	Power bus and wiring with bolted or welded connections	带螺栓或焊接接头的动力母线和导线
14	Permanent labels at each termination, junction box and device	在每个终端，连接盒和装置上的永久商标
15	Drive isolation transformer	传动隔离变压器
16	DC link inductors (if required)	直流连接的感应器(如果要求的话)
17	DC link capacitors	直流连接的电容器
18	Output filters (if required)	输出过滤器(如果要求的话)
19	Painting, including touch-up finish paint	油漆(包括完工油漆)
20	Manufacturing testing	加工试验
21	Instruction manuals & drawings	细则手册及图纸
	Typical A1 Valve Assembly A1 类阀门组合件	
1	Valve body	阀体
2	Bonnet	阀帽
3	Yoke	轭架
4	Actuator	传动装置
5	Stem	阀杆
6	Disc	闸板
7	Packing	包装，打包

续表

序 号	Component	部 件
8	Packing gland and packing nut	包装密封压盖和螺母
9	Body to bonnet (pressure retaining) bolting and nuts	阀体到阀帽的(承压)螺栓、螺母
10	Bonnet to yoke (pressure retaining) bolting and nuts	阀帽到轭架的(承压)螺栓、螺母
11	Main flange (body to bonnet) gaskets	主法兰盖(阀体到阀帽)
12	External mounted position indication devices (if specified)	外部安装位置指示装置(如有规定)
13	Wiring from the position indication device to the cabinet (if specified)	从位置指示器到接线盒的接线(如果规定的话)
14	Valve mating flange, gaskets and fasteners	配有法兰、垫和加紧器的阀门
Valve Actuator Information (in addition to valve assembly)阀门传动装置(除阀门组装件外)		
Motor Operated Valves 电动阀		
1	Motor	电动机
2	Actuator/gear	传动装置/齿轮
3	Electrical connectors	电接头
4	Grease	润滑油
5	Actuator to yoke bolting	到轭架螺栓的传动装置
Air Operated Valves 气动阀		
1	Air diaphragm	气动膜板
2	Spring	弹簧
3	Electrical connectors	电接头
4	Positioner (if applicable)	定位器(如果适用的话)
5	Solenoid valves	电磁阀
6	E/P Converter	E/P 转换器
7	Filter	过滤器
8	Pressure regulator	压力调节器
9	Actuator to yoke bolting	到轭架螺栓的传动装置
Solenoid Actuated Valves 电磁阀		
1	Solenoid coil	电磁线圈
2	Position indicating device	位置指示装置
3	Actuator bolting to yoke	到轭架螺栓的传动装置
Manual Valve 手动阀		
1	Handwheel and gear mechanism	手轮和齿轮机械
2	Grease	润滑油

续表

序 号	Component	部 件
Relief Valve 泄压阀		
1	Spring	弹簧
Squib Valves 爆破阀		
1	Valve body	阀体
2	Bonnet	阀帽
3	Pyrotechnic actuator(s)	点火驱动器
4	Internal positioner	内部定位器
5	Internal nipple cap	内部螺纹接套帽
6	Outlet flange (welded to body)	外法兰
7	Position indicating device	位置指示装置

附录二　A、B、C 类设备供货清单

表 1　A 类机械设备供货

序　号	类　型	Mechanical Equipment	机械设备	Unit 1	Unit 2	Unit 3	Unit 4
1	MV	Reactor vessel	反应堆压力容器	A1	A1	A2	A3
2	MB	Steam generators	蒸汽发生器	A1	A1	A2	A3
3	MP	RXS coolant pumps	反应堆系统冷却剂泵	A1	A1	A1	A1
4	MV	Control rod drive mechnism	控制棒驱动机构	A1	A1	A2	A3
5	MG	Rod drive Motor/Generator sets	控制棒 M/G 组	A1	A1	A1	A1
6	MI	Reactor upper internals	反应堆上部堆内构件	A1	A2	A3	A3
7	MI	Reactor lower internals	反应堆下部堆内构件	A1	A2	A3	A3
8	MH	Containment polar crane	安全壳环吊	A1	A2	A3	A3
9	MH	Spent fuel shipping cask crane	乏燃料装运容器吊车	A1	A2	A3	A3
10	MV	Containment vessel	安全壳	A1	A2	A3	A3
11	ME	Passive RHR heat exchanger	非能动余热排出热交换器	A1	A2	A3	A3
12	MV	Reactor integrated head package	反应堆一体化堆顶包	A1	A1	A2	A3
13	MN	Reactor vessel reflective insulation in reactor cavity (IVR)	反应堆腔内的反应堆压力容器反射绝热层	A1	A1	A1	A1
14	MN	Reactor vessel reflective insulation (head and flange area-supplied as part of ihp)	反应堆压力容器反射绝热层	A1	A1	A2	A3
15	MI	RXS non-threaded fasteners	反应堆系统非螺纹紧固件	A1	A2	A3	A3
16	MI	RXS threaded structural fasteners	反应堆螺纹结构紧固件	A1	A2	A3	A3
17	MS	Ancillary diesel generator packages	附属柴油机包	A1	A1	A1	A1
18	MS	Load cell (IC) with linkage	相互联系的负荷单元	A1	A1	A1	A1
19	MS	On-site diesel generator a packages	厂内柴油发电机包	A1	A1	A1	A1
20	MZ	Reactor vessel stud tensioner system	反应堆压力容器螺栓拉伸机系统	A1	A2	A3	A3
21	MN	Steam generator insulation package	蒸汽发生器保温包	A1	A1	A1	A1
22	MN	pressurizer insulation	稳压器保温	A1	A1	A1	A1
23	MN	Reactor coolant pump insulation package	反应堆冷却剂泵保温包	A1	A1	A1	A1
24	MN	Surge line insulation	波动管保温	A1	A1	A1	A1
25	MN	Hot leg insulation package	热段保温包	A1	A1	A1	A1
26	MN	Cold leg insulation package	冷段保温包	A1	A1	A1	A1

表 2 电气设备供货

序 号	类 型	Electric Equipment	电气设备	Unit 1	Unit 2	Unit 3	Unit 4
1	EB	Tie bus between ECS load centers	主交流供电系统负荷中心之间的母线	C	C	C	C
2	EC	Annex BLDG MCCs	电动机控制中心附属厂房	C	C	C	C
3	EC	AUX BLDG	辅助厂房电动机控制中心	C	C	C	C
4	EC	Diesel GEN BLDG MCCs	柴油发电机厂房电动机控制中心	C	C	C	C
5	EC	Containment MCCs	安全壳电动机控制中心	C	C	C	C
6	EC	PZR HTRS control GRP MCCs	稳压器加热器控制 GRP 电动机控制中心	C	C	C	C
7	EC	Radwaste bldg MCCs	放射性废物厂房电动机控制中心	C	C	C	C
8	EK	Low voltage load centers	低压负荷中心	C	C	C	C
9	EL	FHS fixed underwater lights	燃料搬运与换料系统固定水下照明灯	C	C	C	C
10	EL	FHS portable underwater lights	燃料搬运与换料系统移动式水下照明灯	C	C	C	C
11	ES	ECS switchgear buses	主交流供电系统开关母线	C	C	C	C
12	ES	RCP switchgear	反应堆冷却泵开关装置	A1	A1	A1	A1
13	ET	Annex building PWR XFMRs	附属厂房电力变压器	C	C	C	C
14	ET	AUX building power transformers	辅助厂房电力变压器	C	C	C	C
15	ET	Diesel generator building power transformers	柴油发电机厂房电力变压器	C	C	C	C
16	ET	Containment power transformers	安全壳电力变压器	C	C	C	C
17	ET	Mach shop dist XFMR	机械车间配电变压器	C	C	C	C
18	ET	Radwaste building power transformer	放射性废物厂房电力变压器	C	C	C	C
19	ET	120/12 VAC hydrogen igniters transformers	120/12 VAC 氢点火器变压器	C	C	C	C
20	ET	Auxiliary building lighting transformers	辅助厂房照明变压器	C	C	C	C
21	ET	Diesel gen bldg lighting XFMRS	柴油发电机厂房照明变压器	C	C	C	C
22	ET	Containment lighting XFMRS	安全壳照明变压器	C	C	C	C
23	EV	RCP variable speed drive units	反应堆冷却泵变速驱动装置	A1	A1	A1	A1
24	EW	CRDM external cables	控制棒驱动机构外部电缆	A1	A1	A1	A1
25	EW	CRDM internal cables	控制棒驱动机构内部电缆	A1	A1	A1	A1

表 3 A 类核燃料设备供货

序号	类型	Fuel Equipment	核燃料设备	Unit 1	Unit 2	Unit 3	Unit 4
1	FH	Refueling machine	换料机	A1	A2	A3	A3
2	FH	Fuel handling machine	燃料装卸机	A1	A2	A3	A3
3	FH	New fuel jib crane	新燃料悬臂吊车	A1	A2	A3	A3
4	FH	New fuel elev & hoist	新燃料升降和起吊机构	A1	A2	A3	A3
5	FH	Fuel transfer conveyor (oc)	燃料转移运输机	A1	A2	A3	A3
6	FH	New RCC handling tool	新 RCC 装卸工具	A1	A2	A3	A3
7	FH	New fuel assembly handling tool	新燃料组件装卸工具	A1	A2	A3	A3
8	FH	Spent fuel assembly handling tool	乏燃料组件装卸工具	A1	A2	A3	A3
9	FH	Burnable poison rod assembly handling tool	可燃毒物棒组件装卸工具	A1	A2	A3	A3
10	FH	Control rod drive unlatch tool	控制棒驱动拔闩工具	A1	A2	A3	A3
11	FH	Control rod drive shaft handling tool	控制棒驱动轴承装卸工具	A1	A2	A3	A3
12	FH	Irradiated sample handling tool	辐照样本装卸工具	A1	A2	A3	A3
13	FH	Rod control cluster handling tool	棒控束装卸工具	A1	A2	A3	A3
14	FH	Load test fixture inside containment	安全壳内负荷试验装置	A1	A2	A3	A3
15	FH	Load test fixture outside containment	安全壳外负荷试验装置	A1	A2	A3	A3
16	FT	Fuel transfer tube	燃料运输管	B	B	B	B

表 4 A 仪制设备供货

序号	类型	Instrumentation Equipment	仪制设备	Unit 1	Unit 2	Unit 3	Unit 4
1	JC	MCR ro WS A desk	主控室操纵员工作站 A 桌	A1	A1	A1	A1
2	JC	MCR ro WS B desk	主控室操纵员工作站 B 桌	A1	A1	A1	A1
3	JC	MCR SRO/shift foreman desk	主控室高级操纵员/轮班工头办公桌	A1	A1	A1	A1
4	JC	Dedicated safety panel ＃1	专用安全控制盘 1 号	A1	A1	A1	A1
5	JC	Dedicated safety panel ＃2	专用安全控制盘 2 号	A1	A1	A1	A1
6	JC	Diverse actuation system panel	多样化驱动系统控制盘	A1	A1	A1	A1
7	JC	Printer station	打印机站	A1	A1	A1	A1
8	JC	RSR WS desk	RSR 工作站书桌	A1	A1	A1	A1
9	JD	DAS processor cabinets	DAS 处理器机柜	A1	A1	A1	A1
10	JD	DAS squib valve controller cabinet das	爆破阀控制器机柜	A1	A1	A1	A1
11	JD	DDS processor cabinets	数字显示和处理系统处理器机柜	A1	A1	A1	A1
12	JD	IIS processing cabinets	IIS 处理机柜	A1	A1	A1	A1
13	JD	Distributed processing cabinets	分布式处理机柜	A1	A1	A1	A1
14	JD	Pressurizer heater controller	稳压器加热器控制器	A1	A1	A1	A1

续表

序 号	类 型	Instrumentation Equipment	仪制设备	Unit 1	Unit 2	Unit 3	Unit 4
15	JD	Rod control cabinets	棒控机柜	A1	A1	A1	A1
16	JD	Rod drive M-G control cabinets	控制棒驱动 M-G 控制机柜	A1	A1	A1	A1
17	JD	Rod position indication cabinets	棒位指示机柜	A1	A1	A1	A1
18	JD	PMS cabinets	保护及安全控制系统机柜	A1	A1	A1	A1
	JD	Reactor trip switch gear	反应堆停堆开关装置	A1	A1	A1	A1
19	JD	Squib valve controller cabinets	爆破阀控制器机柜	A1	A1	A1	A1
20	JD	Special monitoring system cabinets	专用监测系统机柜	A1	A1	A1	A1
21	JE	In-core instruments	堆内仪表	A1	A1	A1	A1
22	JE	PCS flow instruments	非能动安全壳冷却系统流量仪表	A1	A1	A1	A1
23	JE	PCCWST water level instruments	非能动设备冷却水水位仪表	A1	A1	A1	A1
24	JE	Containment pressure instruments	安全壳压力仪表	A1	A1	A1	A1
25	JE	PRHR HX Flow	非能动余热排出热交换器流量	A1	A1	A1	A1
26	JE	RCP pump speed instruments	主泵转速仪表	A1	A1	A1	A1
27	JE	RCP bearing water temperature instruments	RCP 轴承水温计	A1	A1	A1	A1
28	JE	RCP stator temperature instruments	RCP 定子温度计	A1	A1	A1	A1
29	JE	RCP vibration instruments	RCP 震动测量仪表	A1	A1	A1	A1
30	JE	Ex-core detectors	堆外探测器	A1	A1	A1	A1
31	JE	Rod position indicators	棒位显示器	A1	A1	A1	A1
32	JE	Spent fuel pool level instruments	乏燃料池液位仪表	A1	A1	A1	A1
33	JE	Cask washdown pit level instruments	运输容器冲洗池液位仪表	A1	A1	A1	A1
34	JE	SG main steam line flow instruments	蒸汽发生器主蒸汽管线流量仪表	A1	A1	A1	A1
35	JE	SG feedwater flow instruments	蒸汽发生器给水流量仪表	A1	A1	A1	A1
36	JE	SG startup feedwater flow instruments	蒸汽发生器启动给水流量仪表	A1	A1	A1	A1
37	JE	MIM reactor vessel upper head instruments	MIM 反应堆压力容器一体化顶盖仪表	A1	A1	A1	A1
38	JE	MIM reactor coolant pump instruments	MIM 反应堆冷却剂泵仪表	A1	A1	A1	A1
39	JE	MIM steam generator instruments	MIM 蒸汽发生器仪表	A1	A1	A1	A1
40	JE	VES MCR air delivery line flowrate instruments	VES 主控室空气输送管路流量仪表	A1	A1	A1	A1
41	JE	VES MCR DP sensing instruments	VES 主控室 DP 感应仪表	A1	A1	A1	A1

续表

序号	类型	Instrumentation Equipment	仪制设备	Unit 1	Unit 2	Unit 3	Unit 4
42	JE	Containment h2 concentration instruments	安全壳氢气浓度仪表	A1	A1	A1	A1
43	JL	Valve test panel	阀试验盘	C	C	C	C
44	JQ	Workstations and processors	工作站和处理器	A1	A1	A1	A1
45	JT	IIS guide tubes	堆内仪表系统导管	A1	A1	A2	A3
46	JW	QDPS thermocouple reference junction panels	QDPS 热电偶参节点盘	A1	A1	A1	A1
47	JW	MCR/RSW transfer switch panels	MCR/RSW 转换开关盘	A1	A1	A1	A1
48	JW	Source range neutron flux preamplifier panels	源量程中子注量率前置放大器配电盘	A1	A1	A1	A1
49	JW	Intermediate range neutron flux preamplifier panels	中间量程中子注量率前置放大器配电盘	A1	A1	A1	A1
50	JW	Power range neutron flux preamplifier panels	功率量程中子注量率前置放大器配电盘	A1	A1	A1	A1
51	JY	MCR wall panel displays	主控室大屏幕	A1	A1	A1	A1
52	JY	DDS data highway	数据显示及处理系统数据总线	A1	A1	A1	A1
53	JY	In-core thimble assemblies	堆芯内套管组件	A1	A1	A1	A1
54	JY	PMS QDPS MCR qualified display units	保护及安全控制系统主控室经鉴定的显示器装置	A1	A1	A1	A1

表 5 A 类阀门供货

序号	类型	Valve	阀门	Unit 1	Unit 2	Unit 3	Unit 4
1	PL	PV03-3″ & larger manually operated gate, globe and check valves, ASME section Ⅲ, class 1,2 & 3	较大的手动操作的闸阀，球阀和截止阀，ASME 第三卷，1、2、3 级	A1	A1	A3	A3
2	PL	PV02-2″ & smaller manually operated globe and check valves, ASME section Ⅲ, class 1,2 & 3	较小的手动操作的球阀和截止阀，ASME 第三卷，1、2、3 级	C	C	C	C
3	PL	PV01-Motor operated globe and gate valves, ASME section Ⅲ, class 1,2 & 3	电动球阀和闸阀，ASME 第三卷，1、2、3 级	A1	A1	A3	A3
4	PL	PV10-Ball and plug valves, ASME section Ⅲ class 1, 2 & 3	球阀和塞阀，ASME 第三卷，1、2、3 级	A1	A1	A3	A3

续表

序 号	类 型	Valve	阀 门	Unit 1	Unit 2	Unit 3	Unit 4
5	PL	PV11-butterfly valves, ASME section Ⅲ, class 2 & 3	蝶阀，ASME 第三卷，1、2、3 级	A1	A1	A3	A3
6	PL	PV13-solenoid operated globe valves, ASME section Ⅲ, class 1,2 & 3	电磁球阀，ASME 第三卷，1、2、3 级	A1	A1	A3	A3
7	PL	PV14-air operated globe valves, ASME section Ⅲ, class 1,2 & 3	气动球阀，ASME 第三卷，1、2、3 级	A1	A1	A3	A3
8	PL	PV17-instrumentation valves, safety related	仪表阀，跟安全相关	C	C	C	A3
9	PL	PV18-vacuum breaker valves, ASME section Ⅲ, class 1,2 & 3	真空截止阀 ，ASME 第三卷，1、2、3 级	C	C	C	A3
10	PL	PV62-pressurizer safety valves	稳压器安全阀	A1	A1	A3	A3
11	PL	PV63-pressurizer spray valves	稳压器喷淋阀	A1	A1	A3	A3
12	PL	PV64-main steam line isolation valves	主蒸汽管线隔离阀	A1	A1	A3	A3
13	PL	PV65-main steam safety valves	主蒸汽安全阀	A1	A1	A3	A3
14	PL	PV66-power operated relief valves	动力操作泄压阀	A1	A1	A3	A3
15	PL	PV67-main feedwater isolation valves	主给水隔离阀	A1	A1	A3	A3
16	PL	PV68-main feedwater check valves	主给水截止阀	A1	A1	A3	A3
17	PL	PV69-main feedwater & startup feedwater control valves	主给水及启动给水控制阀	A1	A1	A3	A3
18	PL	PV70-squib valves	爆破阀	A1	A1	A1	A3
19	PL	PV76-turbine by pass control valves	汽轮机旁路控制阀	A1	A1	A3	A3
20	PL	ASME safety class 1,2 & 3 valves	ASME 安全 1、2、3 级阀门	待定	待定	待定	待定
21	PL	Pressurizer safety valves	稳压器安全阀	待定	待定	待定	待定
22	PL	Pressurizer spray valves	稳压器喷淋阀	待定	待定	待定	待定
23	PL	Main steam line isolation valves	主蒸汽管道隔离阀	待定	待定	待定	待定
24	PL	Main steam safety valves	主蒸汽安全阀	待定	待定	待定	待定
25	PL	Power operated relief valves	电动泄压阀	待定	待定	待定	待定
26	PL	Main feed-water isolation valves	主给水隔离阀	待定	待定	待定	待定
27	PL	Main feed-water check valves	主给水止回阀	待定	待定	待定	待定
28	PL	Main feed-water control valves	主给水控制阀	待定	待定	待定	待定
29	PL	Startup feed-water control valves	启动给水控制阀	待定	待定	待定	待定
30	PL	Cont. Recirc. isolation valves	再循环隔离阀	待定	待定	待定	待定
31	PL	Fourth stage ADS valves	第 4 级 ADS 阀	待定	待定	待定	待定
32	PL	IRWST injection isolation valves	安全壳内换料水箱(IRWST)注入隔离阀	待定	待定	待定	待定
33	PL	Turbine by pass control valves	汽轮机旁路控制阀	待定	待定	待定	待定

表 6 B 类设备供货

序 号	类 型	Equipment	设 备	Unit 1	Unit 2	Unit 3	Unit 4
1	CA	Structural modules	结构模块	B	B	B	B
2	KB	Equipment modules	设备模块	B	B	B	B
3	KQ	Equipment modules	设备模块	B	B	B	B
4	KT	Equipment modules	设备模块	B	B	B	B
5	KU	Equipment modules	设备模块	B	B	B	B
6	MP	Residual heat removal pump A	余热排出泵 A	A1/B	B	B	B
7	MP	Residual heat removal pump B	余热排出泵 B	A1/B	B	B	B
8	MT	Accumulator tank A	安注箱 A	B	B	B	B
9	MT	Accumulator tank B	安注箱 B	B	B	B	B
10	MT	Core makeup tank A	堆芯补给水箱 A	B	B	B	B
11	MT	Core makeup tank B	堆芯补给水箱 B	B	B	B	B
12	MV	Pressurizer	稳压器	B	B	B	B
13	PL	Reactor coolant loop piping	反应堆冷却剂回路管道	A1/B	A1/B	A1/B	A1/B
14	Q2	Equipment modules	设备模块	B	B	B	B
15	Q3	Equipment modules	设备模块	B	B	B	B
16	Q4	Equipment modules	设备模块	B	B	B	B
17	Q6	Equipment modules	设备模块	B	B	B	B
18	SB	Containment air baffle	安全壳空气导流板	B	B	B	B
19	W3	Equipment modules	设备模块	B	B	B	B

表 7 C 类设备供货

序 号	类 型	Equipment	设 备	Unit 1	Unit 2	Unit 3	Unit 4
1	AD	Doors and hatches	门和闸门	C	C	C	C
2	AP	Plumbing materials and equipment	管道材料及设备	C	C	C	C
3	AY	Floor seals	地板密封	C	C	C	C
4	CB	Wall panels	墙板	C	C	C	C
5	CH	Floor modules	地板模块	C	C	C	C
6	CS	Stairs	楼梯	C	C	C	C
7	CVS	Piping assembly	管道组件	C	C	C	C
8	DB	Batteries	蓄电池	C	C	C	C
9	DC	Battery chargers	蓄电池充电器	C	C	C	C
10	DD	Distribution panels	配电盘	C	C	C	C
11	DF	Switchbox	配电箱	C	C	C	C
12	DK	Motor control center	马达控制中心	C	C	C	C
13	DS	Switchboards	配电盘	C	C	C	C
14	DT	Regulating transformers	调节变压器	C	C	C	C

续表

序 号	类 型	Equipment	设 备	Unit 1	Unit 2	Unit 3	Unit 4
15	DU	Inverters	逆变器	C	C	C	C
16	DV	Battery monitors	蓄电池监测器	C	C	C	C
17	DW	Wire/cables	电线/电缆	C	C	C	C
18	EA	Low voltage distribution panels	低压配电盘	C	C	C	C
19	ED	Lighting panels	照明配电盘	C	C	C	C
20	EF	Communication/CCTV	通信/闭路电视	C	C	C	C
21	EH	Heaters	加热器	C	C	C	C
22	EL	Building lighting fixtures	厂房照明装置	C	C	C	C
23	EY	Electrical penetrations	电气贯穿件	A1/C	A1/C	A1/C	A1/C
24	EQ	Cathodic protection	阴极保护	C	C	C	C
25	EW	Wire/cables	电线/电缆	C	C	C	C
26	FPS	Containment spray ring headers	安全壳喷淋环集管	C	C	C	C
27	FS	Storage racks	储存格架	C	C	C	C
28	JC	Fire control cabinets	消防控制机柜	C	C	C	C
29	JD	Electronic cabinets	电子机柜	C	C	C	C
30	JE	Field mounted instruments	现场安装仪表	C	C	C	C
31	JL	Local panels	就地控制盘	C	C	C	C
32	JM	Mounting plates	安装盘	C	C	C	C
33	JS	Packages-radiation monitoring	包——放射性监测	C	C	C	C
34	JT	Damper actuators	挡板控制器	C	C	C	C
35	JY	Misc. I&C orifice plates	其他仪控孔板	C	C	C	C
36	KU	Service modules	服务模块	C	C	C	C
37	LQ	Trays	托架	C	C	C	C
38	MA	Fans	风扇	C	C	C	C
39	MB	Heaters	加热器	C	C	C	C
40	MD	Dampers	阻尼器	C	C	C	C
41	ME	Heat exchangers	热交换器	C	C	C	C
42	MH	Cranes/Elevators/Lifts	吊车/电梯/起吊设备	C	C	C	C
43	MJ	Cable tray	电缆桥架	C	C	C	C
44	MK	Compressors	压缩机	C	C	C	C
45	MP	Pumps	泵	C	C	C	C
46	MR	Forklifts	叉车	C	C	C	C
47	MS	System packages	系统包	C	C	C	C
48	MT	Tanks	水箱	C	C	C	C
49	MV	Vessels	容器	C	C	C	C
50	MW	Spargers	喷淋器	C	C	C	C

续表

序　号	类　型	Equipment	设　备	Unit 1	Unit 2	Unit 3	Unit 4
51	MY	Misc AHUs	其他 AHUs	C	C	C	C
52	MZ	Machine tools	机械工具	C	C	C	C
53	PH	Pipe hangers	管道支吊架	C	C	C	C
54	PL	Valves	阀门	C	C	C	C
55	PR	Piping assembly	管道组件	C	C	C	C
56	PXS	Piping assembly	管道组件	C	C	C	C
57	PY	Facilities specialties	设施专用产品	C	C	C	C
58	QR	Piping assembly	管道组件	C	C	C	C
59	R1	Room module	房间模块	C	C	C	C
60	R2	Room module	房间模块	C	C	C	C
61	R3	Room module	房间模块	C	C	C	C
62	R4	Room module	房间模块	C	C	C	C
63	R5	Room module	房间模块	C	C	C	C
64	RCS	Piping assembly	管道组件	C	C	C	C
65	SH	Ganged support hangers	成组的支吊架	C	C	C	C
66	SS	Supports & hangers	支吊架	C	C	C	C
67	W3	Piping assembly	管道组件	C	C	C	C
68	WLS	Piping assembly	管道组件	C	C	C	C
69	WR	Piping assembly	管道组件	C	C	C	C

附录三　A 类设备专用工具

表 1　专用工具——设备供货分类 A

序　号	专用工具描述	数　量	标记 X 表示在此阶段使用			设备供货分类			
		除有注释外为每个机组的数量	安　装	调　试	运行维修	1 号机组	2 号机组	3 号机组	4 号机组
	核蒸汽供应系统专用工具								
1	新棒束控制组件操作工具	1		X	X	A1	A2	A3	A3
2	新燃料操作工具	1		X	X	A1	A2	A3	A3
3	乏燃料操作工具	1		X	X	A1	A2	A3	A3
4	可燃毒物组件操作工具	1		X	X	A1	A2	A3	A3
5	控制棒驱动轴脱口工具	1		X	X	A1	A2	A3	A3
6	棒束控制组件更换工具	1			X	A1	A2	A3	A3
7	负荷试验装置(安全壳内)	1		X	X	A1	A2	A3	A3
8	负荷试验装置(燃料厂房)	1		X	X	A1	A2	A3	A3
9	阻力塞操作工具	1		X	X	A1	A2	A3	A3
10	高度测量工具	1		X	X	A1	A2	A3	A3
11	燃料组件装料导向装置	1		X	X	A1	A2	A3	A3
12	燃料组件 L 形装料导向装置	1		X	X	A1	A2	A3	A3
13	水下摄像机(4 个摄像机,2 套操作设备)	1		X	X	A1	A2	A3	A3
14	便携式反应堆冷却剂系统真空建立装置,启动时 RCS 排气用	每个现场 1 套		X	X	A1		A1	
	反应堆压力容器内部专用工具								
15	反应堆压力容器堆内构件吊具	1	X		X	A1	A1	A2	A3
16	反应堆压力容器内上部堆内构件存放架	1	X		X	A1	A1	A2	A3
17	反应堆压力容器内下部堆内构件存放架	1	X		X	A1	A1	A2	A3
18	导向管 Nit-采集器	每个现场 1 套	X		X	A1		A1	
19	仪用探针	每个现场 1 套	X		X	A1		A1	
20	堆腔周边孔隙测量装置	每个现场 1 套	X		X	A1		A1	
21	下部堆内构件存放架临时延伸器	每个现场 1 套	X		X	A1		A1	
	反应堆压力容器专用工具								
24	反应堆压力容器顶盖吊具	1	X		X	A1	A1	A2	A3
25	双头螺栓拉伸机(快速连接型)	4	X		X	A1	A1	A2	A3
26	螺栓拉伸机存放架和试验台	4	X		X	A1	A1	A2	A3
27	双头螺栓自动旋转装置	4	X		X	A1	A1	A2	A3

续表

序　号	专用工具描述	数　量	标记 X 表示在此阶段使用			设备供货分类			
		除有注释外为每个机组的数量	安　装	调　试	运行维修	1号机组	2号机组	3号机组	4号机组
28	双头螺栓螺母拧紧工具	4	X		X	A1	A1	A2	A3
29	双头螺栓用空气平衡器	4	X		X	A1	A1	A2	A3
30	双头螺栓起吊绳缠绕复原夹具	4	X		X	A1	A1	A2	A3
31	双头螺栓扳手	4	X		X	A1	A1	A2	A3
32	双头螺栓伸长测量装置	1	X		X	A1	A1	A2	A3
33	螺栓孔塞	47	X		X	A1	A1	A2	A3
34	螺栓孔塞操作工具	1	X		X	A1	A1	A2	A3
35	双头螺栓拉伸机电动葫芦	4	X		X	A1	A1	A2	A3
36	螺栓,螺母,垫片运送支架	1	X		X	A1	A1	A2	A3
37	螺栓顶销和底塞用扳手	1	X		X	A1	A1	A2	A3
38	双头螺栓提升用吊环螺栓	47	X		X	A1	A1	A2	A3
39	双头螺栓保护罩	47	X		X	A1	A1	A2	A3
40	双头螺栓孔刷工具	1	X		X	A1	A1	A2	A3
41	双头螺栓清洁工具	1	X		X	A1	A1	A2	A3
42	导向螺栓	2	X		X	A1	A1	A2	A3
43	辐照管塞支座插口	1	X		X	A1	A1	A2	A3
44	辐照样品操作工具	1	X		X	A1	A1	A2	A3
45	辐照样品操作工具动力传感器	1	X		X	A1	A1	A2	A3
46	压力容器法兰上内螺纹不通过规(测量仪器)	1	X		X	A1	A1	A2	A3
47	双头螺栓不通过规(测量仪器)	1	X		X	A1	A1	A2	A3
48	压力容器法兰上内螺纹通过规(测量仪器)	1	X		X	A1	A1	A2	A3
49	双头螺栓通过规(测量仪器)	1	X		X	A1	A1	A2	A3
50	反应堆压力容器吊耳	每个现场1套	X		X	A1		A1	
	控制棒驱动机构专用工具								
51	控制棒驱动轴操作工具	1	X		X	A1	A1	A2	A3
	专用试验设备								
52	先进数字化反应性计算机	每个现场1套		X	X	A1		A1	
53	安全壳贯穿件“局部泄漏率监测”试验设备	2		X	X	A1	A1	A1	A1
54	不间断电源和电池放电试验设备	每个现场1套		X	X	A1		A1	
55	电动阀门诊断试验设备	1		X	X	A1	A1	A1	A1
56	气动阀门诊断试验设备	每个现场1套		X	X	A1		A1	
57	主蒸汽安全阀设定用液压辅助装置	每个现场1套		X	X	A1		A1	

续表

序 号	专用工具描述	数 量	标记 X 表示在此阶段使用			设备供货分类			
		除有注释外为每个机组的数量	安 装	调 试	运行维修	1号机组	2号机组	3号机组	4号机组
	分散控制系统测试设备								
58	一套基于微软视窗操作系统的工程师站	每个现场 1 套		X	X	A1		A1	
59	传输介质转换开关	2		X	X	A1	A1	A1	A1
60	快速以太网顶层开关	1		X	X	A1	A1	A1	A1
61	示波器	每个现场 1 套		X	X	A1		A1	
	反应堆冷却泵专用工具								
62	螺栓加热器	3	X		X	A1	A1	A1	A1
63	螺母扳手	每个现场 1 套	X		X	A1		A1	
64	导向螺栓	每个现场 3 套	X		X	A1		A1	
65	螺栓伸长测量工具	1	X		X	A1	A1	A1	A1
66	Canopy 密封尺寸恢复工具	每个现场 1 套	X		X	A1		A1	
67	主法兰螺栓用 3.5 in 套筒扳手	每个现场 1 套	X		X	A1		A1	
68	螺栓和导向螺栓用装卸工具	1	X		X	A1	A1	A1	A1
69	进口接管安装立柱	每个现场 1 套	X		X	A1		A1	
70	定位工具	每个现场 1 套	X		X	A1		A1	
71	导向销	1	X		X	A1	A1	A1	A1
72	操作和起重螺栓	2	X		X	A1	A1	A1	A1
73	反应堆冷却剂泵吊耳	每个现场 18 个	X		X	A1		A1	
74	耳轴	8	X		X	A1	A1	A1	A1
75	反应堆冷却剂泵运输容器	4	X		X	A1	A1	A1	A1
76	内六角传动、延伸、大孔组件(进口接管)	每个现场 1 套	X		X	A1		A1	
77	反应堆冷却剂泵在蒸汽发生器隔间安装/移动"泵推车"	每个现场 1 套	X		X	A1		A1	
78	反应堆冷却剂泵叶轮辐射屏蔽防护罩	每个现场 1 套			X	A1		A1	
	蒸汽发生器维修专用工具								
79	人孔装卸设备(工具)	每个现场 2 套	X		X	A1	A1	A2	A3
80	人孔法兰面保护板	每个现场 4 套	X		X	A1	A1	A2	A3
81	人孔管道法兰	4	X		X	A1	A1	A2	A3
82	人孔临时盖	4	X		X	A1	A1	A2	A3
83	疏水堵头	2	X		X	A1	A1	A2	A3
84	人孔双头螺栓拉伸机	每个现场 2 套	X		X	A1	A1	A2	A3
85	带固定支架的接管阻塞器	每个现场 6 套		X	X	A1	A1	A2	A3
86	提升装置	每个现场 1 套	X		X	A1	A1	A2	A3

续表

序 号	专用工具描述	数 量	标记 X 表示在此阶段使用			设备供货分类			
		除有注释外为每个机组的数量	安 装	调 试	运行维修	1号机组	2号机组	3号机组	4号机组
87	标定块	每个现场1套	X		X	A1	A1	A2	A3
88	标定管	每个现场1套	X		X	A1	A1	A2	A3
	反应堆冷却剂泵开关设备								
89	船坞式手推车	1		X	X	A1	A1	A1	A1
90	电动支架装置	1		X	X	A1	A1	A1	A1
91	下游断路器接线夹	1		X	X	A1	A1	A1	A1
92	手动断路器提升装置	1		X	X	A1	A1	A1	A1
93	试验机柜	1		X	X	A1	A1	A1	A1
94	维修工具——断路器合闸弹簧手动储能装置和遮盖帘板手动开启装置	1		X	X	A1	A1	A1	A1
95	在试验位和接触位间移动开关的控制摇柄	1		X	X	A1	A1	A1	A1
96	用于断路器在隔间轨道上安放和移离的断路器提升操作杆	1		X	X	A1	A1	A1	A1
97	轨道延伸装置和轨道夹具	1		X	X	A1	A1	A1	A1
98	断路器手动提升装置	1		X	X	A1	A1	A1	A1
	非能动余热导出热交换器								
99	人孔螺栓拉伸机	每个现场1套	X		X	A1	A2	A3	A3
	运输托架等，需返还给西屋联合体								
100	反应堆容器堆芯吊篮运输托架翻转装置(需返还)	每个现场1套	X			A1		A1	
101	反应堆容器堆芯围筒运输托架翻转装置(需返还)	每个现场1套	X			A1		A1	
102	反应堆容器上部堆内构件运输托架翻转装置(需返还)	每个现场1套	X			A1		A1	
103	蒸汽发生器运输托架翻转装置和钢丝绳(需返还)	每台SG一套	X			A1		A1	
	反应堆冷却剂泵变频装置专用工具								
104	电瓶升降车	1	X	X	X	A1	A1	A1	A1
105	20 μm 过滤器	1	X	X	X	A1	A1	A1	A1

注:1. 设备供货分类的说明见第1.3.3章节;每台机组设备供货分类有变化时,以第一台机组/第二台机组/第三台机组/第四台机组分别表示。2. 核岛供货商供货范围包括设备属于国外供货范围,除了供货商本地支持服务属于国内供货范围。

附录四　美国民用核设施建造方面的规范与标准

序　号	Code and Standard	英　文	中　文
1	ASME QME-1a Addenda—1998	(Qualification of active mechanical equipment used in nuclear power plants; Addenda)	核电厂能动机械设备的鉴定.附录
2	ASME BPVC Section 11—2001	(ASME Boiler & Pressure Vessel Code-section 11: rules for inservice inspection of nuclear power plant components)	ASME 锅炉和压力容器规程.第 11 节:核电厂元部件在使用中进行检查的规则
3	ASME OMa-S/G Addenda—2001	(Standards and guides for operation and maintenance of nuclear power plants; Addenda)	核电厂运行和维护的标准及导则.附录
4	ASME N45. 2. 2—1978	(Packaging, shipping, receiving, storage, and handling of items for nuclear power plants)	核电厂零部件的包装,航运,接收,储存和处理
5	ASME OMb-S/G Addenda—2002	(Operation and maintenance of nuclear power plants)	核电厂运行和维护
6	ASME N45. 2. 11—1974	(Quality assurance requirements for the design of nuclear power plants)	核电厂设计的质量保证要求
7	ASME OMa CODE Addenda 1999	(Code for operation and maintenance of nuclear power plants; Addenda)	核电厂的运行和维护规程.附录
8	ASME N45. 2. 12—1977	(Requirements for auditing of quality assurance programs for nuclear power plants)	核电厂评审质量保证计划的要求
9	ASME OM CODE—1998	(Code for operation and maintenance of nuclear power plants)	核电厂的运行和维护规程
10	ASME N45. 2. 15—1981	(Hoisting, rigging, and transporting of items for nuclear power plants)	核电厂零部件的升降,安装和运输
11	ASME OMb CODE Addenda—2000	(Code for operation and maintenance of nuclear power plants; Addenda)	核电厂的运行和维护规程.附录
12	ASME N45. 2. 8—1975	(Supplementary quality assurance requirements for installation, inspection and testing of mechanical equipment and systems for the construction phase of nuclear power plants)	核电厂建筑阶段机械设备和系统的安装,检验和测试用附加质量保证要求

续表

序　号	Code and Standard	英　文	中　文
13	ASME N45. 2. 5—1978	(Supplementary quality assurance requirements for installation, inspection, and testing of structural concrete, structural steel, soils, and foundations during the construction phase of nuclear power plants)	核电厂建筑阶段结构混凝土，结构钢，土质和地基的安装，检验以及测试用附加质量保证要求
14	ASME N45. 2. 20—1979	(Supplementary quality assurance requirements for subsurface investigations for nuclear power plants)	核电厂地表以下勘测的附加质量保证要求
15	ASME N45. 2. 3a Addenda—1978	(Housekeeping during the construction phase of nuclear power plants; Addenda)	核电厂建筑阶段的房屋维护．附录
16	ASME RA-S—2002	(Probalistic risk assessment for nuclear power plant applications)	核电厂设施的概率风险评估
17	ASME N45. 2. 6—1978	(Qualifications of inspection, examination, and testing personnel for nuclear power plants)	核电厂的检验，验收和测试人员的资格鉴定
18	ASME N45. 2. 8a Addenda—1981	(Supplementary quality assurance requirements for installation, inspection and testing of mechanical equipment and systems for the construction phase of nuclear power plants; Addenda)	核电厂建筑阶段机械设备和系统的安装，检验和测试用附加质量保证要求．附录
19	ASME N45. 2. 23—1978	(Qualification of quality assurance program audit personnel for nuclear power plants)	核电厂质量保证计划审查人员的资格鉴定
20	ASME OM Interpretations 1990-1	(Interpretations: Code for operation and maintenance of nuclear power plants)	说明：核电厂操作和维护规程
21	ASME N45. 2. 9—1979	(Requirements for collection, storage, and maintenance of quality assurance records for nuclear power plants)	核电厂质量保证记录收集，存放和维护的要求
22	ASME N45. 2. 3—1973	(Housekeeping during the construction phase of nuclear power plants)	核电厂建筑阶段的房屋维护
23	ASME N45. 2. 1—1980	(Cleaning of fluid systems and associated components for nuclear power plants)	核电厂流体系统和相关元件的净化处理
24	ASME N45. 2. 13—1976	(Quality assurance requirements for control of procurement of items and services for nuclear power plants)	核电厂控制采购零部件及劳务的质量保证要求
25	ASME OM Interpretations August	(Interpretations: code for operation and maintenance of nuclear power plants)	说明：核电厂操作及维护规范

续表

序　号	Code and Standard	英　文	中　文
26	ASME OM Interpretations December	(Interpretations: code for operation and maintenance of nuclear power plants)	说明:核电厂操作及维护规范
27	HD 475 S1—1986	Dimensions of planchet used in nuclear electronic instruments	核电子仪器用圆片尺寸
28	ANSI/IEEE 387—1995	Standard criteria for diesel-generator units applied as standby power supplies for nuclear power generating stations	作为核电厂备用电源的柴油发电机装置的标准准则
29	ANSI/IEEE 650—1991	Qualifications of class 1E static battery chargers and inverters for nuclear power generating stations	核电厂用1E级静态电池充电器和转换器的鉴定
30	ANSI/ANS 3.4—1996	medical certification and monitoring of personnel requiring operating licenses for nuclear power plants	核电厂持证上岗人员的健康认证与监测
31	ANSI/ANS 58.8—1994	Nuclear power plants-time response design criteria for safety related operator	核电厂有关安全操作人员行为的时间响应设计准则
32	ANSI/IEEE 1290—1996	Guide for MOV (motor-operated valve) motor application, protection, control, and testing in nuclear power generating stations	核电厂电动控制阀门电机的应用、保护、控制和试验指南
33	ANSI/ANS 3.1—1993	Selection, qualification, and training of personnel for nuclear power plants	核电厂人员选择,资格和培训
34	ANSI/ANS 6.6.1—1987	Calculation and measurement of direct and scattered gamma radiation from LWR nuclear power plants	LWR核电厂直接的和散射的伽马辐射的计算和测量
35	ANSI/IEEE 649—1992	Qualifying class 1E motor control centers for nuclear power generating stations	核电厂用合格的1E级电动机控制台
36	ANSI/ANS 3.5—1998	Nuclear power plants simulators for use in operator training and examination	操作者训练和检验用核电厂模拟装置
37	ANSI/IEEE 1082—1997	Guide for incorporating human action reliability analysis for nuclear power generating stations	核电厂采纳人类行为可靠性分析的指南
38	ANSI/ISA S67.10—1994	Sample-line piping and tubing standard for use in nuclear power plants	核电厂中使用的取样管线管系和管道标准
39	ANSI/IEEE 352—1994	Guide for general principles of reliability analysis of nuclear power generating station safety systems	核电厂安全系统可靠性分析一般原则指南
40	ANSI/IEEE 382—1996	Qualification of actuators for power operated valve assemblies with safety-related functions for nuclear power plants	核电厂用带安全相关功能的电力操作阀组件的执行机构的合格鉴定

续表

序 号	Code and Standard	英 文	中 文
41	ANSI/IEEE 338—1987	Criteria for the periodic surveillance testing of nuclear power generating stations safety systems	核电厂安全系统周期监督检测的准则
42	ANSI/IEEE 317—1983	Electric penetration assemblies in containment structures for nuclear power generating stations	核电厂安全壳结构的电气贯穿组件
43	ANSI/IEEE 638—1992	Standard for qualification of class 1E transformers for nuclear power generating stations	核电厂用 IE 级变压器的合格鉴定
44	ANSI/IEEE 628—2001	Raceway systems for class 1E circuits for nuclear power generating stations, criteria for the design, installation, and qualification	核电厂 1E 级电路电缆管道系统的设计、安装和合格鉴定的标准
45	ANSI/IEEE 379—2000	Application of the single-failure criterion to nuclear power generating stations safety systems	核电厂安全系统中单一故障标准的应用
46	ANSI/IEEE C37.105—1987	Qualifying class 1E protective relays and auxiliaries for nuclear power generating stations	核电厂用的 1E 防护继电器和附件的合格鉴定标准
47	ANSI/IEEE C37.82—1987	Switchgear assemblies for qualification of class 1E applications in nuclear power generating stations	应用于核电厂的 1E 级装置用开关装置组件的合格鉴定
48	ANSI/IEEE 933—1999	Guide for the definition of reliability program plans for nuclear power generating stations	核电厂可靠性工作计划的定义指南
49	ANSI/ASME OM—1990	Operation and maintenance of nuclear power plants	核电厂的运行和维护
50	ANSI/IEEE 1205—2000	Assessing, monitoring, and mitigating aging effects on class 1E equipment used in nuclear power generating stations	核电厂用 1E 级设备老化影响的评定、监测和减轻
51	ANSI/IEEE 845—1999	Guide to evaluation of man-machine performance in nuclear power generating stations, control rooms, and other peripheries	核电厂、控制室和其他周边区域人-机系统性能评价指南
52	ANSI/IEEE 308—2001	Power systems for nuclear power generating stations, criteria for class 1E	核电厂 1E 级电力系统的标准
53	ANSI/IEEE 420—2001	Standard for the design and qualification of class 1E control boards, panels and racks used in nuclear power generating stations	核电站用 1E 级控制台、控制板及操纵板的设计和合格鉴定标准
54	ANSI/ASME N509—2002	Nuclear power plants air cleaning units and components	核电厂空气净化设备和部件
55	ANSI/IEEE 741—2002	Standard criteria for the protection of class 1E power systems and equipment in nuclear power generating stations	核电厂 1E 类电力系统和设备防护的标准判据

续表

序　号	Code and Standard	英　文	中　文
56	ANSI/ASME QME-1—2002	Qualification of active mechanical equipment for nuclear power plants	核电厂用放射性机械设备的合格鉴定
57	ANSI/IEEE 497—2002	Standard criteria for accident monitoring instrumentation for nuclear power generating stations	核电厂用事故监测仪标准判据
58	ANSI/IEEE 765—2002	Preferred power supply for nuclear power generating stations	核电厂的优先选用电源
59	ANSI/ANS 2.10—2003	Criteria for the handling and initial evaluation of records from nuclear power plants seismic instrumentation	核电厂地震测量仪记录数据的处理和初始评价标准
60	ANSI/IEEE 7-4.3.2—2003	Criteria for digital computers in safety systems of nuclear power generating stations	核电厂安全系统中数字计算机标准
61	ANSI/IEEE 323—2003	Qualifying class 1E equipment for nuclear power generating stations	核电厂 1E 级设备的质量鉴定
62	ANSI/IEEE 383—2003	Standard for qualifying class 1E electric cables and field splices for nuclear power generating stations	核电厂 1E 级电缆质量鉴定和现场拼接标准
63	ANSI/ASME OM-S/Ga—2004	Standards and guides for operation and maintenance of nuclear power plants	核电厂的运行和维护的标准和指南
64	ANSI/ASME OM-S/G—2003	Standards and guides for operation and maintenance of nuclear power plants	核电厂的运行和维护的标准和指南
65	ANSI/ASME OMb-S/G—2005	Standards and guides for operation and maintenance of nuclear power plants	核电厂操作和维护的标准和指南
66	ANSI/IEEE 577—2004	Requirements for reliability analysis in the design and operation of safety systems for nuclear power generating stations	核电厂安全系统的设计及运行中的可靠性分析要求
67	ANSI/ASME OMCode—2004	Code for operation and maintenance of nuclear power plants	核电厂的维护和操作标准
68	ANSI/ASME OMaCode—2005	Code for operation and maintenance of nuclear power plants	核电厂的操作和维修规范
69	ANSI/IEEE 572—2004	Standard for qualification of class 1E connection assemblies for nuclear power generating stations	核电厂 1E 级连接组件的质量鉴定标准
70	ANSI/IEEE 334—1999	Qualifying continuous duty class 1E motors for nuclear power generating stations	核电厂 1E 级电动机连续负载质量鉴定
71	ANSI/IEEE 344—2004	Recommended practice for seismic qualification of class 1E equipment for nuclear power plants	核电厂 1E 级设备防震鉴定的推荐实施规范
72	ANSI/IEEE 690—2004	Design and installation of cable systems for class 1E circuits in nuclear power generating stations	核电厂 1E 级电路用电缆系统的设计和安装

续表

序　号	Code and Standard	英　文	中　文
73	ANSI/IEEE 1289—2004	Guide for the application of human factors engineering in the design of computer-based monitoring and control displays for nuclear power generating stations	核电厂用基于计算机的监测和控制显示器的设计中的人因工程的应用指南
74	ANSI/IEEE 1023—2004	Recommended practice for the application of human factors engineering to systems, equipment, and facilities of nuclear power generating stations and other nuclear facilities	核电厂和其他核装置的系统、设备和装置的人因工程应用的推荐实施规程
75	ANSI/ANS 18. 1—1999	Nuclear power plants-source term specification	核电厂源术语规范
76	ANSI/ANS 2. 23—2002	Nuclear power plant response to an earthquake	与地震相关的核电厂反应
77	ANSI/ANS 6. 1. 2—1999	Neutron and gamma-ray cross sections for nuclear radiation protection calculations for nuclear power plants	核电厂核辐射防护计算用的中子和γ射线截面
78	ANSI/ASME OMbCode—2006	Code for operation and maintenance of nuclear power plants	核电厂的操作和维护规程
79	ASTM D 5139—1990(2001)	Standard specification for sample preparation for qualification testing of coatings to be used in nuclear power plants	核电厂用涂层定量检查用的样品制备标准规范
80	ASTM D 3912—1995	Standard test method for chemical resistance of coatings used in light-water nuclear power plants	轻水核电厂用涂层耐化学性的标准试验方法
81	ASTM E 2215—2002	Standard practice for evaluation of surveillance capsules from light-water moderated nuclear power reactor vessels	评价轻水核电反应堆监视舱的标准实施规程
82	ASTM D 4082—2002	Standard test method for effects of gamma radiation on coatings for use in light-water nuclear power plants	γ射线对轻水核电厂用涂层影响的标准试验方法
83	ASTM D 3911—2003	Standard test method for evaluating coatings used in light-water nuclear power plants at simulated design basis accident (DBA) conditions	设计基本事故(DBA)的模拟条件下评价轻水核电厂用涂层的标准试验方法
84	ASTM D 5163a—2005	Standard guide for establishing procedures to monitor the performance of service level I coatings in an operating nuclear power plants	核电厂运行时使用的Ⅰ级涂层性能监测程序制定的标准指南
85	ASTM D 7167—2005	Standard guide for establishing procedures to monitor the performance of safety-related coating service level Ⅲ lining systems in an operating nuclear power plants	运行的核电厂中与安全有关的覆层设备Ⅲ级里衬系统性能监测程序确定用标准指南

续表

序 号	Code and Standard	英 文	中 文
86	HD 370 S2—1987	Modular plug-in unit and standard 19 inches rack mounting unit based on nim standard (for electronic nuclear instruments)	基于 NIM 标准(电子核仪器用)的模块插座装置和标准 19 in 架式安装装置
87	ASME BPVC Section 3 Division 3	ASME boiler & pressure vessel code-section 3: rules for construction of nuclear facility components; division 3; containment systems and transport packaging for spent nuclear fuel and high level rad	ASME 锅炉和压力容器规程,第 3 节:核设施元部件制造规则,第 3 分册,消耗核燃料和高等级放射性废物用外壳系统和运
88	ASME PTC 32.2 Report—1978	Methods of measuring the performance of nuclear fuel in light water reactors	轻水反应堆中核燃料性能测试方法
89	ANSI/ANS 57.8—1995	Nuclear fuel assembly identification	核燃料组件的标识
90	ANSI/ANS 15.2—1999	Quality control for plate-type uranium-aluminum fuel elements	片状铝铀核燃料元件的质量控制
91	ASTM C 1011—1983	Selection or specification of electrodeless conductivity instruments for the nuclear fuel cycle	核燃料生产中用无电极电导仪器的选择指南或规范
92	ASTM C 1010—1983	Acceptance, checkout and pre-operational testing of a nuclear fuel reprocessing facility	核燃料再加工设备的验收、检测和操作前试验
93	ASTM C 986—1989	Developing training programs in the nuclear fuel cycle	编制核燃料循环培训大纲
94	ASTM C 1128—2001	Standard guide for preparation of working reference materials for use in the analysis of nuclear fuel cycle materials	核燃料循环材料分析用操作参考材料制备的标准指南
95	ASTM C 1431—1999	Standard guide for corrosion testing of aluminum-based spent nuclear fuel in support of repository disposal	维护容器清理用铝基废核燃料腐蚀检验的标准导则
96	ASTM E 692—2000	Standard test method for determining the content of Cesium-137 in irradiated nuclear fuel by high-resolution gamma-ray spectral analysis	用高分辨率 γ 射线光谱分析法对照射过的核燃料中的铯-137 的标准试验方法
97	ASTM C 1454—2000	Standard guide for pyrophoricity/combustibility testing in support of pyrophoricity analyses of metallic uranium spent nuclear fuel	通过对燃烧核燃料的金属铀的自燃分析进行自燃/易燃性试验的标准指南
98	ASTM C 1062—2000	Standard guide for design, fabrication, and installation of nuclear fuel dissolution facilities	核燃料分解装置的设计、制造和安装标准指南
99	ASTM B 353—2002	Standard specification for wrought Zirconium and Zirconium alloy seamless and welded tubes for nuclear service (except nuclear fuel cladding)	核设施(核燃料包壳除外)用锻制的锆及锆合金无缝与焊接管标准规范

续表

序 号	Code and Standard	英 文	中 文
100	ASTM C 1297—2003	Standard guide for qualification of laboratory analysis for the analysis of nuclear fuel cycle materials	核燃料循环材料分析用实验室分析法的鉴定标准指南
101	ASTM C 1156—2003	Standard guide for establishing calibration for a measurement method used to analyze nuclear fuel cycle materials	用于分析核燃料循环材料的测量方法用校准方法的确定的标准指南
102	HD 462 S1—1987	Process stream radiation monitoring equipment in light water nuclear reactors for normal operating and incident conditions	正常操作和事故条件下轻水核反应堆的液流处理监控设备
103	ANSI/ASTM C781—2002	Practice for testing graphite and boronated graphite components for high-temperature gas-cooled nuclear reactors	高温气冷核反应堆石墨及硼酸化石墨元部件试验惯例
104	ANSI/ANS 56. 8—2002	Nuclear reactors-containment system leakage testing requirements	核反应堆：安全壳系统泄漏测试要求
105	ANSI/ANS 19. 3. 4—2002	Determination of thermal energy deposition rates in nuclear reactors	核反应堆热能沉积率的测定
106	ANSI/ANS 19. 3—2005	Determination of neutron reaction rate distributions and reactivity of nuclear reactors	核反应堆中子反应速率分布和反应性的测定
107	ASTM E 185—2002	Standard practice for design of surveillance programs for light water cooled nuclear power reactor vessels	轻水冷却核反应堆压力容器的监督程序设计标准操作规程
108	ASTM D 5962—1996(1999)	Standard guide for maintaining unqualified coatings (paints) within level Ⅰ areas of a nuclear power facility	评定核反应堆的Ⅰ级区域内连续不合格涂层(油漆)标准指南
109	ASTM E 1035—2002	Standard practice for determining neutron exposures for nuclear reactor vessel support structures	核反应堆容器支承结构的中子辐照量测定标准实施规程
110	ASTM B 811—2002	Standard specification for wrought Zirconium alloy seamless tubes for nuclear reactor fuel cladding	核反应堆燃料包壳用锻制锆合金无缝管的标准规范
111	ASTM E 509—2003	Standard guide for in-service annealing of light water cooled nuclear reactor vessels	轻水冷却核反应堆压力容器在运转中逐渐冷却的标准指南
112	ASTM C 781—2002	Standard practice for testing graphite and boronated graphite components for high-temperature gas-cooled nuclear reactors	高温气冷核反应堆用石墨及硼酸化石墨元部件试验的标准实施规程

附录五　AP1000适用的美国规范及标准

(1) 美国混凝土学会标准(ACI)

• ACI 117, Standard Specification for Tolerances for Concrete Construction and Materials, 1990.

• ACI 211.1, Standard Practice for Selecting Proportions for Normal, Heavy Weight, and Mass Concrete, 1991.

• ACI 304R, Guide for Measuring, Mixing, Transporting, and Placing Concrete, 2000.

• ACI 318, Building Code Requirements for Reinforced Concrete, 2002.

• ACI 349, Code Requirements for Nuclear Safety Related Concrete Structures, 2001.

• ACI 349.3R, Evaluation of Existing Nuclear Safety-Related Concrete Structures, 1996.

(2) 美国钢结构协会标准(AISC)

• AISC N690, Specification for the Design, Fabrication, and Erection of Steel Safety-Related Structures for Nuclear Facilities, 1994.

• AISC S335, Specification for Structural Steel Buildings, Allowable Stress Design and Plastic Design, 1989.

• AISI, Specification for the Design of Cold Formed Steel Structural Members, 1996 Edition and Supplement No. 1, July 30, 1999.

(3) 美国通风与空调协会标准(AMCA)

• AMCA 210, Laboratory Method of Testing Fans for Rotating Purposes, 1985.

• AMCA 211, Certified Ratings Program Air Performance, 1987.

• AMCA 300, Reverberant Room Method for Sound Testing of Fans, 1985.

• AMCA 500, Test Method for Louvers, Dampers, and Shutters, 1989.

(4) 美国核协会标准(ANS)

• ANS 5.1, Decay Heat Power in Light Water Reactors, 1979 and 1994.

• ANS 5.4, American National Standard Method for Calculating the Fractional Release of Volatile Fission Products From Oxide Fuel, 1982.

• ANS 6.1, Guidelines on Nuclear Analysis and Design of Concrete Radiation Shielding for Nuclear Power Plants, 1989.

• ANS 6.4, Guidelines on the Nuclear Analysis and Design of Concrete Radiation Shielding for Nuclear Power Plants, 1997.

• ANS 15.8, Nuclear Material Control Systems for Nuclear Power Plants, 1974.

• ANS 18.1, Radioactive Source Term for Normal Operation of Light Water Reactors, 1999.

• ANS 51.1, Nuclear Safety Criteria for the Design of Stationary Pressurized Water Reactor Plants, 1983.

• ANS 55.6, Liquid Radioactive Waste Processing Systems for Light Water Reactor Plants, 1993.

• ANS 56. 2,Containment Isolation Provisions for Fluid Systems, 1984.

• ANS 56. 11, Design Criteria for Protection Against the Effects of Compartment Flooding in Light Water Reactor Plants, 1988.

• ANS 57. 1,Design Requirements for Light Water Reactor Fuel Handling Systems, 1992.

• ANS 57. 2, Design Requirements for Light Water Reactor Spent Fuel Storage Facilities at Nuclear Power Plants, 1983.

• ANS 57. 3, Design Requirements for New Fuel Storage Facilities at LWR Plants, 1983.

• ANS 58. 2, Design Bases for Protection of Light Water Nuclear Power Plants Against Effects of Postulated Pipe Rupture, 1988.

• ANS 58. 8, Time Response Design Criteria for Nuclear Safety Related Operator Actions,1994.

• ANS C-2,National Electrical Safety Codes, 1997.

(5) 美国国家标准化协会标准(ANSI)

• ANSI 16. 1, Nuclear Criticality Safety in Operations with Fissionable Materials Outside Reactors, 1975.

• ANSI 56. 5,PWR and BWR Containment Spray System Design Criteria, 1979.

• ANSI 56. 8,Containment System Leakage Testing Requirements, 1994.

• ANSI 58. 6,Criteria for Remote Shutdown for Light Water Reactors, 1996.

• ANSI B16. 34,Valves-Flanged and Buttwelding End, 1996.

• ANSI B16. 41,Functional Operational Requirement for Power Operated Valves, 1983.

• ANSI B30. 2,Overhead and Gantry Cranes, 1990.

• ANSI B30. 9,Slings, 1996.

• ANSI B31. 1,Power Piping, ASME Code for Pressure Piping, 1989.

• ANSI B96. 1,Welded Aluminum-Alloy Storage Tanks, 1981.

• ANSI HFS-100, American Standard for Human Factors Engineering of Visual Display Terminal Workstations, 1988.

• ANSI N14. 6, Special Lifting Devices for Shipping Containers Weighing 10,000 pounds (4500 kg) or More, 1993.

• ANSI N16. 1, Nuclear Criticality Safety in Operations with Fissionable Materials Outside Reactors, 1975.

• ANSI N16. 9,Validation of Calculational Methods for Nuclear Criticality Safety, 1975.

• ANSI N18. 2, Nuclear Safety Criteria for the Design of Stationary Pressurized Water Reactor Plants, 1973.

• ANSI N18. 2a, Nuclear Safety Criteria for the Design of Stationary Pressurized Water Reactor Plants, 1975.

• ANSI N101. 6, Atomic Industry Facility Design, Construction, and Operation Criteria, 1972.

• ANSI N210, Design Objectives for Light Water Reactor Spent Fuel Storage Facilities at Nuclear Power Stations, 1976.

• ANSI N237,Source Term Specification, 1976.

• ANSI N271,Containment Isolation Provisions for Fluid Systems, 1976.

• ANSI N278.1,Self-Operated and Power-Operated Safety-Relief Valves Functional Specification Standard, 1975.

• ANSI/ISA-67.04.01-2006,Setpoints for Nuclear Safety-Related Instrumentation,2006.

• ANSI/ISA 67.06.01-2002, Performance Monitoring for Nuclear Safety Related Instrument Channels in Nuclear Power Plants,2002.

• ANSI/ANS 58.8-1994, Time response design criteria for safety-related operator action,1994.

• ANSI/ASME Y14.1, Decimal inch drawing sheet size and format(Note 1),1987.

• ANSI Y14.15,Electrical & Electronics Diagrams(Note 1),1988.

(6) 美国石油协会标准(API)

• API 610,Centrifugal Pumps for General Refinery Services, 1981.

• API-620,Recommended Rules for Design and Construction of Large, Welded, Low-Pressure Storage Tanks, Revision 1,April,1985.

• API-650,Welded Steel Tanks for Oil Storage, Revision 1,February,1984.

(7) 美国空调与制冷协会标准(ARI)

• ARI 410,Forced Circulation Air Cooling and Air Heating Coils, 1991.

• ARI 620,Self-Contained Humidifiers for Residential Applications, 1996.

(8) 美国土木工程师协会标准(ASCE)

• ASCE 4,Seismic Analysis of Safety-Related Nuclear Structures and Commentary, 1989.

• ASCE 7,Minimum Design Loads for Buildings and Other Structures, 1998.

• ASCE-8,specification for the Design of Cold Framed Steel Structural Members, 1990.

(9) 美国采暖、制冷和空调工程师学会标准(ASHRAE)

• ASHRAE 33,Methods of Testing for Rating Forced Circulation Air Cooling and Air Heating Coils, 1978.

• ASHRAE 52.1,Gravimetric and Dust Spot Procedures for Testing Air-Cleaning Devices Used in General Ventilation for Removing Particulate Matter, 1992.

• ASHRAE 62,Ventilation for Acceptable Indoor Air Quality, 1989.

• ASHRAE 126,Method of Testing HVAC Air Ducts, 2000.

• ASME OM Code,Code for Operation and Maintenance of Nuclear Power Plants, 1995 Edition,1996 Addenda.

(10) 美国机械工程师协会标准(ASME)

• ASME AG-1,Code on Nuclear Air and Gas Treatment, 1997.

• ASME B16.34,Valves-Flanged and Butt-welding End, 1996.

• ASME B30.2,Overhead & Gantry Cranes, 1990.

• ASME B31.1,Code for Power Piping, 1989 Edition,1989 Addenda.

• ASME Boiler and Pressure Code, Section Ⅱ, Metal Specifications, 1998 Edition, 2000 Addenda(Class 1,2,3 Piping and Components).

• ASME Boiler and Pressure Vessel Code, Section Ⅲ, Rules for Construction of Nuclear Power Plant Components (The baseline used for the evaluations done to support this safety analysis report and the Design Certification is the 1998 Edition, 2000 Addenda, except as follows: the 1989 Edition, 1989 Addenda is used for Articles NB-3200, NB3600, NC-3600, and ND-3600 in lieu of later editions and addenda.) (Class 1, 2, 3 Piping and Components).

• ASME Boiler and Pressure Vessel Code, Section Ⅳ, Non-destructive Examination, 1998 Edition, 2000 Addenda(Class 1, 2, 3 Piping and Components).

• ASME Boiler and Pressure Vessel Code, Section Ⅴ, Non-destructive Examination, 1998 Edition, 2000 Addenda(Class 1,2,3 Piping and Components).

• ASME Boiler and Pressure Vessel Code, Section Ⅷ, Division 1, Pressure Vessels, 1998 Edition, 2000 Addenda(Class 1,2,3 Piping and Components).

• ASME Boiler and Pressure Vessel Code, Section Ⅸ, Welding and Brazing Qualifications, 1998 Edition, 2000 Addenda(Class 1,2,3 Piping and Components).

• Code Case 2142-1, F-Number Grouping for Ni-Cr-Fe, Classification UNS N06052 Filler Metal, Section IX.

• Code Case 2143-1, F-Number Grouping for Ni-Cr-Fe, Classification UNS W86152 Welding Electrode, Section IX.

• ASME Code Section XI (1998 Edition) and mandatory appendices (Design provisions, in accordance with Section XI, Article IWA-1500, are incorporated in the design processes for Class 1 components.) (Class 1,2,3 Piping and Components.)

• ASME Code Section XI (1996 Edition).

• ASME N509 (R1996), Nuclear Power Plant Air Cleaning Units and Components, 1989.

• ASME N510, Testing of Nuclear Air Cleaning Systems, 1989.

• ASME NOG-1, Rules for Construction of Overhead and Gantry Cranes (Top Running Bridge, Multiple Girder), ASME Code, Section IV, Pt. HWL, 1998.

• ASME NQA-1, Quality Management System, 1994(The U. S. NRC has accepted NQA-1 through NQA-1c-1992, Addenda as acceptable via Regulatory Guide 1. 28. Also, NQA-1-1c-1992 is to be specified to be consistent with the ASME Section Ⅲ Code and Addenda specified in the DCD.)

(11) 美国材料与试验协会标准(ASTM)

• ASTM E 235-03, Standard Specification for Thermocouples, Sheathed, Type K and Type N, for Nuclear or for Other High-Reliability Applications.

• Code Case N-4-11, Special Type 403 Modified Forgings or Bars, Section Ⅲ, Division 1, Class 1 and Class CS.

• Code Case N-20-4, SB-163 Nickel-Chromium-Iron Tubing (Alloys 600 and 690) and Nickel-Iron-Chromium Alloy 800 at a Specified Minimum Yield Strength of 40. 0 ksi and

Cold Worked Alloy 800 at Yield Strength of 47.0 ksi, Section Ⅲ, Division 1, Class 1.

• Code Case N-60-5, Material for Core Support Structures, Section Ⅲ, Division 1.

• Code Case N-71-18, Additional Material for Subsection NF, Class 1,2,3 and MC Component Supports Fabricated by Welding, Section Ⅲ Division 1.

• Code Case N-249-14, Additional Materials for Subsection NF, Class 1,2,3, and MC Supports Fabricated Without Welding, Section Ⅲ, Division 1.

• Code Case N-284-1, Metal Containment Shell Buckling Design Methods, Section Ⅲ, Division 1 Class MC.

• Code Case N-318-5, Procedure for Evaluation of the Design of Rectangular Cross Section Attachments on Class 2 or 3 Piping Section Ⅲ, Division.

• Code Case N-391-2, Procedure for Evaluation of the Design of Hollow Circular Cross Section Welded Attachments on Class 1 Piping Section Ⅲ, Division 1.

• Code Case N-319-3, Procedure for Evaluation of Stresses in Butt Welding Elbows in Class 1 Piping, Section Ⅲ, Division 1.

• Code Case N-392-3, Procedure for Valuation of the Design of Hollow Circular Cross Section Welded Attachments on Class 2 and 3 Piping Section Ⅲ, Division 1.

• Code Case-N-474-2, Design Stress Intensities and Yield Strength Values for UNS06690 With a Minimum Yield Strength of 35 ksi, Class 1 Components, Section Ⅲ, Division 1.

• ASTM A 580, Specification for Stainless and Heat-resisting Steel Wire, 1990.

• ASTM A 609, Standard Specification for Longitudinal Beam Ultrasonic Inspection of Carbon and Low-alloy Steel Castings, 1991.

• ASTM A 615, Deformed and Plain Billet Steel Bars for Concrete Reinforcement, 2001.

• ASTM A 706, Low Alloy Steel Deformed Bars for Concrete Reinforcement, 2001.

• ASTM A 970, Specification for Welded Headed Bars for Concrete Reinforcement, 1998.

• ASTM C 33, Specification for Concrete Aggregates, 2002.

• ASTM C 94, Specifications for Ready-Mixed Concrete, 2000.

• ASTM C 131, Resistance to Abrasion of Small Size Coarse Aggregate by Use of the Los Angeles Machine, 2001.

• ASTM C 150, Specification for Portland Cement, 2002.

• ASTM C 260, Air Entraining Admixtures for Concrete, 2001.

• ASTM C 311, Sampling and Testing Fly Ash or Natural Pozzolans for Use as Mineral Admixture in Portland Cement Concrete, 2002.

• ASTM C 494, Chemical Admixtures for Concrete, 1999.

• ASTM C 535, Test Method for Resistance to Degradation of Large-Size Coarse Aggregate by Abrasion and Impact in the Los Angeles Machine, 2001.

• ASTM C 618, Fly Ash and Raw or Calcined Natural Pozzolans for Use in Portland Cement Concrete, 2001.

• ASTM D 512, Chloride Ion in Industrial Water, 1999.

• ASTM E142,Methods for Controlling Quality of Radiographic Testing, 1986.

• ASTM E 165,Practice for Liquid Penetrant Inspection Method, 1995.

• ASTM E 185,Standard Practice for Conducting Surveillance Tests for Light-Water Cooled Nuclear Power Reactor Vessels, 1982.

• ASTM E 741,Standard Test Methods for Determining Air Change in a Single Zone by Means of a Tracer Gas Dilution, 2000.

(12) 美国水道工作协会标准(AWWA)

• AWWA D100, Welded Steel Tanks for Water Storage, 1984.

• CP-189,Qualification and Certification of Nondestructive Testing Personnel, 1995 Edition.

(13) 美国建筑管理协会(CMAA)

• CMAA,Specification for Electrical Overhead Travelling Cranes, 1999.

(14) 美国联邦紧急事务管理署标准(FEMA)

• FEMA 356, Prestandard and Commentary for the Seismic Rehabilitation of Buildings, 2000.

(15) 美国电气与电子工程师协会标准(IEEE)

• IEEE Standard 7-4.3.2,IEEE Standard Criteria for Digital Computers in Safety Systems of Nuclear Power Generating Stations, 1993.

• IEEE Standard 98,IEEE Standard for the Preparation of Test Procedures for the Thermal Evaluation of Solid Electrical Insulating Materials, 1984.

• IEEE Standard 100, IEEE Standard Dictionary of Electrical and Electronic Terms, 1996.

• IEEE Standard 141,IEEE Recommended Practice for Electric Power Distribution for Industrial Plants, (IEEE Red Book),1993.

• IEEE Standard 242,IEEE Recommended Practice for Protection and Coordination of Industrial and Commercial Power Systems, (IEEE Buff Book),1986.

• IEEE Standard 279,IEEE Standard Criteria for Protection Systems for Nuclear Power Generating Stations, 1971.

• IEEE Standard 281, IEEE Standard Service Conditions for Power System Communication Equipment, 1984.

• IEEE Standard 308, IEEE Standard Criteria for Class 1E Power Systems for Nuclear Power Generating Stations, 1991.

• IEEE Standard 317, IEEE Standard for Electric Penetrations Assemblies in Containment Structures for Nuclear Power Generating Stations, 1983.

• IEEE Standard 323,IEEE Standard for Qualifing Class 1E Equipment for Nuclear Power Generating Station,1974.

• IEEE Standard 338, IEEE Standard Criteria for Periodic Surveillance of Nuclear

Power Generating Stations Safety Systems.

• IEEE 344, IEEE Recommended Practice for Seismic Qualification of Class 1E Equipment for Nuclear Power Generating Stations, 1987.

• IEEE Standard 379, IEEE Standard Application of the Single-Failure Criterion to Nuclear Power Generating Station Safety Systems, 2000.

• IEEE Standard 381, IEEE Standard Criteria for type test of Class 1E Modules used in Nuclear Power Generating Stations, 1977.

• IEEE Standard 382, IEEE Standard for Qualification of Actuators for Power-Operated Valve Assemblies with Safety-Related Functions for Nuclear Power Plants, 1996.

• IEEE Standard 383, IEEE Standard for Type Test of Class 1E Electric Cables, Field Splices, and Connections for Nuclear Power Generating Stations, 1974.

• IEEE Standard 384, IEEE Standard Criteria for Independence of Class 1E Equipment and Circuts, 1981.

• IEEE Standard 420, IEEE Standard for the Design and Qualification of Class 1E Control Boards, Panels, and Racks Used in Nuclear Power Generating Stations, 1982.

• IEEE Standard 422, Guide for the Design and Installation of Cable Systems in Power Generating Stations, 1986.

• IEEE Standard 450, IEEE Recommended Practice for Maintenance, Testing, and Replacement of Vented Lead-Acid Batteries for Stationary Applications, 1995.

• IEEE Standard 484, IEEE Recommended Practice for Installation Design and Installation of Vented Lead-Acid Batteries for Stationary Applications, 1996.

• IEEE Standard 485, IEEE Recommended Practice for Sizing Lead-Acid Batteries for Stationary Applications, 1997.

• IEEE Standard 494, IEEE Standard Method for Identification of Documents Related to Class 1E Equipment and Systems for Nuclear Power Generating Stations, 1974.

• IEEE Standard 535, IEEE Standard for Qualification of Class 1E Lead Storage Batteries for Nuclear Power Generating Stations, 1986.

• IEEE Standard 572, IEEE Standard for qualification of Class 1E Connection Assemblies for Nuclear Power Generating Stations, 1985.

• IEEE Standard 603, IEEE Standard Criteria for Safety Systems for Nuclear Power Generating Stations, 1991.

• IEEE Standard 627, IEEE Standard for Design Qualification of Safety System Equipment Used in Nuclear Power Generating Stations, 1980.

• IEEE Standard 649, IEEE Standard for Qualifying Class 1E Motor Control Centers for Nuclear Generating Stations, 1991.

• IEEE Standard 650, IEEE Standard for Qualification of Class 1E Static Battery Chargers and Inverters for Nuclear Power Generating Stations, 1990.

• IEEE Standard 665,IEEE Guide for Generating Station Grounding, 1995.

• IEEE Standard 741,IEEE Standard Criteria for the Protection of Class 1E Power Systems and Equipment in Nuclear Power Generating Stations, 1997.

• IEEE Standard 828,IEEE Standard for Software Configuration Management Plans, 1990.

• IEEE Standard 830,Recommended Practice for Software Requirements Specifications, 1993.

• IEEE Standard 944,IEEE Recommended Practice for the Application and testing of uninterruptible Power Supplies for Power Generating Stations,1986.

• IEEE Standard 946,IEEE Recommended Practice for the Design of dc Auxiliary Power Systems for Generating Stations, 1992.

• IEEE Standard 1012,IEEE Standard for Software Verification and Validation,1986.

• IEEE Standard 1028, IEEE Standard for Reviews and Audits,1988.

• IEEE Standard 1042, IEEE Guide to Software Configuration Management,1987.

• IEEE Standard 1050, IEEE Guide for Instrumentation and Control Equipment Grounding in Generating Stations, 1996.

• IEEE Standard 1074,Standard for Developing Software Life Cycle Processes, 1995.

• IEEE Standard 1202,IEEE Standard for Flame Testing of Cables for Use in Cable Tray in Industrial and Commercial Occupancies, 1991.

• IEEE Standard C37. 98,IEEE Standard for Seismic Testing of Relays,1987.

(16) 美国仪表学会标准(ISA)

• ISA S7. 3,Quality Standard for Instrument Air,1981.

• ISA 67. 01. 01-2002, Transducer and Transmitter Installation for Nuclear Safety Applications.

(17) 美国军用标准(MIL)

• MIL-HDBK-759C, Human Engineering Design Guidelines, 1995.

• MIL-STD 1472E,Human Engineering, 1996.

(18) 美国国家电气制造商协会(NEMA)

• NEMA MG-1, Motors and Generators, Revision 1,1998.

(19) 美国防火协会标准(NFPA)

• NFPA 10,Standard for Portable Fire Extinguishers, 1998.

• NFPA 13,Standard for the Installation of Sprinkler Systems, 1999.

• NFPA 14,Standard for Installation of Standpipe, Private Hydrants, and Hose Systems, 2000.

• NFPA 15,Standard for Water Spray Fixed Systems for Fire Protection, 2001.

• NFPA 20,Standard for the Installation of Stationary Pumps for Fire Protection, 1999.

• NFPA 22,Standard for Water Tanks for Private Fire Protection, 1998.

• NFPA 24, Standard for Installation of Private Fire Service Mains and Fire Protection, 1995.

• NFPA 30,Flammable and Combustible Liquids Code, 2000.

- NFPA 50A,Standard for Gaseous Hydrogen Systems at Consumer Sites, 1999.
- NFPA 50B,Standard for Liquefied Hydrogen Systems at Consumer Sites, 1999.
- NFPA 70,National Electrical Code (NEC), 1999.
- NFPA 72,National Fire Alarm Code, 1999.
- NFPA 90 A,Installation of Air-Conditioning and Ventilation Systems, 1999.
- NFPA 92 A, Recommended Practice for Smoke Control Systems, 2000.
- NFPA 780,Standard for the Installation of Lighting Protection Systems,2000.
- NFPA 804,Standard for Fire Protection for Advanced Light Water Reactor Electric Generating Plants, 2001.

(20) 美国金属散热与空气调节承包商协会(SMACNA)

- SMACNA, HVAC Duct Construction Standards-Metal and Flexible, Second Edition,1995.
- SMACNA,HVAC Systems-Testing, Adjusting, and Balancing, 1993.
- SMACNA,Rectangular Industrial Duct Construction Standards, 1980.
- SMACNA,HVAC Duct Construction Standards-Metal and Flexible, 1985 Edition.
- SMACNA,Round Industrial Duct Construction Standard, 1999.
- SMACNA,HVAC Duct Leakage Test Manual, 1985.

(21) 美国建筑统一规范(UBC)

- UBC,Uniform Building Code,1997.

(22) 美国保险商实验室标准(UL)

- UL 555,Safety Fire Dampers, 1999.
- UL 555S,Leakage Rated Dampers for Use in Smoke Control Systems,1999.
- UL 586,High-Efficiency, Particulate, Air-Filter Units, 1996.
- UL 900,Test Performance of Air-Filter Unit, 1994.
- UL 1995,Heating and Cooling Equipment, 1995.
- UL 1996,Electric Duct Heating, 1996.

(23) 国际电工委员会标准(IEC)

- IEC 62271-200(2006)High-voltage switchgear and controlgear-Part 200: A. C. metal-enclosed switchgear and controlgear for rated voltages above 1 kV and up to and including 52 kV.
- IEC 62271-200 (2006) High-voltage switchgear and controlgear-Part 100: High-voltage alternating-current circuit-breakers.
- IEC 60694 Common specifications for high-voltage switchgear and controlgear standards.
- IEC 60076 Transformer.
- IEC 60439 Low-Voltage Switchgear And Controlgear Assemblies.
- IEC 60947 Low-Voltage Switchgear and Controlgear.

附录六 AP1000设备制造合格的潜在分供货商清单

Item No. 项目序号	Name of Sub-Supplier 分供货商	Address 地 址	Origin 所在地	Scope of the Sub-Supply 分供货范围	Name of the Equipment to be Sub-supplied/Manufactured 分供货或加工设备名称	Appendix 3 Classification 附件3分级
1	ABB	Tvarleden 2 SE-721 59 Vasteras, Sweden	Sweden	Safety Related I&C Equipment	Advant Common Q I&C Platform	Safety Related
2	ABB/Verhill Associates	453 Davidson Road Pittsburgh, PA	USA	IEEE Controls	Electrical Switchgear and Breakers	Safety Related NSSSC
3	Ansaldo Energia S. P. A	Via N. Lorenzi. 816152 Genoa-Italy	Italy	Containment Vessel and Appurtenances	Containment Vessel and Appurtenances	Safety Related
4	BARCO Systems	3240 Town Point Drive Kennesaw, GA	USA	Large Screen Displays and Control Board Equipment	Large Screen Displays and Control Board Equipment for Main Control Room	Non-Safety Related
5	Beijing Institute of Nuclear Engineering (BINE)	Beijing, China	PRC	Design Analysis, Specifications, Reports, Testing and Services	Design	Safety Related NSSSC
6	Compunetix, Inc.	2420 Mosside Blvd. Monroeville, PA 15146	USA	Computer Electronics Electrical/Mechanical Equip	Computer Circuit Boards Cabinets	Safety Related
7	Corry Contract, Inc.	21 Maple Ave., Corry, PA 16407	USA	I&C Cabinets	Floor mounted Cabinets for Ovation and Advant, Common-Q I&C Equipment	Safety Related NSSSC Non-safety Related
8	Crane Pacific	3201 Walnut Avenue Signal Hill, PA	USA	Power Generation Pressure Seal and Other Valves	Valves	Safety Related
9	Crosby (Tyco)	43 Kendrick Street Wrentham, MA	USA	Power Generation Pressure Relief and Safety Relief Valves	Valves	Safety Related
10	Curtiss-Wright EMD 美国EMD公司	1000 Cheswick Avenue Cheswick, PA	USA	Critical-Function Electro-Mechanical Products for Nuclear Applications	Reactor Coolant Pump	Safety Related
11	DOOSAN 韩国斗山重工业集团	838 Yeogsam-Dong Seoul	Republic of Korea	Heavy Industries and Power Generation Equipment	Reactor Vessel including Closure Head, Steam Generator, Integrated Head Package	Safety Related

续表

Item No. 项目序号	Name of Sub-Supplier 分供货商	Address 地　址	Origin 所在地	Scope of the Sub-Supply 分供货范围	Name of the Equipment to be Sub-supplied/Manufactured 分供货或加工设备名称	Appendix 3 Classification 附件 3 分级
12	Eaton/Cutler-Hammer	1000 Cherrington Parkway, Moon Twp, PA 15108	USA	Switchgear	Reactor Trip Switchgear	Safety Related
13	Electroswitch	180 King Avenue Weymouth, MA	USA	Main Control Board Equipment	Main Control Board Equipment	Safety Related NSSSC Non-safety Related
14	Emerson 艾默生	200 Beta Drive, Pittsburgh, PA, USA	USA	Non-safety I&C Equipment	Ovation I&C Platform	Non-safety Related
15	Fisher (Equipment & Controls)	2 Park Drive Lawrence, PA	USA	Process Control Instrumentation and Valves	Valves	Safety Related
16	Fisher Controls International	205 South Center Street Marshalltown, IA	USA	Control Valves and Regulators	Valves	Safety Related
17	Flowserve Corporation (Valve)	1900 South Saunders Street Raleigh, NC	USA	Valves and Actuators for Industrial and Power Applications	Valves	Safety Related
18	GSE Systems	9189 Red Branch Road Columbia, MD	USA	Simulator	Simulator Software and Computer Hardware Platform	Non-safety Related
19	Imaging and Sensing Technology	465 Dobbie Drive Cambridge, Ontario, Canada	Canada	In-core and Ex-core Instrumentation	Vanadium Detectors and Power, Intermediate and Source Range Neutron Flux Detectors	Safety Related NSSSC
20	IST Conax	402 Sonwil Drive Buffalo, NY	USA	Nuclear Adapter Modules (Electrical Penetrations)	Electrical Penetrations	Safety Related
21	KSB Group 德国 KSB 集团	Bahnhofplatz 1 Pegnitz, Germany	Germany	Valves and Actuators for Industrial and Power Industry	Valves	Safety Related
22	RINPO 反应堆运行研究所	Mail Box ＃74501 Wuhan, China	PRC	Simulator	Simulator Software and Computer Hardware Platform	Non-safety related
23	Helmut Mauell	Am Rosenhugel 1-7 D-42553 Velbert, Germany	Germany	Main Control Board Equipment	Main Control Board Equipment	Safety Related NSSSC Non-safety related

续表

Item No. 项目序号	Name of Sub-Supplier 分供货商	Address 地址	Origin 所在地	Scope of the Sub-Supply 分供货范围	Name of the Equipment to be Sub-supplied/Manufactured 分供货或加工设备名称	Appendix 3 Classification 附件3分级
24	Mitsubishi Electric Corporation	2-2-3 Marunouchi Chiyodaku Tokyo, Japan	Japan	Electrical Equipment, Coil, Electrical Penetrations	CRDM Coil Stack, Containment Vessel Electrical Penetrations	Safety Related
25	Mitsubishi Electric Power Products Inc.	Thorn Hill Industrial Park 530 Keystone Drive Warrendale, PA	USA	Rod Control System and Digital Rod Position Indicator System	Rod Control System and Digital Rod Position Indicator System	Non-safety related
26	Nuclear Logistics Inc.	7450 Whitehall Street Fort Worth, TX	USA	Safety Related Equipment and Engineering	Transfer Switchboxes	Safety Related
27	Nuclear Power Institute of China (NPIC) 中国核动力院	25 South Third Section, Er Huan Street Chengdu, People Republic of China	PRC	Design Analysis, Testing	Design, Testing	Safety Related NSSSC
28	PaR Ederer	2925 First Avenue South Seattle, WA	USA	Cranes and Material Handling Equipment	Cranes, Material Handling Equipment	Safety Related
29	PaR Nuclear	899 Highway 96 West Shoreview, MN	USA	Industrial & Nuclear Robotic Machines	Fuel Handling Equipment	Safety related
30	Prime Measurement Products	900 South Turnbull Canyon Rd City of Industry, CA	USA	Flow, Level and Pressure Measuring Equipment	Instrumentation	Safety Related NSSSC
31	Rosemount	8200 Market Blvd. Chanhassen, MN	USA	Process Instrumentation	Instrumentation	Safety Related NSSSC
32	Shanghai Automation Instrumentation Company(SAIC) 上海自动化仪表公司	Shanghai, China	PRC	Main Control Room Equipment	Panels & Consoles	Safety Related NSSSC Non-safety related
33	Shanghai Nuclear Engineering and Research Design Institute (SNERDI) 上海核工程研究设计院	No. 29 Hong Cao Road Shanghai 200233 China	PRC	Design Analysis, Specifications, Reports, Testing and Services	Design	Safety Related, NSSSC

续表

Item No. 项目序号	Name of Sub-Supplier 分供货商	Address 地　址	Origin 所在地	Scope of the Sub-Supply 分供货范围	Name of the Equipment to be Sub-supplied/ Manufactured 分供货或加工设备名称	Appendix 3 Classification 附件 3 分级
34	Siemens Energy and Automation (Formerly ASI Robicon)	500 Hunt Valley Road New Kensington, PA	USA	Variable Speed Power Controls	Variable Frequency Drives for Reactor Coolant Pumps	Non-safety Related
35	SPZ-Copes Vulcan	5620 West Road McKean, PA	USA	Power Generation, Process and Control Valves	Valves	Safety Related
36	Target Rock	1966 E. Broadhollow Road East Farmingdale, NY	USA	Commercial, Nuclear and Process Valve	Valves	Safety Related
37	Thermocoax	6825 Shiloh Road East Suite B-7 Alpharetta, GA	USA	Heating Elements, Cables and Temperature Sensors	Pressurizer Heaters	Safety Related
38	Transco Products Inc.	55 East Jackson Boulevard Suite 2100 Chicago, IL	USA	Nuclear Grade Insulation System	Metal Reflective Insulation	Non-safety Related
39	Trentec	4600 East Tech Drive Cincinnati, OH	USA	Personnel Air Locks	Personnel Air Locks for the Containment Vessel	Safety Related
40	Weed	707 Jeffrey Way Round Rock, TX	USA	Temperature, Pressure, and Fiber Optic Instrumentation	Instrumentation	Safety Related NSSSC

注：NSSSC：指跟安全非相关的，但对电厂安全是重要的结构、系统和部件。见 NUREG-0800（2007 年 3 月）的章节 17.5. Ⅱ. V。

附录七　AP1000系统名称及其编码

序　号	系统代码	System Designation	系统名称	WBS分类码
1	ASS	Auxiliary Steam Supply System	辅助蒸汽供应系统	P
2	BDS	Steam Generator Blowdown System	蒸汽发生器排污系统	P
3	CAS	Compressed and Instrument Air System	压缩空气和仪表空气系统	A
4	CCS	Component Cooling Water System	设备冷却水系统	A
5	CDS	Condensate System	凝结水系统	P
6	CES	Condenser Tube Cleaning System	冷凝器管清洁系统	P
7	CFS	Turbine Island Chemical Feed System	常规岛化学药剂供给系统	P
8	CMS	Condenser Air Removal System	冷凝器排气系统	P
9	CNS	Containment System	安全壳系统	N
10	CPS	Condensate Polishing System	凝结水精处理系统	P
11	CVS	Chemical and Volume Control System	化学和容积控制系统	N
12	CWS	Circulating Water System	循环水系统	A
13	DAS	Diverse Actuation System	多样化驱动系统	J
14	DDS	Data Display and Processing System	数据显示和处理系统	J
15	DOS	Standby Diesel and Auxiliary Boiler Fuel Oil System	备用柴油机和辅助锅炉燃油系统	A
16	DRS	Storm Drain System	雨水排放系统	T
17	DTS	Demineralized Water Treatment System	除盐水处理系统	T
18	DWS	Demineralized Water Transfer and Storage System	除盐水传输和储存系统	T
19	ECS	Main AC Power System	主交流电电源系统	E
20	EDS	Non Class 1E DC and UPS System	非1E级直流电和不间断电源系统	E
21	EDS1	Non Class 1E DC and UPS System-Load Group 1	非1E级直流电和不间断电源分系统1	E
22	EDS2	Non Class 1E DC and UPS System-Load Group 2	非1E级直流电和不间断电源分系统2	E
23	EDS3	Non Class 1E DC and UPS System-Load Group 3	非1E级直流电和不间断电源分系统3	E
24	EDS4	Non Class 1E DC and UPS System-Load Group 4	非1E级直流电和不间断电源分系统4	E
25	EDSS	Non Class 1E DC and UPS System-Spare	非1E级直流电和不间断电源备件分系统	E

续表

序　号	系统代码	System Designation	系统名称	WBS 分类码
26	EFS	Communication Systems	通信系统	E
27	EGS	Grounding and Lightning Protection System	接地和避雷保护系统	E
28	EHS	Special Process Heat Tracing System	特殊工艺热跟踪系统	E
29	ELS	Plant Lighting System	电厂照明系统	E
30	EQS	Cathodic Protection System	阴极保护系统	E
31	FHS	Fuel Handling and Refueling System	装换料系统	M
32	FPS	Fire Protection System	消防系统	A
33	FWS	Main and Startup Feedwater System	主给水及启动给水系统	P
34	GSS	Gland Seal System	轴封系统	P
35	HCS	Generator Hydrogen and CO_2 Systems	发电机氢气和二氧化碳系统	P
36	HDS	Heater Drain System	加热器疏水系统	P
37	HSS	Hydrogen Seal Oil System	氢气密封油系统	P
38	IDS	Class 1E DC and UPS System	1E 级直流电和不间断电源系统	E
39	IDSA	Class 1E DC and UPS System-Division A	1E 级直流电和不间断电源分系统 A	E
40	IDSB	Class 1E DC and UPS System-Division B	1E 级直流电和不间断电源分系统 B	E
41	IDSC	Class 1E DC and UPS System-Division C	1E 级直流电和不间断电源分系统 C	E
42	IDSD	Class 1E DC and UPS System-Division D	1E 级直流电和不间断电源分系统 D	E
43	IDSS	Class 1E DC and UPS System-Spare	1E 级直流电和不间断电源备件分系统	E
44	IIS	Incore Instrumentation System	堆内仪表系统	J
45	LOS	Main Turbine and Generator Lube Oil System	主汽轮机和发电机润滑油系统	P
46	MES	Meteorological and Environmental Monitoring System	气象和环境监控系统	J
47	MHS	Mechanical Handling System	机械操作系统	M
48	MSS	Main Steam System	主蒸汽系统	P
49	MTS	Main Turbine System	主汽轮机系统	P
50	OCS	Operation and Control Centers	运行和控制中心	J
51	PCS	Passive Containment Cooling System	非能动安全壳冷却系统	N
52	PGS	Plant Gas System	电厂气体系统	A
53	PLS	Plant Control System	电厂控制系统	J
54	PMS	Protection and Safety Monitoring System	保护和安全监控系统	J
55	PSS	Primary Sampling System	一回路取样系统	N

续表

序　号	系统代码	System Designation	系统名称	WBS分类码
56	PWS	Potable Water System	生活水系统	T
57	PXS	Passive Core Cooling System	非能动堆芯冷却系统	N
58	RCS	Reactor Coolant System	反应堆冷却剂系统	N
59	RDS	Gravity and Roof Drain Collection System	屋顶排水收集系统	T
60	RMS	Radiation Monitoring System	辐射监测系统	J
61	RNS	Normal Residual Heat Removal System	正常余热导出系统	N
62	RWS	Raw Water System	原水系统	T
63	RXS	Reactor System	反应堆系统	R
64	SDS	Sanitary Drainage System	生活污水排放系统	T
65	SES	Plant Security System	电厂保安系统	E
66	SFS	Spent Fuel Pool Cooling System	乏燃料池冷却系统	N
67	SGS	Steam Generator System	蒸汽发生器系统	N
68	SJS	Seismic Monitoring System	地震监测系统	J
69	SMS	Special Monitoring System	特殊监测系统	J
70	SSS	Secondary Sampling System	二回路取样系统	A
71	STS	Simulator Training System	模拟机培训系统	J
72	SWS	Service Water System	厂用水系统	A
73	TCS	Turbine Building Closed Cooling Water System	汽轮机厂房闭式冷却水系统	A
74	TDS	Turbine Island Vents, Drains and Relief System	常规岛排气、疏水和泄压系统	T
75	TOS	Main Turbine Control and Diagnostics System	主汽轮机控制和诊断系统	J
76	TVS	Closed Circuit TV System	闭路电视系统	E
77	VAS	Radiologically Controlled Area Ventilation System	放射性控制区通风系统	H
78	VBS	Nuclear Island Nonradioactive Ventilation System	核岛非放射性通风系统	H
79	VCS	Containment Recirculation Cooling System	安全壳再循环冷却系统	H
80	VES	Main Control Room Emergency Habitability System	主控室应急可居留系统	H
81	VFS	Containment Air Filtration System	安全壳空气过滤系统	H
82	VHS	Health Physics and Hot Machine Shop HVAC System	保健物理和热机车间暖通系统	H
83	VLS	Containment Hydrogen Control System	安全壳氢气控制系统	H
84	VPS	Pump House Building Ventilation System	泵房厂房通风系统	H
85	VRS	Radwaste Building HVAC System	废物厂房暖通系统	H
86	VTS	Turbine Building Ventilation System	汽轮机厂房通风系统	H
87	VUS	Containment Leak Rate Test System	安全壳泄漏率试验系统	A
88	VWS	Central Chilled Water System	中央冷冻水系统	A

续表

序 号	系统代码	System Designation	系统名称	WBS 分类码
89	VXS	Annex/Aux building Nonradioactive Ventilation System	附属/辅助厂房非放射性通风系统	H
90	VYS	Hot Water Heating System	热水加热系统	A
91	VZS	Diesel Generator Building Heating and Ventilation System	柴油发电机厂房加热和通风系统	H
92	WGS	Gaseous Radwaste System	气体废物系统	W
93	WLS	Liquid Radwaste System	液体废物系统	W
94	WRS	Radioactive Waste Drain System	放射性废物排出系统	W
95	WSS	Solid Radwaste System	固体废物系统	W
96	WWS	Waste Water System	废水系统	T
97	ZAS	Main Generator System	主发电系统	E
98	ZBS	Transmission Switchyard and Offsite Power System	传送开关站和厂外电源系统	E
99	ZOS	Onsite Standby Power System	现场备用电源系统	E
100	ZVS	Excitation and Voltage Regulation System	励磁和电压调节系统	E

附录八　AP1000 系统与 WBS 组码

WBS 分类码	分类描述	系统编码	System Designation	系统名称
A	Auxiliary Fluid Systems(辅助流体系统)			
		CAS	Compressed and Instrument Air System	压缩空气和仪表空气系统
		CCS	Component Cooling Water System	设备冷却水系统
		CWS	Circulating Water System	循环水系统
		DOS	Standby Diesel and Auxiliary Boiler Fuel Oil System	备用柴油机和辅助锅炉燃油系统
		FPS	Fire Protection System	消防系统
		PGS	Plant Gas Systems	电厂气体系统
		SSS	Secondary Sampling System	二回路取样系统
		SWS	Service Water System	厂用水系统
		TCS	Turbine Building Closed Cooling Water System	汽轮机厂房闭式冷却水系统
		VUS	Containment polar Leak Rate Test System	安全壳泄漏率试验系统
		VWS	Central Chilled Water System	中央冷冻水系统
		VYS	Hot Water Heating System	热水加热系统
E	Electrical System(电气系统)			
		ECS	Main AC Power System	主交流电电源系统
		EDS	Non Class 1E DC and UPS System	非 1E 级直流电和不间断电源系统
		EFS	Communication Systems	通信系统
		EGS	Grounding and Lightning Protection System	接地和避雷保护系统
		EHS	Special Process Heat Tracing System	特殊工艺热跟踪系统
		ELS	Plant Lighting System	电厂照明系统
		EQS	Cathodic Protection System	阴极保护系统
		IDS	Class 1E DC and UPS System	1E 级直流电和不间断电源系统
		SES	Plant Security System	电厂保安系统
		TVS	Closed Circuit TV System	闭路电视系统
		ZAS	Main Generator System	主发电系统
		ZBS	Transmission Switchyard and Offsite Power System	传送开关站和厂外电源系统
		ZOS	Onsite Standby Power System	现场备用电源系统
		ZVS	Excitation and Voltage Regulation System	励磁和电压调节系统

续表

WBS 分类码	分类描述	系统编码	System Designation	系统名称
H	Heating, Ventilating, and Air Conditioning (HVAC) Systems(采暖通风与空调系统)			
		VAS	Radiologically Controlled Area Ventilation System	放射性控制区通风系统
		VBS	Nuclear Island Nonradioactive Ventilation System	核岛非放射性通风系统
		VCS	Containment Recirculation Cooling System	安全壳再循环冷却系统
		VES	Main Control Room Emergency Habitability System	主控室应急可居留系统
		VFS	Containment Air Filtration System	安全壳空气过滤系统
		VHS	Health Physics and Hot Machine Shop HVAC System	保健物理和热机车间暖通系统
		VLS	Containment Hydrogen Control System	安全壳氢气控制系统
		VPS	Pump House Building Ventilation System	泵房厂房通风系统
		VRS	Radwaste Building HVAC System	废物厂房暖通系统
		VTS	Turbine Building Ventilation System	汽轮机厂房通风系统
		VXS	Annex/Aux building Nonradioactive Ventilation System	附属/辅助厂房非放射性通风系统
		VZS	Diesel Generator Building Heating and Ventilation System	柴油发电机厂房加热和通风系统
J	Instrumentation and Control Systems(仪控系统)			
		DAS	Diverse Actuation System	多样化驱动系统
		DDS	Data Display and Processing System	数据显示和处理系统
		IIS	Incore Instrumentation System	堆内仪表系统
		MES	Meteorological and Environmental Monitoring System	气象和环境监控系统
		OCS	Operation and Control Centers	运行和控制中心
		PLS	Plant Control System	电厂控制系统
		PMS	Protection and Safety Monitoring System	保护和安全监控系统
		RMS	Radiation Monitoring System	辐射监测系统
		SJS	Seismic Monitoring System	地震监测系统
		SMS	Special Monitoring System	特殊监测系统
		STS	Simulator Training System	模拟机培训系统
		TOS	Main Turbine Control and Diagnostics System	主汽轮机控制和诊断系统
M	Mechanical Handling Systems(机械操作系统)			
		FHS	Fuel Handling and Refueling System	装换料系统
		MHS	Mechanical Handling System	机械操作系统

续表

WBS 分类码	分类描述	系统编码	System Designation	系统名称
N	Nuclear Fluid Systems(核流体系统)			
		CNS	Containment System	安全壳系统
		CVS	Chemical and Volume Control System	化学和容量控制系统
		PCS	Passive Containment Cooling System	非能动安全壳冷却系统
		PSS	Primary Sampling System	一回路取样系统
		PXS	Passive Core Cooling System	非能动堆芯冷却系统
		RCS	Reactor Coolant System	反应堆冷却剂系统
		RNS	Normal Residual Heat Removal System	正常余热导出系统
		SFS	Spent Fuel Pool Cooling System	乏燃料池冷却系统
		SGS	Steam Generator System	蒸汽发生器系统
P	Steam and Power Conversion Systems(蒸汽电能转换系统)			
		ASS	Auxiliary Steam Supply System	辅助蒸汽供应系统
		BDS	Steam Generator Blowdown System	蒸汽发生器排污系统
		CDS	Condensate System	凝结水系统
		CES	Condenser Tube Cleaning System	冷凝器管清洁系统
		CFS	Turbine Island Chemical Feed System	常规岛化学药剂供给系统
		CMS	Condenser Air Removal System	冷凝器排气系统
		CPS	Condensate Polishing System	凝结水精处理系统
		FWS	Main and Startup Feedwater System	主给水及启动给水系统
		GSS	Gland Seal System	轴封系统
		HCS	Generator Hydrogen and CO_2 Systems	发电机氢气和二氧化碳系统
		HDS	Heater Drain System	加热器疏水系统
		HSS	Hydrogen Seal Oil System	氢气密封油系统
		LOS	Main Turbine and Generator Lube Oil System	主汽轮机和发电机润滑油系统
		MSS	Main Steam System	主蒸汽系统
		MTS	Main Turbine System	主汽轮机系统
R	Reactor System(反应堆系统)			
		RXS	Reactor System	反应堆系统
T	Water and Waste Treatment Systems(水处理和废物处理系统)			
		DRS	Storm Drain System	雨水排放系统
		DTS	Demineralized Water Treatment System	除盐水处理系统
		DWS	Demineralized Water Transfer and Storage System	除盐水传输和储存系统
		PWS	Potable Water System	生活水系统
		RDS	Gravity and Roof Drain Collection System	屋顶排水收集系统
		RWS	Raw Water System	原水系统
		SDS	Sanitary Drainage System	生活污水排放系统
		TDS	Turbine Island Vents, Drains and Relief System	常规岛排气、疏水和泄压系统
		WWS	Waste Water System	废水系统

续表

WBS 分类码	分类描述	系统编码	System Designation	系统名称
W	Radioactive Waste Systems(放射性废物系统)			
		WGS	Gaseous Radwaste System	气体废物系统
		WLS	Liquid Radwaste System	液体废物系统
		WRS	Radioactive Waste Drain System	放射性废物排出系统
		WSS	Solid Radwaste System	固体废物系统

附录九　AP1000 模块统计

表 1　AP1000 结构模块统计

序　号	模块编码	模块描述	模块所在厂房	长/m	宽/m	高/m	模块净重/t	子模块数量/个
1	CA01	SG 隔间及换料腔的墙体模块	安全壳厂房	25	29	26	702.6	47
2	CA02	安全壳内换料水储存箱(IRWST)/稳压器的墙体模块	安全壳厂房	8	1	11	28.3	5
3	CA03	安全壳内换料水储存箱(IRWST)西南墙(弧形)	安全壳厂房	36	12	11	185.0	17
4	CA04	反应堆腔/反应堆冷却剂疏水箱房间(RCDT 间)的墙体	安全壳厂房	11	5	8	26.3	5
5	CA05	化容间(CVS 间)/垂直通道/PXS B 列房间的墙体	安全壳厂房	14	14	7	54.3	8
6	CA20	辅助厂房 5、6 区结构模块	辅助厂房	20.5	14.2	20.7	776.9	72
7	CA31	反应堆腔—标高 107′2″ 钢楼板	安全壳厂房	7.3	8.5	1.2	10.9	
8	CA32	化容间(CVS 间)的天花板—标高 107′2″ 钢楼板	安全壳厂房	3.0	3.0	0.6	2.7	
9	CA33	化容间(CVS 间)的天花板—标高 107′2″ 钢楼板	安全壳厂房	11.9	7.0	0.6	14.5	
10	CA34	PXS B 列阀门间的天花板—标高 107′2″ 钢楼板	安全壳厂房	7.3	4.9	0.6	8.2	
11	CA35	PXS B 列安注间的天花板—标高 107′2″ 钢楼板	安全壳厂房	7.0	7.0	0.6	19.1	
12	CA36	正常余热导出系统房间(NRHR 间)的天花板—标高 107′2″ 钢楼板	安全壳厂房	9.1	4.0	0.6	7.3	
13	CA37	PXS A 列房间的天花板—标高 107′2″ 钢楼板	安全壳厂房	11.9	10.1	0.6	20.0	
14	CA55	安全壳内换料水储存箱(IRWST)的天花板/带有一体化封头储存支架—标高 135′3″ 钢楼板	安全壳厂房	11.9	11.9	4.0	39.1	
15	CA56	安全壳内换料水储存箱(IRWST)的天花板—标高 135′3″ 钢楼板	安全壳厂房	11.9	4.9	0.6	10.0	
16	CA57	安全壳内换料水储存箱(IRWST)的天花板—标高 135′3″ 钢楼板	安全壳厂房	10.1	10.1	0.6	12.7	
17	CA58	标高 135′3″ 层的西南四分之一区的钢楼板	安全壳厂房					

续表

序　号	模块编码	模块描述	模块所在厂房	长/m	宽/m	高/m	模块净重/t	子模块数量/个
18	CB11	东北安注箱间的凹坑模块	安全壳厂房	1.8	1.8	0.9	1.6	
19	CB12	东南安注箱间的凹坑模块	安全壳厂房	1.8	1.8	0.9	1.6	
20	CB21	垂直通道墙板 西 标高 83′～107′	安全壳厂房	2.1	0.9	7.3	3.8	
21	CB22	化容间(CVS 间)墙板 西 标高 80′～87′	安全壳厂房	3.0	0.9	2.1	2.2	
22	CB23	化容间(CVS 间)墙板 北 标高 80′～87′	安全壳厂房	8.5	0.9	2.1	2.3	
23	CB24	化容间(CVS 间)墙板 西 标高 87′～96′	安全壳厂房	3.0	0.9	2.7	2.2	
24	CB25	化容间(CVS 间)墙板 北 标高 87′～96′	安全壳厂房	8.5	0.9	2.7	2.8	
25	CB26	化容间(CVS 间)墙板 西 标高 96′～105′	安全壳厂房	3.0	0.9	2.7	1.2	
26	CB27	化容间(CVS 间)墙板 北 标高 96′～105′	安全壳厂房	4.3	0.9	2.7	1.6	
27	CB28	化容间(CVS 间)墙板 北 标高 96′～105′	安全壳厂房	1.8	0.9	2.7	1.0	
28	CB31	PXS B 列阀门间墙板 北 标高 87′～96′	安全壳厂房	4.6	0.9	2.4	1.5	
29	CB32	PXS B 列阀门间墙板 东 标高 87′～96′	安全壳厂房	4.9	0.9	2.4	1.7	
30	CB33	PXS B 列阀门间墙板 东北 标高 87′～96′	安全壳厂房	6.1	4.3	2.4	3.2	
31	CB34	PXS B 列阀门间墙板 北 标高 96′～105′	安全壳厂房	4.6	0.9	2.7	1.6	
32	CB35	PXS B 列阀门间墙板 东 标高 96′～105′	安全壳厂房	7.3	0.9	2.7	2.9	
33	CB36	PXS B 列阀门间墙板 东北 标高 96′～105′	安全壳厂房	3.7	4.3	2.7	2.5	
34	CB37	RNS 阀门间 北 标高 94′～105′	安全壳厂房	2.4	0.9	2.1	1.5	
35	CB38	RNS 阀门间 东 标高 94′～105′	安全壳厂房	7.6	0.9	2.1	3.7	
36	CB39	RNS 阀门间 南 标高 94′～105′	安全壳厂房	2.4	0.9	2.1	1.4	
37	CB41	PXS A 列安注间墙板 东 标高 87′～105′	安全壳厂房	3.0	0.9	5.5	2.2	
38	CB42	PXS A 列安注间墙板 东南 标高 87′～96′	安全壳厂房	4.6	2.1	2.7	1.8	
39	CB43	PXS A 列安注间墙板 南 标高 87′～96′	安全壳厂房	7.3	0.9	2.7	1.1	
40	CB44	PXS A 列安注间墙板 东南 标高 96′～105′	安全壳厂房	4.6	2.1	2.7	1.9	
41	CB45	PXS A 列安注间墙板 南 标高 96′～105′	安全壳厂房	3.0	0.9	2.7	1.2	
42	CB46	PXS A 列安注间墙板 东 标高 96′～105′	安全壳厂房	4.3	0.9	2.7	1.5	
43	CB47	PXS A 列安注间墙板 南 标高 96′～105′	安全壳厂房	4.0	0.9	2.7	1.5	
44	CB51	SG01 房间墙板 A 标高 80′～83′	安全壳厂房					
45	CB52	SG01 房间墙板 B 标高 80′～83′	安全壳厂房					
46	CB53	SG01 房间墙板 C 标高 80′～83′	安全壳厂房					
47	CB54	SG01 房间墙板 D 标高 80′～83′	安全壳厂房					
48	CB61	SG02 房间墙板 A 标高 80′～83′	安全壳厂房					
49	CB62	SG02 房间墙板 B 标高 80′～83′	安全壳厂房					
50	CB63	SG02 房间墙板 C 标高 80′～83′	安全壳厂房					
51	CB64	SG02 房间墙板 D 标高 80′～83′	安全壳厂房					
52	CB65	CA04 拆分出的新模块	安全壳厂房				10.0	

续表

序 号	模块编码	模块描述	模块所在厂房	长/m	宽/m	高/m	模块净重/t	子模块数量/个
53	CB66	CA04拆分出的新模块	安全壳厂房				1.7	
54	CH40	控制棒驱动机构(CRDM)冷却平台	安全壳厂房	7.0	7.0	4.9	37.0	
55	CH51	运行层楼板 标高135′	安全壳厂房	42.7	42.7	1.8	160.0	
56	CH52	西SG的给水管嘴/上部人孔平台	安全壳厂房	7.3	7.9	0.9	8.2	
57	CH53	安全壳空气再循环平台 西 标高149′	安全壳厂房	7.6	7.6	1.8	16.4	
58	CH54	自动卸压系统(ADS)的平台	安全壳厂房	7.3	7.0	1.8	14.5	
59	CH55	西SG的楼梯/自动卸压系统(ADS)的平台	安全壳厂房	7.0	7.9	14.3	46.0	
60	CH56	东SG的给水管嘴/上部人孔平台	安全壳厂房	7.3	7.9	0.9	8.2	
61	CH57	安全壳空气再循环平台东标高149′	安全壳厂房	7.3	7.3	0.9	7.6	
62	CH58	东SG的楼梯	安全壳厂房	1.2	1.2	0.9	1.0	
63	CH59	安全壳内电梯模块 标高107′～185′	安全壳厂房	1.8	3.7	2.4	2.5	
64	CS11	安全壳内北楼梯 标高107′～118′	安全壳厂房	2.4	4.9	3.7		
65	CS12	安全壳内北楼梯 标高118′～135′	安全壳厂房	2.4	4.9	3.7		
66	CS15	安全壳内垂直通道楼梯 标高83′～107′	安全壳厂房	2.4	4.9	7.3		
67	CS17	化容间(CVS间)内的楼梯和平台	安全壳厂房	0.6	7.3	4.9		
68	CA22	辅助厂房楼板模块 标高82′ 轴线4～5	辅助厂房	17.1	4.9	0.6	16.1	7
69	CA41	带散热片的楼板 标高107′ 轴线I-J	辅助厂房	13.1	4.9	0.6	5.5	
70	CA42	带散热片的楼板 标高107′ 轴线J-K	辅助厂房	13.1	4.9	0.6	5.5	
71	CA44	带散热片的楼板 标高107′ 轴线L-M	辅助厂房	13.1	4.9	0.6	5.5	
72	CA45	带散热片的楼板 标高107′ 轴线M-P	辅助厂房	13.1	4.9	0.6	5.5	
73	CA51	带散热片的楼板 标高107′ 轴线I-K	辅助厂房	13.1	10.1	0.6	10.0	
74	CA52	带散热片的楼板 标高107′ 轴线K-L	辅助厂房	13.1	7.0	0.6	7.3	
75	CB20	非能动安全壳冷却水箱的钢衬里(在屏蔽厂房顶部)	辅助厂房	7.9	7.0	0.6	154.7	
76	CH21	楼板 标高82′ 轴线I-J	辅助厂房	10.4	4.6	0.6	4.8	
77	CH22	楼板 标高82′ 轴线J-K	辅助厂房	10.4	4.9	0.6	5.1	
78	CH23	楼板 标高82′ 轴线K-L	辅助厂房	10.4	3.0	0.6	3.2	
79	CH24	楼板 标高82′ 轴线L-M	辅助厂房	10.4	4.9	0.6	5.1	
80	CH25	楼板 标高82′ 轴线M-P	辅助厂房	10.4	4.9	0.6	5.1	
81	CH27	楼板 标高82′ 轴线K-L	辅助厂房	10.4	4.9	0.6	5.1	
82	CH31	楼板 标高100′ 轴线I-J	辅助厂房	10.4	4.6	0.6	4.8	
83	CH32	楼板 标高100′ 轴线J-K	辅助厂房	10.4	4.9	0.6	5.1	
84	CH33	楼板 标高100′ 轴线K-L	辅助厂房	10.4	3.0	0.6	3.2	
85	CH34	楼板 标高100′ 轴线L-M	辅助厂房	10.4	4.9	0.6	5.1	

续表

序号	模块编码	模块描述	模块所在厂房	长/m	宽/m	高/m	模块净重/t	子模块数量/个
86	CH35	楼板 标高 100′ 轴线 M-P	辅助厂房	10.4	4.9	0.6	5.1	
87	CH61	楼梯/电梯 标高 135′～145′	辅助厂房	9.8	3.0	4.3	21.2	
88	CH62	楼梯/电梯 标高 145′～162′	辅助厂房	9.8	3.0	4.3	21.2	
89	CH63	楼梯/电梯 电厂烟道 标高 162′～185′	辅助厂房	9.8	3.0	4.3	21.2	
90	CH64	楼梯/电梯 电厂烟道 标高 185′～213′	辅助厂房	9.8	3.0	4.3	21.2	
91	CH65	楼梯/电梯 电厂烟道 标高 213′～239′	辅助厂房	9.8	3.0	4.3	21.2	
92	CH66	楼梯/电梯 电厂烟道 标高 239′～256′	辅助厂房	9.8	3.0	4.3	21.2	
93	CH67	上部环形楼梯/平台 标高 243′～261′	辅助厂房	0.9	3.0	5.8	2.7	
94	CH68	蒸汽排汽百叶窗(用于主蒸汽安全阀等的排汽)	辅助厂房	3.7	3.0	1.8	3.4	
95	CH69	蒸汽排汽百叶窗(用于主蒸汽安全阀等的排汽)	辅助厂房	3.7	3.0	1.8	3.4	
96	CH71	环形平台/空气围板上部 标高 239′	辅助厂房	14.3	14.3	14.3	123.0	
97	CH72	非能动安全壳冷却系统的阀门间	辅助厂房	6.1	7.3	3.7	27.2	
98	CH73	屏蔽板/钢丝网/扩散器 标高 266′	辅助厂房	3.7	0.9	2.1	1.2	
99	CS21	辅助厂房楼梯 1 区 1 标高	辅助厂房	2.4	10.7	1.8		
100	CS22	辅助厂房楼梯 1 区 2 标高	辅助厂房	2.4	10.7	1.8		
101	CS24	辅助厂房楼梯 2 区 1 标高	辅助厂房	2.4	10.7	1.8		
102	CS25	辅助厂房楼梯 2 区 2 标高	辅助厂房	2.4	10.7	1.8		
103	CS26	辅助厂房楼梯 2 区 3 标高	辅助厂房	2.4	10.7	1.8		
104	CS27	辅助厂房楼梯 2 区 4 标高	辅助厂房	2.4	10.7	1.8		
105	CS31	辅助厂房楼梯 5 区 1 标高	辅助厂房	2.4	10.7	1.8		
106	CS32	辅助厂房楼梯 5 区 2 标高	辅助厂房	2.4	10.7	1.8		
107	CS33	辅助厂房楼梯 5 区 3 标高	辅助厂房	2.4	10.7	1.8		
108	CS34	辅助厂房楼梯 5 区 4 标高	辅助厂房	2.4	10.7	1.8		
109	CS36	辅助厂房 1 区屋顶的平台/楼梯	辅助厂房	1.8	5.8	3.4		
110	CS61	附属厂房楼梯 1 区 3 标高	附属厂房	2.4	7.3	4.3		
111	CS62	附属厂房楼梯 1 区 3 标高	附属厂房	2.4	7.3	4.3		
112	CS63	附属厂房楼梯 2 区 3 标高	附属厂房	3.7	3.0	4.3		
113	CS64	附属厂房楼梯 2 区 4 标高	附属厂房	2.4	1.2	4.3		
114	CS66	附属厂房楼梯 3 区 3 标高	附属厂房	2.4	2.4	4.3		
115	CS67	附属厂房楼梯 3 区 4 标高	附属厂房	2.4	2.4	4.3		
116	CS68	附属厂房楼梯 3 区 5 标高	附属厂房	2.4	2.4	4.3		
117	CS69	附属厂房楼梯 3 区 标高 100′～107′2″	附属厂房	2.4	2.4	4.3		
118	CS71	附属厂房楼梯 4/2 区 3 标高	附属厂房	6.1	3.0	4.3		
119	CS72	附属厂房楼梯 4/2 区 4 标高	附属厂房	6.1	3.0	4.3		

表 2 AP1000 设备模块统计

序号	模块编码	模块描述	模块所在厂房	长/m	宽/m	高/m	模块净重/t	子模块数量/个
1	KQ10	反应堆冷却剂疏水箱(RCDT)模块	安全壳厂房	2.4	1.8	2.7	4.5	
2	KQ11	反应堆冷却剂疏水箱(RCDT)房间的地坑(含泵)模块	安全壳厂房	2.1	1.8	2.7	3.6	
3	KQ22	化容系统(CVS)下部模块	安全壳厂房	8.8	3.0	4.6	22.7	
4	KQ23	化容系统(CVS)上部模块	安全壳厂房	0.0	0.0	0.0	22.7	
5	U20CVA	高压过滤器/楼板模块 CVS-MV03A	安全壳厂房	7.3	1.8	2.4		
6	KU20CVB	高压过滤器/楼板模块 CVS-MV03B	安全壳厂房	7.3	1.8	2.4		
7	Q223	DVI A 列阀门模块	安全壳厂房	10.4	3.7	3.4	13.6	
8	Q233	DVI B 列阀门模块	安全壳厂房	8.5	11.6	3.4	15.5	
9	Q240	正常余热导出系统的管道模块	安全壳厂房	8.5	4.0	3.4	11.8	
10	Q303	非能动余热导出系统的返回管道/阀门	安全壳厂房	12.5	5.5	0.9	18.2	
11	Q305	安全壳隔离阀模块	安全壳厂房	2.4	2.4	4.9	13.6	
12	Q401	CCS/CAS/PXS 安全壳隔离阀模块	安全壳厂房	2.4	2.4	4.9	13.6	
13	Q402	设冷水系统(CCS)分配总管模块	安全壳厂房	4.6	3.7	1.8	16.4	
14	Q430	稳压器喷淋阀模块	安全壳厂房	4.6	4.6	2.4	4.5	
15	Q601	一回路 1、2、3 阶段自动卸压系统(ADS)模块	安全壳厂房	3.7	3.7	4.9	50.0	
16	KB04	12153 房间 WGS 系统的衰变及监测床	辅助厂房	4.3	1.8	3.7	6.9	
17	KB10	12111 房间 WWS 地坑模块	辅助厂房	0.0	0.0	0.0	2.6	
18	KB11	12151 房间 WLS 系统的活性炭/离子交换器	辅助厂房	16.8	3.0	4.6	39.1	
19	KB12	12151 房间乏燃料除盐模块	辅助厂房	0.0	0.0	0.0	9.1	
20	KB13	12151 房间 WRS 地坑泵模块	辅助厂房	3.7	3.0	2.1	4.2	
21	KB14	12155 房间 WGS 设备/阀门模块	辅助厂房	2.7	2.7	2.1	6.4	
22	KB15	12158 房间脱气器排出泵模块	辅助厂房	2.4	3.7	2.1	0.8	
23	KB16	12156 房间 WLS 脱气器模块	辅助厂房	3.7	3.7	3.0	4.5	
24	KB20	12264 房间 WLS 化学废物泵模块	辅助厂房	2.4	0.9	2.1	1.0	
25	KB21	12271 房间 WLS 流出物缓冲箱泵 A 模块	辅助厂房	2.4	0.9	2.1	0.8	
26	KB22	12268 房间 WLS 流出物缓冲箱泵 B 模块	辅助厂房	2.4	0.9	2.1	1.0	
27	KB23	WLS 监控箱泵 C 及阀门模块	辅助厂房	2.4	0.9	2.1	1.0	
28	KB25	12272 房间 SFS 泵 A 模块	辅助厂房	3.7	3.7	2.1	3.8	
29	KB26	12274 房间 SFS 泵 B 模块	辅助厂房	3.7	3.7	2.1	3.8	

续表

序　号	模块编码	模块描述	模块所在厂房	长/m	宽/m	高/m	模块净重/t	子模块数量/个
30	KB27	废水缓冲箱泵 A 模块	辅助厂房	2.4	0.9	2.1	0.9	
31	KB28	废水缓冲箱泵 B 模块	辅助厂房	2.4	0.9	2.1	0.9	
32	KB33	12255 房间 CVS 补水泵房间平台模块	辅助厂房	13.1	4.0	2.1	13.6	
33	KB36	非能动安全壳冷却系统(PCS)泵/阀门模块	辅助厂房	3.0	2.4	2.4	11.8	
34	KB37	WLS 监控箱泵 A 模块	辅助厂房	2.4	0.9	2.1	0.9	
35	KB38	WLS 监控箱泵 B 模块	辅助厂房	2.4	0.9	2.1	0.9	
36	KB47	WSS 树脂混合泵模块	辅助厂房	3.0	0.9	0.9	0.9	
37	KB50	冷冻水泵	辅助厂房	5.8	3.4	2.7	11.8	
38	KB52	主控室应急气罐阀平台	辅助厂房	6.1	3.0	3.0	9.1	
39	KB55	12701 房间 PCS 供应分配阀模块	辅助厂房	4.9	3.7	2.1	2.7	
40	KB56	12306VXS 空气处理单元设备/阀门模块	辅助厂房	2.4	0.9	1.8	2.7	
41	KU20CV4	高压过滤器/地面模块 CVS 补水泵	辅助厂房	0.9	0.9	0.9	0.1	
42	KU21SFA	低压过滤器/地面模块 SFS MV-02A	辅助厂房	0.9	0.9	1.8	0.3	
43	KU21SFB	低压过滤器/地面模块 SFS MV-02B	辅助厂房	0.9	0.9	1.8	0.3	
44	KU21WL6	低压过滤器/地面模块 SFS MV-02B	辅助厂房	1.8	1.8	1.8	0.9	
45	KU21WL7	低压过滤器/地面模块 WLS MV-07	辅助厂房	0.9	0.9	1.8	0.3	
46	KU21WS3	低压过滤器/地面模块 WSS 树脂精滤	辅助厂房	0.9	0.9	1.8	0.3	
47	R104	12171&12172 房间通用模块	辅助厂房	1.8	17.7	2.1	3.6	
48	R106	12171 房间通用模块	辅助厂房	12.8	1.8	3.0	0.4	
49	R151	12151 房间通用/平台模块	辅助厂房	5.5	1.2	4.3	7.2	
50	R155	12155 房间通用/平台模块	辅助厂房	4.0	4.6	1.8	3.7	
51	R161	12161 房间通用模块	辅助厂房	12.8	1.8	3.0	4.5	
52	R216	12271 房间 WLS 阀门模块	辅助厂房	3.7	1.2	1.8	1.8	
53	R219	12272 房间通用模块	辅助厂房	1.5	15.8	3.4	6.7	
54	R251	12251 房间通用模块	辅助厂房	15.2	4.6	2.7	14.9	
55	R261	12261 房间通用模块	辅助厂房				6.0	
56	R451	12461 房间通用模块 北-南	辅助厂房					
57	R474	12371 房间通用模块	辅助厂房					
58	R501	12561 房间 CCS 返回阀模块	辅助厂房					
59	R503	12561 房间通用模块	辅助厂房					

续表

序号	模块编码	模块描述	模块所在厂房	长/m	宽/m	高/m	模块净重/t	子模块数量/个
60	KT04	SWS 过滤器 & 入口管道模块	汽轮机厂房	7.3	3.0	4.3	19.2	
61	KT05	SU 给水泵、锅炉补水泵、CORS 给水泵模块	汽轮机厂房	11.3	2.4	4.3	23.7	
62	KT07	BDS 泵及 BDS/CDS 阀门模块	汽轮机厂房	4.6	2.7	1.5	3.9	
63	KT40	VWS 冷冻水泵模块	汽轮机厂房	7.0	3.7	2.4	12.6	
64	KT48	VYS 循环泵与换热器模块	汽轮机厂房	6.4	2.7	0.3	1.1	
65	W302	BDS 电子去离子单元(EDI)阀门模块	汽轮机厂房					

附录十　法规、标准缩写

ANSI：美国国家标准

ANSI N45.2：美国国家标准《核电厂质量保证大纲要求》

ANS：(包括 ANSI)美国核协会标准

ASME：美国机械工程师协会标准

ASTM：美国材料与试验协会标准

AWS：(包括 ANSI/AWS)美国焊接协会

CB：船总公司标准

EJ：核工业标准

GB：国标

GJB：国家军工标准

HAF：核安全法规

HAF003：核电厂质量保证安全规定

HAD：核安全导则

IAEA：国际原子能机构标准

IAEA50-C/SG-Q(1996)：国际原子能机构制定的《核电厂及其他核设施安全质量保证法规和导则》

IEC：国际电工委员会

IEEE：(包括：ANSI/IEEE)美国电气与电子工程师协会标准

INCOTERMS：国际贸易术语解释通则

ISA：美国仪表协会

ISO：国际标准化组织

ISO 6215：核电厂质量保证

JB,NJ：机械部标准

MIL：美国军用标准

MSS-SP：美国阀门及配件工业制造商标准化协会

NFPA：美国全国防火协会

RPS：Reference Power Station 参考电站

SAC：Standardization Administration of PRC：国家标准化管理委员会

SD,SL,DL：水利、电力标准

SH：石油化工行业标准

SY：石油标准

US NRC 10CFR 50,Appendix B：美国核管会联邦法规《生产和使用核设施的许可证审批》的附录 B《核电厂和燃料后处理厂的质量保证大纲》

YS：有色冶金行业标准

ZB：国家专业标准

附录十一　承包商、研究院所、政府组织等缩写

ACI：American Concrete Institute

　　美国混凝土学会

AISC：American Institute of Steel Construction

　　美国钢结构协会

AISI：American Iron and Steel Institute

　　美国钢铁学会

AMCA：Air Movement & Control Association

　　美国通风与空调协会

ANS：American Nuclear Society

　　美国核协会

ANSI：American National Standards Institute

　　美国国家标准化协会

API：American Petroleum Institute

　　美国石油协会

ARI：Air-Conditioning and Refrigeration Institute

　　美国空调与制冷协会

ASCE：American Society of Civil Engineers

　　美国土木工程师协会

ASHRAE：American Society of Heating，Refrigerating and Air-Conditioning Engineers

　　美国采暖、制冷和空调工程师学会

ASME：American Society of Mechanical Engineers

　　美国机械工程师协会

ASTM：American Society of Testing and Materials

　　美国材料与试验协会

AWWA：American Water Works Association

　　美国水工协会

AFCEN：法国核岛设备设计和建造规则协会

Ansaldo：安萨尔多(生产安全壳的公司)

CMAA：Crane Manufacturers Association of America

　　美国起重机制造协会

CFHI：China First Heavy Industries Co.，Ltd.

　　中国第一重型集团有限公司

CGNPC：China Guangdong Nuclear Power Holding Co.，Ltd.

　　中国广东核电股份有限公司

CIETAC：China International Economic and Trade Arbitration Commission
　　中国国际经贸仲裁委员会
CNEGC：China National Erzhong Group Co.
　　中国第二重型机械集团公司
CNEIC：China Nuclear Export & Import Company
　　中国核电进出口公司
CNNC：China National Nuclear Corporation
　　中国核工业集团公司
CNTIC：China National Technical Import & Export Corporation
　　中国进出口公司
Dongfang Boiler (Group) Co. Ltd：东方锅炉集团有限公司
ECEPDI：Eastern China Electric Power Design Institute
　　华东电力设计院
EDF：Electricité de France
　　法国电力
EMD：Curtiss-Wright Electro-Mechanical Corporation
　　美国主泵制造商
EPRI：Electric Power Research Institute
　　美国电力研究院
Forgemaster of Sheffield(UK)：生产主泵泵壳的分包商
FEMA：Federal Emergency Management Agency
　　美国联邦紧急事务管理局
FRA：FRAMATOME
　　法玛通
GYNPC：Guangdong Yangjiang Nuclear Power Company
　　广东阳江核电公司
HPEC：Harbin Power Equipment Company Ltd.
　　哈尔滨动力设备股份有限公司
IEC：International Electrical Committee
　　国际电工协会
IEEE：Institute of Electrical and Electronics Engineers
　　美国电气和电子工程师协会
JPMO：Joint Project Management Organization
　　联合项目管理组织，它是核岛工程承包商 SNPEC 的项目管理机构，承担核岛承包合同范围的项目管理工作。
JSW：Japan Steel Work
　　日本制钢所
MHI：Mitsubishi Heavy Industries Ltd.
　　三菱重工业有限公司(三菱)

NEMA：National Electrical Manufacturers Association
美国电气制造商协会

NFPA：National Fire Protection Association
美国消防协会

NNSA：National Nuclear Safety Administration
国家核安全局

PaR Nuclear：西屋分包商(生产吊环，换料机)

Shanghai Boiler Works，Ltd. 上海锅炉集团有限公司

SIMENS：西门子

SNPTC ：State Power Technology Corporation of China
国家核电技术有限公司

SNPEC：State Power Technology Engineering Corporation Limited
国核技工程有限公司

SNERDI：Shanghai Nuclear Engineering Research & Design Institute
上海核工程研究设计院

SPMO：Site Project Management Organization
现场项目管理组织，是JPMO内部机构之一，承担NI现场建造管理工作。

SQSB：State Quality Supervision Bureau
国家质监局

SWI：Stone & Webster International Engineering Company Ltd.
石伟国际工程公司

SMACNA：Sheet Metal and Air-Conditioning Contractor's National Association
金属板材与空调承包商国家协会

SMNPC：Sanmen Nuclear Power Company Ltd.
三门核电有限公司

UBC：Uniform Building Code
美国建筑统一规范

UL：Underwriters Laboratories
美国保险商实验室

UPCO：(The SPX-Copes Vulcan subcontractor)
负责生产爆破阀(Squib valves)

WEC：Westinghouse Electric Company
西屋电气公司

WEC Consortium：西屋联合体。由西屋电器有限公司(WEC)、西屋工业品国际有限公司(WIP)、石伟国际公司(SWI)和石伟亚洲公司(SWA)联合为中国AP1000核电项目建立的组织，主要负责本项目的NI设计工作和A1类设备供货

USNRC：United States Nuclear Regulatory Commission
美国核管会

参 考 文 献

[1] 唐锡文. AP1000 的先进性、建造风险与未来的改进方向分析. 中国核学会 2007 年学术年会论文,2007.

[2] 顾军,夏利民,金湘,等. 三门核电一期工程项目管理的初步实践. 2009 年核电运行建设管理经验交流论文汇编,2009.

[3] AP1000 Nuclear Island Contract for Nuclear Power Self-reliance Program Supporting Projects, Contract No. 07HT10500000293;July,2007.

[4] 美国核协会标准(ANSI 51.1).

[5] 三门核电一期工程 1&2 号机组初步安全分析报告,2009.

[6] 美国电气与电子工程师协会标准(IEEE).

[7] ASME NCA-2120 和 ASME NCA-2130.

[8] 国家核安全局. 中华人民共和国核安全法规汇编. 1991.

[9] 国家核安全局. 核安全导则汇编. 1998.

[10] 彭瑞华. 三门核电厂一期工程质量保证大纲(设计和建造阶段),内部程序. 三门核电有限公司,2009.

[11] 刘军. 设备监造大纲,SM-PRG-PQS001,2008.

[12] 唐锡文. 核电厂设备监造方法与技术. 北京:原子能出版社,2010.

[13] 廖鹏. 工程控制进度大纲. SM-PRG-PRJ001,2008.

[14] 王大勇,张小冬,马刚,等. AP1000 核电厂系统及设备. 北京:原子能出版社,2010.

[15] G J Demetri. AP1000 Reactor Vessel Design Specification. APP-MV01-Z0-101.

[16] R S Chappo. AP1000 Steam Generator Design Specification,APP-MB01-Z0-101,July,2009.

[17] William E,Moore. AP1000 Reactor Coolant Pump Design Specification. APP-MP01-M2-001,June,2007.

[18] Golik, M A. Sensitized Stainless Steel in Westinghouse PWR Nuclear Steam Supply Systems. WCAP-7477-L (Proprietary),March 1970,and WCAP-7735 (Nonproprietary), August, 1971.

[19] Enrietto,J F. Control of Delta Ferrite in Austenitic Stainless Steel Weldments. WCAP8324-A, June, 1975.

[20] Enrietto, J F. Delta Ferrite in Production Austenitic Stainless Steel Weldments. WCAP-8693, January,1976.

[21] 魏俊明,刘琼,孙坤. 第三代压水堆核电机组 AP1000 的模块化施工分析. 电力建设,2008,29(4):63-66.

中文索引

（本索引按汉语拼音排序，每个词条后面的数字是它在本书中首次出现的页码）